海域深部结构重、磁、震联合反演和综合解释

吴健生　高德章　刘晨光
赵永辉　陈茂根　江　凡　著

同济大学 出版社
TONGJI UNIVERSITY PRESS

内 容 提 要

"重、磁、地震联合反演与数据处理系统"在重磁异常畸变校正,目标界面重、磁异常信息的提取以及重、磁、地震的联合反演等方面形成自己的特色,在东海和渤海示范区、南海北部等地区前新生界油气勘探实践中得到了应用。本书重点对海区深部结构的综合地球物理研究方法技术和应用进行总结,希望能对其他盆地的基底结构和残留盆地研究有所帮助。

本书可作为从事油气资源勘探与海底构造综合地球物理的科技人员和在校地球物理专业的大学生、研究生的参考书,也可供相关专业的科研及工程技术人员参考。

图书在版编目(CIP)数据

海域深部结构重、磁、震联合反演和综合解释 / 吴健生等著. -- 上海:同济大学出版社,2016.6
ISBN 978-7-5608-6069-5

Ⅰ.①海… Ⅱ.①吴… Ⅲ.①海上油气田—重磁勘探—研究 Ⅳ.①P618.130.8

中国版本图书馆 CIP 数据核字(2015)第 272641 号

同济大学学术专著(自然科学类)出版基金资助出版

海域深部结构重、磁、震联合反演和综合解释
吴健生 高德章 刘晨光 赵永辉 陈茂根 江 凡 著
责任编辑 李小敏 **责任校对** 徐春莲 **封面设计** 陈益平

出版发行	同济大学出版社	www.tongjipress.com.cn
	(上海市四平路 1239 号 邮编:200092 电话:021-65985622)	
经 销	全国各地新华书店	
印 刷	同济大学印刷厂	
开 本	787 mm×1092 mm 1/16	
印 张	13.75	
字 数	343 000	
版 次	2016 年 6 月第 1 版 2016 年 6 月第 1 次印刷	
书 号	ISBN 978-7-5608-6069-5	

定 价 56.00 元

序

渤海、黄海、东海和南海四大海域发育着巨厚的新生代沉积盆地,具有丰富的油气资源,是油气勘探开发的重要场所。油气勘探实践证实我国的油气盆地有很大一部分属于复合、叠加盆地,盆地深部也成为油气勘探的新领域。在中国大陆"三横、两竖、两个三角"构造宏观格架中,渤海和黄海,东海和南海陆架区等海域作为中国东部大陆在海区的延伸,地处"两竖"之一——"大兴安岭—太行山—武陵山梯级带"以东。在特提斯构造域体系中,具有陆核的华北、扬子、华南和南海块体相继碰撞、对接,这里保留了大量块体拼合过程中所产生的构造形迹。进入新全球构造,在滨太平洋构造域体系中,表现为中生代侏罗纪时期,太平洋板块在 4 条南北向转换断层之间发育成长,进入新生代始新世时,转换断层扩张方向转变为 NW-SE,由马里亚纳海沟—岛弧—弧后盆地系圈出菲律宾海板块,在欧亚板块与菲律宾海板块之间,板缘聚敛,板内拉张,地壳减薄,形成滨太平洋域并在中国大陆东部发育一系列断陷盆地。正是特提斯构造域和滨太平洋构造域在不同地质历史时期对这一地区的叠合作用造就了中国东部包括海区复杂的地质、地球物理场面貌,呈现"东西成带,南北分块"特征。总结中国海陆大地构造经历的五幕演化史和中国油气勘探历程,油气勘探需要二次创业。前新生代海相残留盆地是地壳多旋回运动的产物,指在中国海陆的大地构造的演化历史中,古老的块体华北、扬子、南华、塔里木在演化过程中多次被海水覆盖,在其上和边缘发育了海相沉积盆地,蕴含丰富的生油物质,形成大量的油气聚集。但是在后期的演化过程中,由于陆内变格作用,使原有的盆地遭到挤压变形甚至失去盆地的原貌而成为造山带,大部分油气藏遭到强烈的破坏,但仍有残留的丰富油气资源在基础层中的逆掩推覆构造或古潜山构造出现,其储集层为碳酸盐岩、火成岩、变质岩等,前新生代海相残留盆地将成为中国 21 世纪油气勘探一个主战场。在渤海湾盆地目前已有储量超亿吨的古生代古潜山油气藏的发现。这些发现和认识有力地推动海区深部结构的研究。

由于海区的地质地球物理条件的复杂性、深层结构研究的特殊性(深度偏大、经历多期次的改造和变形,内部结构较为复杂),单一地球物理方法探测能力的局限性和地球物理反演的多解性,决定了我们要采取综合地球物理方法。沉积盆地的综合地球物理研究就是综合应用人工地震、重力、磁力、电法、热流、地壳测深、天然地震等方法,通过正反演和综合地质解释,获得有关地下界面、断裂、地质体和火成岩的岩性分布、构造形态、空间位置以及它的物性分布,得到关于构造、沉积和含油气性等的有关地质结论。作为油气勘探的地球物理研究,不仅要阐明沉积层的内部构造和沉积建造,而且要提供基底内幕的信息,揭示沉降作用及深部构造对沉降作用的制约关系,这就需要从获得的构造剖面出发,进行正反演研究,取得有关地壳乃至上地幔的类型、均衡动态、热状态等信息,以活动论构造历史观为指导,全面地分析板块运动对盆地形成的控制作用,并恢复盆地形成的时空关系。同济大学综合地球物理研究课题组自 1978 年开始就率先开展沉积盆地的综合地球物理研究,不断地实践和

1

完善"一、二、三、多"的综合地球物理解释原则。其中一个方面就是针对海域深部结构开展重、磁、震联合反演和综合解释工作。

自2006年以来,在国家高技术研究发展计划资助下,同济大学综合地球物理研究课题组联合国家海洋局第一海洋研究所和中国石油化工股份有限公司上海海洋油气分公司组成课题组,在"海洋技术领域"海洋油气勘探开发技术方向开展了"重磁地震联合反演技术"(2006AA09Z311)和随后的滚动课题(2010AA09Z302)的研发工作。这是"为开拓海区油气勘探新领域提供技术支撑"研究计划的一部分,主要开发研制为研究新生界底界面、沉积基底面(中生代沉积地层底界面)、结晶基底面(变质岩层顶面)、莫霍面的形态、埋深及新生界及中生代沉积地层、古生代地层厚度所需的一系列技术。针对在海区前新生代地层中寻找油气资源这一目标,在Windows平台上研制和开发了具有自主知识产权的软件——重、磁、地震联合反演与数据处理系统(JIDPGMS V1.0)。该系统在完善和发展"前新生代油气资源的综合地球物理勘探技术"方面发挥了积极的作用,尤其是在重磁异常畸变校正、目标界面重、磁异常信息的提取以及重、磁、地震的联合反演等方面形成自己的特色,已在东海和渤海示范区及中国地质调查局以及中石化、中海油等企业的一系列科研与生产课题的应用中取得了良好的效果,得到相关单位的肯定。

《海域深部结构重、磁、震联合反演和综合解释》这本专著围绕以上工作,重点对海区深部结构的综合地球物理研究方法技术和应用作出归纳总结。针对海域深部结构研究,以目标界面为主线,层块结合,按照"多源信息(陆测与海测等多平台观测的数据)的整合→物性结构和关联→异常畸变校正→目标界面异常提取→联合反演→综合解释→正演拟合"的研究路线,讨论了海域地层岩石物性统计分析,多平台观测的重、磁数据融合,变倾角和带剩磁总磁异常 ΔT 化极,三维海水层和变密度沉积层重力正演,目标界面重、磁异常的小波分离,异常的边缘检测等六个方面重、磁、震联合反演数据处理方法技术问题,探索了目标界面重、磁联合反演,重、磁同源地质体(2.5维)的联合反演,二维重、磁、震联合反演和物性为纽带的重、磁、震(OBS数据)联合反演四个方面的重、磁、震联合反演方法技术,形成特色,结合南海北部,东海和渤海试验区的具体应用示范了针对海域深部结构开展重、磁、震联合反演和综合解释,这对其他盆地的基底结构和残留盆地研究有所启迪和借鉴作用。在实施共建"丝绸之路经济带"和21世纪海上丝绸之路这"一带一路"的宏伟战略蓝图中,涉及区域海域地下结构的认识是"一带一路"基础设施建设的安全保障,这离不开地质、地球物理的深入调查和综合解释,专著中提出的方法技术将会有面临更广阔的天地来实践和应用。

中国科学院院士 刘光鼎

2015年9月29日

前　言

　　自 2006 年以来,在国家高新技术研究发展计划资助下,同济大学、中国石油化工股份有限公司上海海洋油气分公司和国家海洋局第一海洋研究所组成课题组,在"海洋技术领域"海洋油气勘探开发技术方向开展了"重、磁、地震联合反演技术"(2006AA09Z311)研究和随后的滚动课题(2010AA09Z302)研发工作。这是"为开拓海区油气勘探新领域提供技术支撑"研究计划的一部分,主要开发研制为研究新生界底界面、沉积基底面(中生代沉积地层底界面)、结晶基底面(变质岩层顶面)、莫霍面的形态、埋深及新生界、中生代沉积地层、古生代(中、古生代)地层厚度所需的一系列技术。我们钊对在海区前新生代地层中寻找油气资源这一目标,在 Windows 平台上研制和开发了具有自主知识产权的软件——"重、磁、地震联合反演与数据处理系统"(JIDPGMS V1.0)。该系统在完善和发展"前新生代油气资源的综合地球物理勘探技术"方面发挥了一定的作用,尤其是在重磁异常畸变校正,目标界面重、磁异常信息的提取以及重、磁、地震的联合反演等方面形成自己的特色,已在东海和渤海示范区、中国地质调查局以及中石化、中海油等企业的一系列科研与生产课题的应用中取得良好的效果,得到相关单位的肯定。本书就是在这样的工作基础上重点对海区深部结构的综合地球物理研究方法技术和应用作一归纳总结,希望能对其他盆地的基底结构和残留盆地研究有所启迪和发挥借鉴作用。

　　参加这两个课题研发工作的人员有同济大学的吴健生、赵永辉、江凡、王家林、刘苗、雷文敏、陈冰、张新兵、于鹏、陈晓、张向宇;中国石油化工股份有限公司上海海洋油气分公司的高德章、陈茂根、唐建、薄玉玲;国家海洋局第一海洋研究所的刘晨光、韩国忠、裴彦良、支鹏遥、解秋红。本书是课题组全体成员围绕课题任务开展工作,取得科研成果的进一步凝聚,是集体智慧的结晶。本书的完成得到刘光鼎院士、王家林教授和"863"海洋技术领域的专家和领导的一贯支持和指导,在此表示衷心的感谢! 同济大学、中国石油化工股份有限公司上海海洋油气分公司和国家海洋局第一海洋研究所三家单位的相关部门为课题的完成给予了全力支持,同济大学出版社的领导与编辑为本书出版付出了辛勤劳动,在此表示衷心的感谢!

著者

2015 年 10 月

目　录

序
前言

1　重、磁、震联合反演系统 ·· 1
　　1.1　系统设计 ·· 1
　　1.2　软件开发 ·· 4
　　1.3　模块功能 ·· 7

2　重、磁、震联合反演数据处理方法技术 ····························· 11
　　2.1　海域地层岩石物性统计分析 ·································· 11
　　2.2　多平台观测的重、磁数据融合 ································ 13
　　2.3　变倾角和带剩磁总磁异常 ΔT 化极 ···················· 20
　　2.4　三维海水层和变密度沉积层重力正演 ·························· 45
　　2.5　目标界面重、磁异常的小波分离 ······························ 54
　　2.6　异常的边缘检测 ·· 64

3　重、磁、震联合反演方法技术 ·································· 71
　　3.1　目标界面重、磁联合反演 ·································· 72
　　3.2　重、磁同源地质体(2.5 维)的联合反演 ······················ 85
　　3.3　二维重、磁、震联合反演 ·································· 96
　　3.4　物性为纽带的重、磁、震(OBS 测量成果)联合反演 ·············· 109

4　重、磁、震联合反演系统的应用 ································ 135
　　4.1　东海陆架区的应用 ·· 135
　　4.2　东海试验区的应用 ·· 144
　　4.3　渤海示范区的应用 ·· 151
　　4.4　南海东北部中生界研究的应用 ································ 188

参考文献 ·· 204

1 重、磁、震联合反演系统

1.1 系统设计

　　针对海底地质构造研究的海洋地球物理探测方法通常有重力、磁力及地震。不同的地球物理方法解决地质问题的能力不同,局限性也不一样。一般而言,重磁探测方法快速,成本低,覆盖面积广,但纵向分辨率较低;地震方法虽然分辨率较好,但成本太高,在地质情况复杂的地区,或对基础层内部的刻画上,往往资料的信噪比低,解释工作难以开展。图1.1是南海东北部的一个地震剖面,上部(为新生代沉积的反映)反射地震波阻清晰,易于追踪;之下(可能为新生代沉积的底部或前新生代地层的反映)反射地震波阻在部分地段较为清晰,大多数地段波阻特征不明显,信噪比低,难以实现对深部构造的成像。因此,在新一轮针对前新生代地层和海洋深水区的油气勘探中,重力、磁力手段和联合反演方法得到了进一步的重视。如何将有限的数据结合起来,研究一套适合海区深层结构的重、磁、震数据处理方法,充分发挥各种地球物理方法的优势和特长,将对揭示深部前新生代构造起到良好的作用。

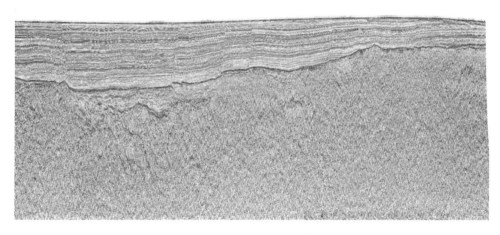

图 1.1　南海东北部某地震剖面

　　重、磁、震联合反演系统设计的指导思想是针对在海区前新生代地层中寻找油气资源这一目标,取重力、磁力及地震各方法成果之长处,以重、磁资料为主,采用相互补充、相互制约的方式进行联合反演,重视岩石物性的相互联系,构建以密度(或等效密度)为重点的重、磁、震统一模型的建模和多平台观测的地球物理数据的融合,探索基于岩石物性为纽带的重、磁、震联合反演。由此来揭示研究区新生界底界面、沉积基底面(中生代沉积地层底界面)、结晶基底面(变质岩层顶面)、莫霍面的形态、埋深及新生代、中生代沉积地层、古生代地层厚度,为前新生代地层构造特征研究及油气资源评价提供基础资料。

前人的岩石物性研究表明:在中国海区新生界底界面、沉积基底面、莫霍面的上下岩层之间均存在较明显的密度与弹性波传播速度差异,为密度与速度界面;结晶基底面通常为一明显的磁性与速度界面,重、磁、地震联合反演的设计思想具备物性前提。

重、磁、地震联合反演系统的开发研制紧紧抓住目标界面研究这一主线,按照"多源信息的整合→物性结构的分析和关联→异常畸变校正→目标界面异常提取→联合反演→综合解释→正演拟合"的技术流程进行系统设计,围绕以下7个关键技术展开研究和开发,并组织系统的功能模块:小区域高精度观测数据的融入;岩石地层物性宏观结构的分析和不同物性(速度、磁性、密度)之间的联系;减少对目标界面重、磁异常的影响和目标界面重、磁异常的提取的干扰;目标界面的重、磁场正演和基于射线追踪原理的地震波场正演;重、磁、地震信息相关性分析和目标界面二维重、磁、震(反射地震)数据联合反演;以密度(和等效密度)为重点的重、磁、震统一模型的建模;重、磁同源地质体的联合反演和基于岩石物性为纽带的重、磁、震(OBS测量成果)联合反演技术等。因此,课题进一步被分解成以下7个方面的方法技术研究与软件开发研制:

(1)新生界底界面、沉积基底面(中生代沉积地层底界面)、结晶基底面(变质岩层顶面)的相应岩石速度、磁性、密度等地球物理性质的相关性分析技术。

(2)陆测与海测等多平台观测的重、磁数据的融合技术。

(3)以密度(和等效密度)为重点的重、磁、震统一模型的建模技术(2.5维)和目标界面的重、磁场正演和基于射线追踪原理的地震波场正演方法技术。

(4)异常畸变校正,目标界面异常提取和位场特征增强的方法技术。

(5)重、磁、地震信息相关性分析和重、磁同源地质体(2.5维)的联合反演技术。

(6)目标界面二维重、磁、震(反射地震)数据联合反演的方法技术。

(7)基于岩石物性为纽带的重、磁、震(OBS测量成果)数据联合反演的方法技术。

通过以上这7个方面为重点的方法技术研究,开发研制包括"融合"、"物性统计"、"异常正演"、"异常转换"、"异常分解"、"异常提取"、"异常增强"、"界面反演"、"剖面反演"及"帮助"等功能模块和人机交互界面的制作,实现具有自主知识产权的软件——"重、磁、地震联合反演与数据处理系统"的开发研制。努力在关注岩石物性之间的联系、体现多种地球物理方法相结合的同时,提供地质与地球物理、正演与反演、平面与剖面、深部与浅部相结合的综合地球物理研究平台。

上述技术路线是针对当前国内外在海区利用重、磁异常研究前新生代构造界面存在着单一方法多、综合方法少,单项处理多、联合反演少以及经验解释多、定量解释少而提出的,体现了以下几个特点:

(1)陆测与海测等多平台观测的重、磁数据的融合。地球物理勘查中,重、磁探测方法成本低、效率快,在油气资源勘探的早期普查阶段得到了广泛的应用。在新一轮针对前新生代地层和海洋深水区的油气勘探中,重、磁方法得到了进一步重视,表现在对已有的区域勘探基础上,针对具体的重点勘探区块,开展更高精度的重、磁数据采集。而高精度采集的重、磁数据可以反映出更多的与油气藏有关的局部构造细节。在早期获得的品质可靠的区域重、磁数据基础上,将高精度的区块重、磁数据通过某种算法融于其中,这既是数据积累的需要,也是新一轮的油气勘探中重、磁勘探资料处理面临的新问题。研制的"陆测与海测等多平台观测的重、磁数据的融合"处理模块,对位场数据进行融合,既可以了解反映研究区大的背景构造特征,同时又能揭示重点勘探区带的细节信息,方便局部与区域相结合的综合地质地球物理解释。同时也能顾及陆测与海测的重、磁数据的相互关联。

(2)位场资料的反演与处理相结合。在强调以前新生代构造界面的联合反演为重点的同时,也关注重、磁资料的畸变校正和异常分离。结合系统的开发,研制的"三维海底变密度沉积地层重力影响消除,目标界面异常提取、变倾角磁力 ΔT 异常化极"等处理模块,突出了地球物理资料处理和反演两阶段是相互依赖、相互制约的特点。

(3)从常量参数设置拓展到可变参数的设置。本系统选用或研制的方法技术大多考虑了参数空间的可变性,如层块结合、密度和速度横向可变化的 OBS 资料与重力异常的联合反演,变倾角磁力 ΔT 异常化极,变密度重、磁联合反演,分窗口的重磁相关分析和界面反演等,体现了当前重、磁资料处理与反演的时代特色。同时基于统计理论,开发了岩石物性统计分析模块实现了对新生界底界面、沉积基底面(中生代沉积地层底界面)、结晶基底面(变质岩层顶面)的相应岩石速度、磁性、密度等物性的相关性分析。

(4)常规处理与新方法的结合,体现了综合性特点。课题研究在第一期开发研制的"重、磁、地震联合反演系统(JIGMS V1.0)"基础上,结合在实际应用中暴露出来的缺陷和不足,进一步完善与拓展,开发研制了"重、磁、地震联合反演与数据处理系统"(JIDPGMS V1.0)。该系统集成了位场数据的融合,岩石物性关系统计分析,海洋密度界面、磁性界面正演,适应不同纬度总磁异常变倾角化极,海洋重力地形改正,伪重力转换,变密度重磁界面联合反演,2.5维孤立场源重磁反演成像,二维重、磁、地震联合反演,重磁数据的小波分解和增强处理等技术。在目标界面重、磁异常的提取中,既考虑了基于正演计算的常规剥离法处理,也引入了小波分解的新方法;在地球物理信息的提取和反演中,既考虑了目标界面的因素,也引入了特殊地质体的提取和分析技术。多种技术的综合提高了软件系统的实用性。

JIDPGMS V1.0 系统研发的关键技术之一是更符合实际的目标界面重、磁异常信息的分离与提取。重、磁、地震联合反演系统的建立和应用体现了保真处理与信息提取的结合,重、磁分解常规处理与新方法的结合,目标界面重、磁信息的相关性分析并考虑了物性联系、联合反演的有机结合,也考虑了参数的可变性。这一研究思路和方法技术已在示范区和东海西湖凹陷区块、南海北部陆缘等海区得到了实际应用。

系统研发的关键技术之二是以前新生界目标界面为重点的重、磁与地震的联合反演。该方法在模型上建立了层、块式的密度、磁性与速度模型;在算法上重、磁正演采用两度半多边形组合算法,而在地震走时正演上采用射线追踪方法;在具体应用上强调新生界底界面及新生界内部界面主要由地震资料来揭示,重、磁与海底地震仪测量成果的联合反演主要体现在沉积基底面(中生代沉积地层底界面)、结晶基底面(变质岩层顶面)和莫霍界面的反演上;在减少反演解释过程的多解性的同时,强调不同方法的特色和最佳探测区间,也顾及模型的适应性,为前新生界油气勘探提供了技术支撑。

重、磁、地震联合反演与数据处理系统按综合反演解释的流程对各项功能软件进行分类,采用模块化多语言混合编程,各个应用模块采用菜单或工具按钮方式集成,具有多级菜单方式。各个功能模块全部以视窗对话方式进行操作运行,整个系统按 Windows 方式建立了用户图形界面,运行方便、直观,符合当今计算机技术的发展趋势。

1.2 软件开发

1.2.1 混合编程和分布式模块

重、磁、地震联合反演与数据处理系统采用分布式模块开发方式完成,不同的功能模块采用不同的编译环境开发。

在操作系统的选择方面,Windows 7 比 Windows XP 系统更美观、更稳定、对新硬件的支持更出色,而且安全性远远高于 Windows XP,整个系统的运行效率非常高。因此,考虑到未来操作系统均采用 Windows 7 平台的发展态势,本次软件开发将定位在 Windows 7 系统之下,以保证软件的通用性与适用性。

第一期研制的重、磁、地震联合反演系统是在 Visual Studio 6.0 环境下开发的,已不能满足 Windows 7 系统的要求。作为面向 Windows 7 平台的开发工具,Visual Studio 2010 提供了很多工具来帮助开发者开发基于 Windows 7 的应用程序。在 Visual Studio 2010 中,新的编辑器可以实现很多以前 Visual Studio 产品的集成开发环境根本无法想象的功能,比如代码的无级缩放,多窗口即时更新,文档地图,代码的自动产生等,这些新的 IDE 特性都会极大地提高软件研制与开发的效率。

因此,在原有程序基础上,对整个程序进行代码更新。在确保原有功能继续运行的前提下,对各子模块进行优化,并在新方法技术研究的基础上,研制新的处理模块,如平剖面的转换与显示、交互式的实时反演计算、位场融合、物性统计、异常正演、转换、分解、提取与增强、界面反演、剖面反演模块等,开发性能稳定、界面美观友好、操作方便的重、磁、地震联合反演与数据处理软件系统。

众所周知,Fortran 语言自从 20 世纪 50 年代问世以来,一直是数值计算领域所使用的主要语言,以往大量的科学与工程计算程序都是在 DOS 下用 Fortran 语言编写的。Microsoft 公司推出的 Windows 下的 32 位的 FortranPowerStation4.0(以下简称 FPS 4.0)是一种功能强大的 Fortran 集成开发环境。它几乎完全兼容 Fortran90 和 Fortran77 标准,并提供了与当今流行的 Windows 的接口。利用 FPS 4.0 和 Windows 其他编程工具(Visual Studio 2010)能够开发出 Windows 下的事件驱动程序。在 Windows 的诸多编程工具中,VB. net 以功能强大、易构建界面等优点而广受欢迎。把 VB. net 和 FPS 4.0 通过动态链接库技术结合起来,编译出 Windows 下的窗体事件驱动程序。这样使得应用程序既具有 Windows 环境图形用户界面的友好性,又能充分保证 Fortran 原有的计算精度与运算速度。软件开发的基本思路就是用 VB. net 设计用户界面及控制程序,而将计算用 Fortran 程序通过 FPS 4.0 编译成 DLL,并由 VB. net 调用。

针对不同模块功能需要及数据流特征,在重、磁、地震联合反演与数据处理系统这一软件平台上,各模块涉及异常和地下界面的输入输出数据文件格式统一采用 Surfer 软件 grd 文件的 ASCII 码格式,其他控制参数通过界面人机对话输入,并配以适当的说明。处理反演过程通过菜单逐条实现,各个功能模块既相互独立,又能够实现不同处理功能的衔接,便于用户开展综合反演数据分析。图 1.2 为重、磁、地震联合反演与数据处理系统设计框图。

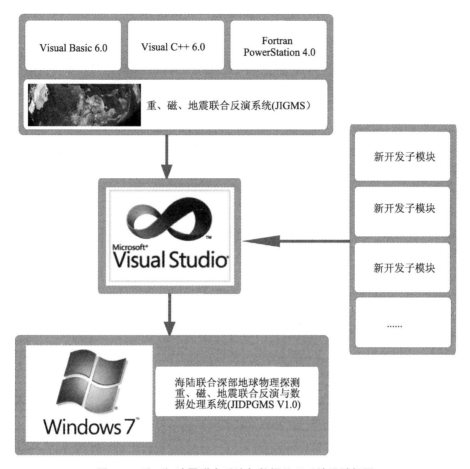

图 1.2　重、磁、地震联合反演与数据处理系统设计框图

1.2.2　DLL 文件的使用

在 Fortran 或 C 语言环境下编写有关方法技术的源程序，并编译形成带参数的可供 VB. net 调用的动态链接库文件（ * . dll）；DLL 是可被其他程序或 DLL 调用的函数（过程）集合组成的可执行文件模块。Windows 本身提供了大量的应用程序接口（API）函数，都是通过 DLL 机制来实现的。DLL 之所以在 Windows 中被广泛应用，是因为它除了具有动态链接库的功能外，尚有如多个应用程序共享一个 DLL 以节省内存和磁盘空间等许多优点。在 FPS 4.0 中，可根据需要将一组 Fortran 函数或子程序放在一个程序中，创建成一个 DLL，它本身不能运行，但可以被 VB. net 调用。

1.2.3　基于 OCX 的交互控制

OCX 是对象类别扩充组件（Object Linking and Embedding （OLE） Control eXtension），以"ocx"为后缀名的 ActiveX 控件是一种比较特殊的 DLL，它的基础是对象连接与嵌入和组件对象模型，是有交互界面的可视化控件，定义了控件的属性和方法，定义控件可引发的事件的响应。

控件的本质是微软公司的对象链接和嵌入（OLE）标准。由于它充分利用了面向对象的优点，可以在其他应用程序中嵌入使用，使得程序效率得到了很大的提高，从而得到了广泛的应用。OCX 控件作为插件、外挂式的应用非常灵活方便。

使用了控件的编程非常容易。在程序的设计阶段可以设置一些属性,如大小、位置、标题等,在程序运行阶段,可以更改这些属性,还可以针对不同的事件,调用不同的方法来实现对该控件的控制。控件的最大好处是可以重复使用,甚至可以在不同的编程语言之间使用,例如,可以在 VB. net 中嵌入用 VC++ 开发的控件。

基于上述考虑,可以将重、磁、地震联合反演与数据处理系统中可能重复使用的功能在 VC++ 环境下实现,并生成 OCX 控制,在主程序需要的地方添加引用,即可实现相同的功能,这样的做法可以节约大量的重复代码操作,整个系统的运行效率将得到极大的优化。比如重磁异常数据的格式基本为"*. grd",其数据的图形显示是程序反复使用的过程,因此,我们将 GRD 格式数据的图形显示封装为一个 OCX;同时,对于 GRD 图形与用户的交互,包括断面点的选择、剖面数据的切取等功能也封装为一个 OCX;另外,对于需用户实时干预的反演建模,我们也在 VC++ 环境下将各种绘图功能封装为 OCX。

1.2.4 用户界面及成果显示

在 VB. net 环境下,构建重、磁、地震联合反演与数据处理系统操作界面,包括处理参数输入界面及成果显示界面。将所有用到的参数通过文本框或下拉式列表框的方式,提示用户输入相应的相关参数,给出输入参数的输入范围及含义,并设置了错误输入提示功能,确保每一个处理参数的正确。

另外,在 VB. net 中引用 VC++ 封装的绘图控件来实现原始异常数据及处理成果的显示。

1.2.5 多线程计算

耗时的计算操作(如三维海底地形重力改正、单一孤立场联合反演、三维解析计算等重磁异常数据处理计算等)在长时间运行时可能会导致用户界面(UI)似乎处于停止响应状态,程序因占用内存过多而导致计算机出现类似于"死机"的现象。因为"计算"这个任务往往是"独占式"的,如果不对程序作出特殊的处理,则用户将被迫面对一个像是被"挂起"的窗体,任凭你用鼠标怎样点击也没有任何反应,更糟糕的是当你从屏幕保护程序切换回该程序时会看到程序的窗体变成了一块"白布",给人一种"死机"的感觉。因此,需要用多线程计算来解决这一问题。

Net Framework 在多线程的支持上提供了许多方便的类别,而 BackgroundWorker 则是一项使用非常简洁方便的多线程类别,BackgroundWorker 组件会提供在不同应用程序主要在 UI 线程上,异步(在后台执行)执行耗时作业的能力。它不仅和 System. Windows. Forms. Timer 一样,也在工具箱中提供了可拖曳使用的组件,并且提供 ProgressChanged 事件使得更改主画面控件可以不必考虑由 Control. Invoke 引起的逻辑上的困扰。

因此,我们采用 VS2010 中的 BackgroundWorker 来解决这一问题,使用 BackgroundWorker 类允许在单独的专用线程上运行操作。BackgroundWorker 不仅可以实现多线程计算,而且还具备了在运算过程中支持用户一定的交互的特点,可以获得更好的用户体验。

若要在后台执行耗时的操作,先创建一个 BackgroundWorker,告诉它要在幕后执行哪种耗时的背景工作方法,然后呼叫 RunWorkerAsync 方法。对线程的呼叫会继续正常执行,直到工作方法异步执行。当方法完成时,BackgroundWorker 会借由引发 RunWorkerCompleted 事件来警示呼叫线程,此事件会选择性地包含作业的结果。

重、磁、地震联合反演与数据处理系统使所有的耗时的计算模块均采用了 BackgroundWorker 控件来实现,以保证系统运行的流畅。

1.3　模块功能

"重、磁、地震联合反演与数据处理系统"(JIDPGMS V1.0)的功能模块包括"融合"、"物性统计"、"异常正演"、"异常转换"、"异常分解"、"异常提取"、"异常增强"、"界面反演"、"剖面反演"及"帮助"等功能模块。

1.3.1　融合

该菜单包含了三个菜单项:"重力数据"、"磁力数据"、"退出",如图 1.3 所示。

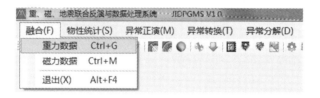

图 1.3　融合菜单

点击"重力数据"项,则进行重力数据的融合;

点击"磁力数据"项,则进行磁力数据的融合;

点击"退出"项,则关闭程序。

例如,在用户点出"重力数据"项时,弹出重力数据融合处理界面(图 1.4)。

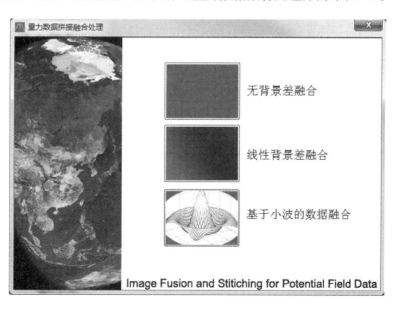

图 1.4　融合处理主界面

该界面中共有三个处理子模块,分别实现不同的功能:无背景差的拼接融合、带线性背景差的拼接融合以及基于小波分析的拼接融合。点击各功能模块左侧的图形按钮,即可进入相应的计算模块,用户通过交互式的参数录入,实现不同方式的数据拼接融合。

1.3.2　物性统计

该菜单包含了两个菜单项:"单参数"、"相互关系及转换",如图 1.5 所示。

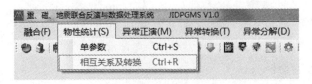

图 1.5　物性统计菜单

点击"单参数"项,则进行单一岩石物性数据的统计分析;

点击"相互关系及转换"项,则进行不同岩石物性参数的相互关系分析及转换。

1.3.3　异常正演

该菜单包含了四个菜单项:"密度界面"、"磁性界面"、"重力地形改正"、"剖面正演",如图 1.6 所示。

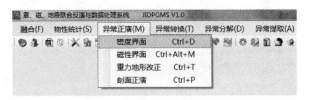

图 1.6　异常正演菜单

点击"密度界面"项,则进行密度界面正演计算;

点击"磁性界面"项,则进行磁性界面正演计算;

点击"重力地形改正"项,则进行重力地形改正计算;

点击"剖面正演"项,则进行重磁数据的剖面正演计算。

1.3.4　异常转换

该菜单包含了三个菜单项:"常规化极"、"低磁纬化极"、"伪重力转换",如图 1.7 所示。

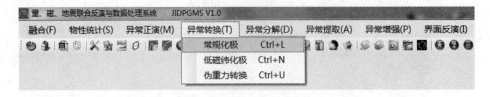

图 1.7　异常转换菜单

点击"常规化极"项,则对磁异常数据进行常规化极处理;

点击"低磁纬化极"项,则对磁异常数据进行带特殊处理方法的化极处理;

点击"伪重力转换"项,则将磁异常数据转移为伪重力异常数据。

1.3.5　异常分解

该菜单包含了两个菜单项:"小波分解"、"延拓分解",如图 1.8 所示。

图 1.8　异常分解菜单

点击"小波分解"项,则可以对位场数据进行小波分解;

点击"延拓分解"项,则可以对位场数据进行向上延拓计算。

1.3.6　异常提取

该菜单包含了四个菜单项:"目标界面"、"局部重力异常"、"局部磁力异常"、"剖面数据提取",如图 1.9 所示。

图 1.9　异常提取菜单

点击"目标界面"项,则进行目标界面提取;

点击"局部重力异常"项,则进行局部重力异常提取;

点击"局部磁力异常"项,则进行局部磁力异常提取;

点击"剖面数据提取"项,则进行剖面数据提取。

1.3.7　异常增强

该菜单包含了五个菜单项:"三维解析"、"Tilt 梯度"、"导数相关"、"方差卷积"及"Canny 算子",如图 1.10 所示。

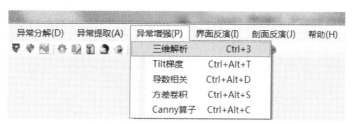

图 1.10　异常增强菜单

点击"三维解析"项,则可以进行重磁数据的三维解析信号计算;

点击"Tilt 梯度"项,则可以进行重磁 Tilt 梯度三维信号处理计算;

点击"导数相关"项,则可以进行重磁水平梯度与垂直导数相关系数边界识别处理计算;

点击"方差卷积"项,则可以进行三维重磁信号各向异性标准化方差卷积边界识别计算;

点击"Canny 算子"项,则可以进行三维重磁信号各向异性 Canny 算子边界识别计算。

1.3.8 界面反演

该菜单包含了五个菜单项:"单一密度界面"、"单一磁性界面"、"重磁联合反演"、"变密度界面"及"变磁性界面",如图 1.11 所示。

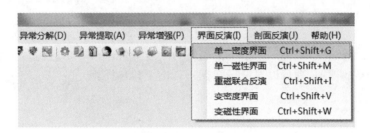

图 1.11 界面反演菜单

点击"单一密度界面"项,则可以进行单一密度界面反演计算;

点击"单一磁性界面"项,则可以进行单一磁性界面反演计算;

点击"重磁联合反演"项,则可以进行界面重磁联合反演计算;

点击"变密度界面"项,则可以进行变密度界面反演计算;

点击"变磁性界面"项,则可以进行变磁性界面反演计算。

1.3.9 剖面反演

该菜单包含了三个菜单项:"单一孤立场源"、"人机交互反演"、"重磁震联合反演",如图 1.12 所示。

图 1.12 剖面反演菜单

点击"单一孤立场源"项,则可以进行 2.5 维同源局部重磁异常反演成像;

点击"人机交互反演"项,则可以进行交互式重磁数据反演;

点击"重磁震联合反演"项,则可以进行二维重磁震数据资料的联合反演。

2 重、磁、震联合反演数据处理方法技术

2.1 海域地层岩石物性统计分析

依据弹性波在岩石中的传播速度确定岩石密度，前人做过相当多的工作。在《重力勘查资料解释手册》(孙文珂主编)一书附录3"根据弹性波传播速度确定岩石密度"中对前人的工作进行了分析和总结。由速度(通常采用弹性波在地层中传播的纵波速度)求密度，大部分研究成果选用线性经验关系式。我国东海陆架，1993年依据统计结果建立了3次多项式，西方的地球物理学家则建立了一个经典关系曲线。已有关系式对比分析如下(纵波速度，记为 v_p，采用单位：km/s；密度，记为 σ，采用单位：10^3 kg/m³)：

(1) 经典曲线：图 2.1 中黑粗虚线，是西方地球物理学家引为经典的密度与纵波速度关系曲线(Manik Talwani 等，1959)。

(2) 其附录3"根据弹性波传播速度确定岩石密度"推荐的线性关系式：

$\sigma_2 = 1.833 + 0.167 \times v_p$，适用岩石密度 2.4～3.0 ×$10^3$ kg/m³，见图 2.1 中灰线加"×"。

$\sigma_3 = 0.60 + 0.34 \times v_p$，适用结晶地壳、上地幔，岩石密度 2.7～3.5 ×10^3 kg/m³，见图 2.1 中灰线加"▲"。

(3) 渤海地区，陈继松推荐的线性关系式：

$\sigma_4 = 1.66 + 0.181 \times v_p$，适用新生界，岩石密度 2.0～3.0 ×$10^3$ kg/m³，见图 2.1 中灰线加"◇"。

$\sigma_5 = 1.85 + 0.156 \times v_p$，适用中生界，岩石密度 2.3～3.0 ×$10^3$ kg/m³，见图 2.1 中灰线加"+"。

(4) Б. М. Уразаев 推荐的线性关系式：

$\sigma_6 = 1.299 + 0.275 \times v_p$，适用喷发岩，岩石密度 1.7～2.7 ×$10^3$ kg/m³，见图 2.1 中灰线加"▼"。

$\sigma_7 = 0.628 + 0.405 \times v_p$，适用变质岩，岩石密度 2.4～3.0 ×$10^3$ kg/m³，见图 2.1 中灰线加"◆"。

(5) 东海地区，推荐的线性关系式：

1989 年，$\sigma_8 = 1.472\,3 \times v_p^{0.373}$，适用纵波速

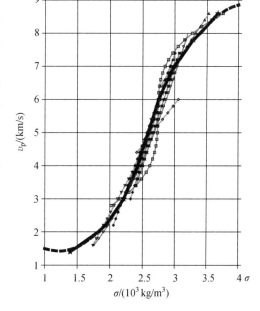

图 2.1 纵波速度岩石密度相关关系曲线图

11

度 1.6～8.0 km/s,见图 2.1 中灰线加"●"。

1993 年,$\sigma_9 = -3.233\,528 + 3.241\,082 \times v_p - 0.586\,089 \times v_p^2 + 0.035\,321 \times v_p^3$,适用纵波速度 2.8～8.6 km/s,见图 2.1 中灰线加"■"。

由图 2.1 可见,经典曲线(黑粗虚线)完全可以作为 σ_2—σ_9 的趋近线。基于此,采用 7 段斜线组合的折线逼近经典曲线(图 2.1 中黑粗线加"★"σ_1),编制相应的计算程序,用于纵波速度求取岩石密度。7 段斜线的纵波区间:1.5～2.1,2.1～3.0,3.0～4.0,4.0～6.0,6.0～7.0,7.0～7.8,7.8～8.3。

上述对比采用的数据见表 2.1,灰色覆盖部分除外。

表 2.1　纵波速度计算岩石密度结果表

$v_p/$ (km/s)	$\sigma_1/$ (10^3 kg/ m^3)	$\sigma_2/$ (10^3 kg/ m^3)	$\sigma_3/$ (10^3 kg/ m^3)	$\sigma_4/$ (10^3 kg/ m^3)	$\sigma_5/$ (10^3 kg/ m^3)	$\sigma_6/$ (10^3 kg/ m^3)	$\sigma_7/$ (10^3 kg/ m^3)	$\sigma_8/$ (10^3 kg/ m^3)	$\sigma_9/$ (10^3 kg/ m^3)
1.400	1.394	2.067	1.076	1.913	2.068	1.684	1.195	1.669	0.252
1.600	1.536	2.100	1.144	1.950	2.100	1.739	1.276	1.754	0.596
1.800	1.678	2.134	1.212	1.986	2.131	1.794	1.357	1.833	0.907
2.000	1.820	2.167	1.280	2.022	2.162	1.849	1.438	1.907	1.187
2.200	1.938	2.200	1.348	2.058	2.193	1.904	1.519	1.976	1.436
2.400	2.007	2.234	1.416	2.094	2.224	1.959	1.600	2.041	1.657
2.600	2.076	2.267	1.484	2.131	2.256	2.014	1.681	2.103	1.852
2.800	2.146	2.301	1.552	2.167	2.287	2.069	1.762	2.162	2.022
3.000	2.215	2.334	1.620	2.203	2.318	2.124	1.843	2.218	2.169
3.200	2.253	2.367	1.688	2.239	2.349	2.179	1.924	2.272	2.294
3.400	2.297	2.401	1.756	2.275	2.380	2.234	2.005	2.324	2.399
3.600	2.341	2.434	1.824	2.312	2.412	2.289	2.086	2.374	2.487
3.800	2.385	2.468	1.892	2.348	2.443	2.344	2.167	2.422	2.558
4.000	2.429	2.501	1.960	2.384	2.474	2.399	2.248	2.469	2.614
4.200	2.450	2.534	2.028	2.420	2.505	2.454	2.329	2.515	2.657
4.400	2.483	2.568	2.096	2.456	2.536	2.509	2.410	2.559	2.689
4.600	2.517	2.601	2.164	2.493	2.568	2.564	2.491	2.601	2.712
4.800	2.550	2.635	2.232	2.529	2.599	2.619	2.572	2.643	2.726
5.000	2.583	2.668	2.300	2.565	2.630	2.674	2.653	2.684	2.735
5.200	2.617	2.701	2.368	2.601	2.661	2.729	2.734	2.723	2.739
5.400	2.650	2.735	2.436	2.637	2.692	2.784	2.815	2.762	2.740
5.600	2.683	2.768	2.504	2.674	2.724	2.839	2.896	2.799	2.740
5.800	2.717	2.802	2.572	2.710	2.755	2.894	2.977	2.836	2.740
6.000	2.750	2.835	2.640	2.746	2.786	2.949	3.058	2.872	2.743
6.200	2.799	2.868	2.708	2.782	2.817	3.004	3.139	2.908	2.750
6.400	2.846	2.902	2.776	2.818	2.848	3.059	3.220	2.942	2.762
6.600	2.894	2.935	2.844	2.855	2.880	3.114	3.301	2.976	2.782

（续　表）

$v_p/$ (km/s)	$\sigma_1/$ (10^3kg/ m^3)	$\sigma_2/$ (10^3kg/ m^3)	$\sigma_3/$ (10^3kg/ m^3)	$\sigma_4/$ (10^3kg/ m^3)	$\sigma_5/$ (10^3kg/ m^3)	$\sigma_6/$ (10^3kg/ m^3)	$\sigma_7/$ (10^3kg/ m^3)	$\sigma_8/$ (10^3kg/ m^3)	$\sigma_9/$ (10^3kg/ m^3)
6.800	2.941	2.969	2.912	2.891	2.911	3.169	3.382	3.010	2.811
7.000	2.989	3.002	2.980	2.927	2.942	3.224	3.463	3.042	2.851
7.200	3.071	3.035	3.048	2.963	2.973	3.279	3.544	3.075	2.903
7.400	3.141	3.069	3.116	2.999	3.004	3.334	3.625	3.106	2.969
7.600	3.212	3.102	3.184	3.036	3.036	3.389	3.706	3.137	3.051
7.800	3.283	3.136	3.252	3.072	3.067	3.444	3.787	3.168	3.151
8.000	3.392	3.169	3.320	3.108	3.098	3.499	3.868	3.198	3.270
8.200	3.486	3.202	3.388	3.144	3.129	3.554	3.949	3.227	3.410
8.400	3.580	3.236	3.456	3.180	3.160	3.609	4.030	3.257	3.572
8.600	3.674	3.269	3.524	3.217	3.192	3.664	4.111	3.285	3.759
9.000	3.862	3.336	3.660	3.289	3.254	3.774	4.273	3.341	4.212
层速度	经典逼近	地层	结晶地壳、上地幔	新生界	中生界	喷发岩	变质岩	1989	1993
	黑粗加 ★	灰线加 ×	灰线加 ▲	灰线加 ◇	灰线加 +	灰线加 ▼	灰线加 ◆	灰线加 ●	灰线加 ■
来源	自编	手册		渤海		Б. М. Уразаев		东海	

2.2　多平台观测的重、磁数据融合

数据拼接融合,就是将不同分辨率的同一区域目标的不同数据,或者经同一观测仪器通过不同的处理方式得到的不同数据,融合成一幅数据的过程。相对于原始数据,融合后的数据能反映多源数据的信息,有利于提高目标区域数据的分辨能力。

地球物理勘查中,重、磁探测方法成本低、效率快,在油气资源勘探的早期普查阶段被广泛应用。在新一轮针对前新生代地层和海洋深水区的油气勘探中,重、磁方法得到了进一步重视,表现在对已有的区域勘探基础上,针对具体的重点勘探区块,开展更高精度的重、磁数据采集。而高精度采集的重、磁数据可以反映出更多的与油气藏有关的局部构造细节。在早期获得的品质可靠的区域重、磁数据基础上,将高精度的区块重、磁数据通过某种算法融于其中,这既是数据积累的需要,也是新一轮的油气勘探中重、磁勘探资料处理面临的新问题。人们期盼着通过位场数据的融合,既可以了解反映研究区大的背景构造特征,同时又能揭示重点勘探区带的细节信息,方便局部与区域相结合的综合地质地球物理解释,并为后续的更深层次的处理提供可靠的数据。在以往的重、磁数据融合中,大多是采用人工调平处理,这种处理方式速度慢、效率低,而融合数据的质量也主要取决于处理人员的经验,数据融合的随意性较大。而通过两种数据简单的加权平均,或是通过降低重点勘探区高精度数据采样率来实现数据之间的光滑衔接,往往造成高精度数据细节特征的

丢失或弱化。

二维重、磁异常又称位场数据,可等价于单色调的灰度图像(张丽莉等,2003)。数字图像经小波分解后能够产生各种分辨率的图像,加以选择和组合,便可实现某种目的的图像融合。这里,我们同样也可对区域重、磁力数据和重点勘探区、带的重、磁力数据进行小波分解,并加以选择和组合,通过小波分解、组合技术来实现位场数据的融合。

基于小波变换的多辨分析特性的位场数据拼接融合处理软件 IFSMG V1.0,就是针对这一问题而开发研制的、人机交互界面优化的考虑背景差异的数据拼接融合软件,可以有效地解决既考虑大的背景构造特征又不失局部细节信息的问题。本软件适用于位场数据处理及解释专业技术人员,至于一般程序工作人员,仅需经过基本理论知识及操作技巧的培训即可熟练使用。

2.2.1 平面位场数据的小波分解

1. 二维小波变换的原理

小波变换的概念:

小波变换是指把某一被称为基本小波(也叫母小波)的函数 $\psi(t)$ 做平移 τ 后,在不同尺度 a 下与待分析的信号 $x(t)$ 做内积:

$$WT_X(a, \tau) = \frac{1}{\sqrt{a}} \int_{-\infty}^{\infty} x(t) \psi^* \left(\frac{t-\tau}{a} \right) \mathrm{d}t, \qquad a > 0 \qquad (2\text{-}1)$$

等效频域表示为

$$WT_X(a, \tau) = \frac{\sqrt{a}}{2\pi} \int_{-\infty}^{\infty} x(w) \psi^* (aw) \mathrm{e}^{jw} \mathrm{d}w \qquad (2\text{-}2)$$

小波变换的特点:

(1) 多尺度性,可以由粗到细地逐步观察信号。

(2) 可以看成用基本频率特性为 $\psi(w)$ 的带通滤波器在不同尺度 a 下对信号作滤波。

(3) 适当选择基小波,使 $\psi(t)$ 在时域上为有限支撑,$\psi(w)$ 在频域上也比较集中,就可以使 WT 在时、频域都具有表征信号局部特征的能力。

图像的二维小波分解(秦前清等,1998):

图像是二维信号,经过小波分解,得到图像在水平、垂直及对角线方向的高频分量及相应分辨率下的低频分量,由于小波基的正交性,图像小波分解过程中不产生冗余数据。这样,就可以方便地分析信号在不同频带上的频域特性。

如图 2.2 所示,首先利用高通滤波器 G 和低通滤波器 H 对图像沿水平方向进行分解,得到两个子图。如果原始图像大小为 $m \times n$,那么每个子图像的大小为 $\frac{m}{2} \times n$。然后再对这两个子图像沿垂直方向进行小波分解,这样最终得到 LL, LH, HL, HH 四个子图。LL 子图是两个低通(即水平和垂直)滤波器获得的子图,它反映了图像的低频成分;LH 则是经低通的水平滤波和高通的垂直滤波得到的,它主要反映了图像垂直方向上的高频成分;类似的,HL 是经高通的水平滤波和低通的垂直滤波得到的,它反映了图像水平方向上的高频成分;而 HH 则反映了图像在对角线上的高频成分。

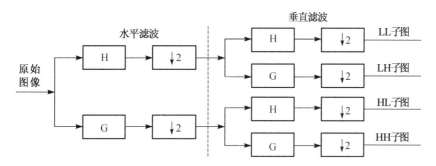

水平滤波　　　垂直滤波

图 2.2　图像的二维小波分解流程图

如果对低频子图 LL 进一步分解,又可得到 4 个子图,如此反复,进行 m 次小波分解可得到 $3m+1$ 个子图,如图 2.3 所示。

2. 平面位场数据的分解

平面位场数据与灰度图像有相似性,表现在灰度图像反映了单位像素灰度值的变化,而位场数据则反映了不同网格点的重、磁力场的变化,两者都有不同分辨率。位场数据采样间隔和观测精度决定了重、磁力数据具有不同的空间尺度分辨率。可利用小波变换来处理二维位场数据的空间尺度分辨率的

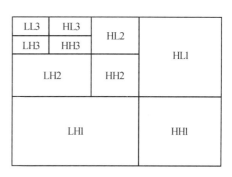

图 2.3　三级小波分解示意图

分解。经过分解,便可以得到位场数据在不同尺度下的水平、垂直及对角线方向的高频分量及相应分辨率下的低频分量,从而揭示位场数据在不同频带上的特性。值得注意的是平面位场数据与灰度图像也有差异,表现在位场数据的动态范围远大于灰度图像 256 个灰阶级;此外,灰度图像可通过调整灰阶色标来达到图像的增强,突出感兴趣区域。以分解为目的的平面位场数据为了保证信息的完整性,通常不宜进行这类处理。

2.2.2　平面位场数据融合技术和实现

1. 平面位场数据融合技术

方法建立于二维小波变换的基础上,先对二维的高分辨率位场数据与相应的大区域平面位场数据的残差进行二维小波分解,提取合适的低频分量对平面高分辨率位场数据进行低频分量补偿,再进行具有不同分辨率的两种平面位场数据的融合。平面位场数据融合的流程如图 2.4 所示。

2. 理论模型试验

选取了如图 2.5 所示的灰度图像,图 2.5 中图 a 与图 2.5b 为不同分辨率的原始图像,图 2.5c 为截取图 2.5a 的一小区域与图

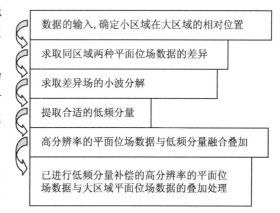

数据的输入,确定小区域在大区域的相对位置

求取同区域两种平面位场数据的差异

求取差异场的小波分解

提取合适的低频分量

高分辨率的平面位场数据与低频分量融合叠加

已进行低频分量补偿的高分辨率的平面位场数据与大区域平面位场数据的叠加处理

图 2.4　平面位场数据融合的流程

2.5b 按照坐标位置作简单的叠加处理,从图中可以看出由于不同分辨率的图像灰度值不同,尤其是在边缘差异更加明显,使得图像不能很好地融合在一起。图 2.5d 为经过融合技术处理之后的图像,从图中可以看到图像的灰度值在边缘基本趋于一致,而且在局部区域也能保持一定的原始分辨率特性。

(a) 原始高分辨率图像

(b) 原始低分辨率图像

(c) 叠加处理后图像

(d) 图像融合技术处理后的图像

图 2.5　图像融合效果对比图

3. 实际资料的处理

南海北部陆缘的地球物理调查和研究开始于 20 世纪 50 年代,70 年代初,地矿部、石油中科院和国家海洋局等系统均开展过大量的工作并与国外研究机构或石油公司合作,积累了丰富的重、磁力数据等基础资料,并取得丰硕研究成果。刘光鼎(1993)主编的《中国海区及邻域地质地球物理系列图》等成为研究南海的重要基础资料。

针对南海某区的油气勘探,开展了高精度的海上重力数据的采集工作。随着研究工作的展开,要求把采集的高精度海上重力数据(图 2.6)与南海早期调查获得的重力资料(图 2.7)拼接融合,形成更大区域规整的数据块,同时又保持高精度采集区海上重力数据的细节。一种策略是依据采集的高精度海上重力数据和早期调查获得的重力资料的平面位置和场值利用 surfer 软件提供的插值算法进行数据融合。结果如图 2.8 所示,由图可见等值线在小区域的边缘扭曲、加密,小区域左侧内部出现密集的小圈闭的高频干扰。表明两区数据没有很好地融合在一起。应用本书提出的基于小波的融合处理技术来对这两个区域数据进行拼接融合。考虑到重力场的变化较为平缓,选择小波母函数时,倾向于选用振荡较为平缓和光滑的小波母函数,此外还应有较好的对称性、紧支撑性和较高的消失矩(许惠平等,2004)。这里采用 Bior3.5 小波对位场数据进行处理,处理结果如图 2.9 所示。图中没有出现图 2.8 所示的等值线在小区域的边缘扭曲、加密,小区域左侧内部出现密集的小圈闭的高频干扰等不良现象。两区的重力数据得到较好的融合,边缘连续,并且在高精度海上重力采集区数据依旧保持一定的高分辨率特性,说明这一技术对平面位场数据的融合是十分有效的。

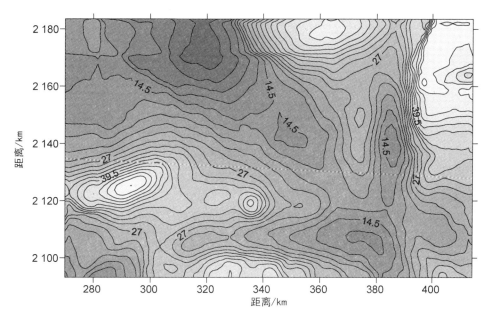

图 2.6　高精度海上重力资料

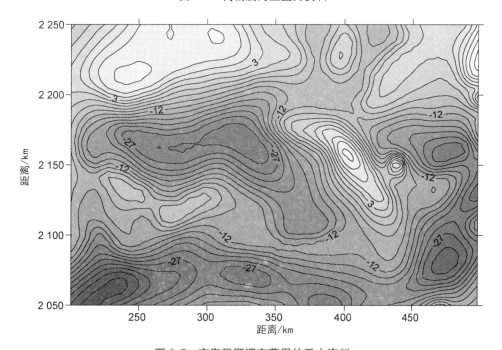

图 2.7　南海早期调查获得的重力资料

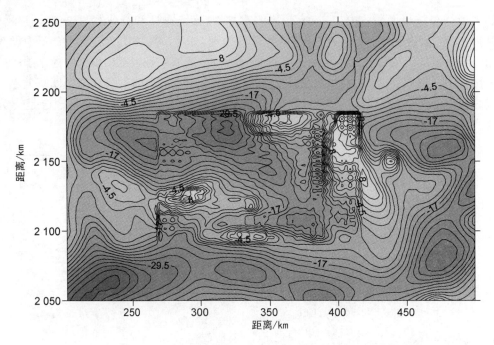

图 2.8　插值处理后的数据融合

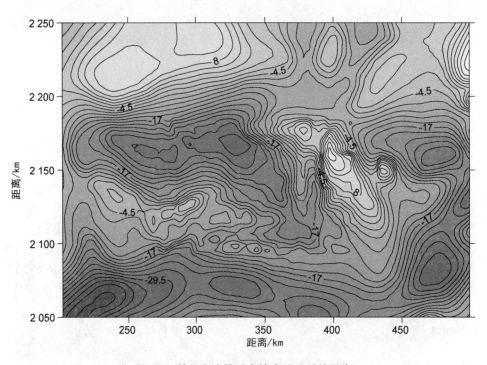

图 2.9　基于小波的融合技术处理后的图像

2.2.3　平面位场数据融合的技术要点分析

试验表明,位场数据的融合受到插值步长、小波函数以及小波分解阶数的影响。当插值步长较大时（图 2.10a），融合后图像的很多细节都没有表现出来，而插值步长太小时（图 2.10b），区域内部出现密集的小圈闭，是高频干扰等不良现象的反映。对于不同的小波函数，位场数据的融合效果也是不同的。重力场的变化较为平缓，选择小波母函数时，倾向于选用振荡较为平缓和光滑的小波母函数，此外还应有较好的对称性、紧支撑性和较高的消失矩。图 2.11a 和图 2.11b 分别为经 Bior3.5 小波与 Haar 小波处理后得到的融合结果，Haar 系的小波函数是不连续的，频率域局部性较差，因而处理效果相比 Bior3.5 小波的处理效果要差些，融合边缘出现较强抖动。此外，不同的小波分解阶数也会影响位场数据的融合效果，图 2.12a 和图 2.12b 分别为 Bior3.5 小波一阶与四阶处理得到的位场数据的融合结果。从图中可以看出，一阶处理得到的融合结果，异常的细节成分都被过滤，而四阶处理得到的融合结果，位场数据的融合边缘扭曲效应还没有得到去除。

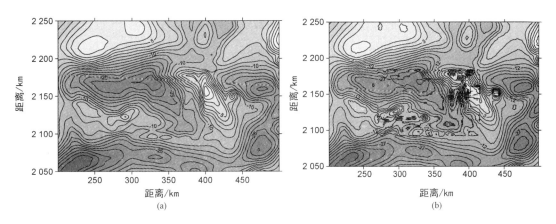

(a)

(b)

图 2.10　不同的插值步长处理后的数据融合

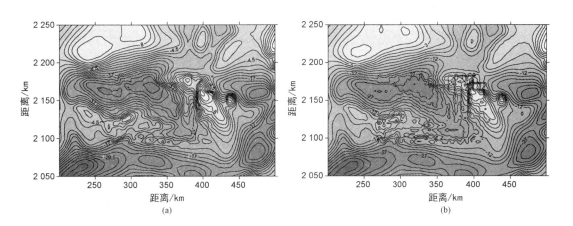

(a)

(b)

图 2.11　不同小波函数处理后的数据融合

在理论分析的基础上，建立了基于小波分析的位场拼接融合软件，具有以下功能：

（1）无背景差异的拼接融合；

（2）带线性背景的拼接融合；

（3）基于小波分析的无背景差异的拼接融合；

（4）基于小波分析的带线性背景的拼接融合。

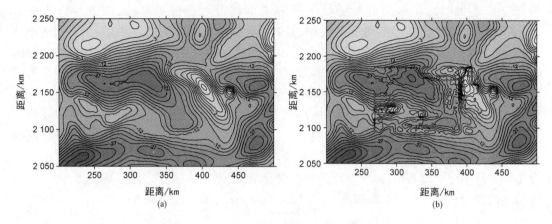

图 2.12 不同小波分解阶数处理后的数据融合

其处理后的成果数据可以通用的网格化形式保存（ASCII 码的"＊.grd"文件），并直接使用 Surfer 软件进行后期成图。

2.3 变倾角和带剩磁总磁异常 ΔT 化极

海洋油气勘探主要依赖多种地球物理方法的综合勘探而得以实现。磁力勘探作为其中一类地球物理方法，基于仪器精度的提高、方法理论的丰富、处理解释技术的发展以及简易、方便、低成本、适于多方法同时作业，磁力勘探在海洋油气勘探领域重新显示出其不可替代的地位而发挥其应有的作用。

地球磁场磁倾角（简称地磁倾角）在地球各处是不同的，类似地球的地理纬度，磁纬度表示地球表面各处的地磁倾角，磁极为 $90°$，磁赤道则为 $0°$。由感磁产生的总磁异常 ΔT，磁极以外地区均会受到斜磁化的影响，它随磁纬度的减小而增大，在低磁纬地区，总磁异常 ΔT 正负伴生的特征十分明显、突出，在平面图呈现出东西走向分布，磁场面貌明显不同于高磁纬地区。磁力异常的定性解释、定量反演解释方法大部分基于垂直磁化条件下的磁力场垂直分量异常，源于其直观、简单。海洋磁力勘探得到的成果为总磁异常 ΔT，将斜磁化条件下的总磁异常 ΔT 转换为垂直磁化条件下的磁力场垂直分量异常，俗称化极。

化极作为一种解决斜磁化影响的重要数据处理方法，前人做过相当多的工作，取得了不少的研究成果；频率域化极方法因其原理清晰、实现简单、计算快速，成为化极处理的常用方法，但是实际应用效果尚不十分理想。首先，处于低磁纬度时，特别是在磁赤道附近，地磁倾角近于零甚至等于零，频率域中的化极因子数值会很大甚至等于无穷大，由此获得的计算结果很不稳定而无法使用；其次，当研究区范围较大时，地磁倾角变化范围也较大，按一个倾角值化极就会带来较大误差；再次，目标地质体带有剩磁时，按地磁倾角、地磁偏角化极实际并没有达到化极的效果。

吴健生等（1992）在化极处理过程中对高频段和低频段分别采用高阻滤波器和汉宁窗滤波器进行滤波处理，提高了化极结果的信噪比，同时也考虑了磁倾角偏差的影响。具体做法是针对化极处理后信号与干扰在频谱上的差异，对做过化极处理的异常频谱，再进行一次高阻方向的滤波处理，其滤波因子设计为

$$B(u_1, v_1) = \begin{cases} \dfrac{1}{2}\left\{1 + \cos\dfrac{[u_1^2 + (v_1 \times \beta^2)^{1/2}]}{s_0}\right\}, & s_0 \geqslant \sqrt{u_1^2 + (v_1\beta)^2}, \\ 0, & \text{其他} \end{cases} \quad (2\text{-}3)$$

式中，β 为压缩系数，β 值越大，对 v_1 方向的频谱压制就越厉害；s_0 为径向截止频率。

"九五"期间，国家 863 计划海洋领域"地壳结构重磁地震综合反演技术"课题开发研制了"全磁纬变倾角化极技术"和基于 MS-DOS 操作系统的相应软件，较好地解决了低磁纬度地区化极、变倾角化极两个方面的问题，开发研制的相应软件可以适用于任何磁纬度地区、任意范围的总磁异常 ΔT 化极处理计算。

"十一五"国家 863 计划编号为 2006AA09Z311 的"重、磁、地震联合反演技术"课题，对原有的基于 MS-DOS 操作系统的全磁纬变倾角化极程序进行了代码解读，保留其核心的算法程序，选择 Visual Basic 6.0 作为开发平台，采用 VB 与 FORTRAN 语言的混合编程，开发研制了基于 Windows 标准的、友好用户操作界面的低纬度总磁异常 ΔT 化极处理软件。"十二五"期间延续原课题滚动开发，国家 863 计划编号为 2010AA09Z302 的"重、磁、地震联合反演技术"课题，将此化极软件进行改编后纳入了开发研制的基于 Windows 7 标准的"重、磁、地震联合反演与数据处理系统"。"十二五"期间，开发研制了带剩磁的化极处理软件，为化极处理提供了新的功能。

2.3.1 低纬度总磁异常 ΔT 变倾角化极

1. 方法原理

化极处理计算涉及磁化方向转换与测量方向的转换，在频率域中，转换因子为

$$H(u, v) = \frac{q_2 q_3}{q_0 q_1} \quad (2\text{-}4)$$

式中　$q = i(ul + vm) + n\sqrt{u^2 + v^2}$；

　　　l, m, n 为方向余弦；

　　　$l = \cos I \cdot \cos D$；

　　　$m = \cos I \cdot \sin D$；

　　　$n = \sin I$。

I, D 分别为磁方向的倾角和偏角；q_0, q_1 分别与地磁场方向、磁化强度方向有关；q_2, q_3 分别与转换后的地磁场方向、磁化强度方向有关。

转换因子的分子、分母同乘分母的共轭，得

$$H(u, v) = \frac{\overline{q_0 q_1}\, q_2 q_3}{|q_0 q_1|^2} \quad (2\text{-}5)$$

设地磁场方向、磁化强度方向一致，则：$q_0 = q_1$，$q_2 = q_3$。

将 $u = r\cos\theta$，$v = r\sin\theta$ 代入式(2-5)，即得极坐标系下的转换因子

$$H(r, \theta) = \frac{[i\cos I_2 \cos(\theta - D_2) + \sin I_2]^2}{[i\cos I_0 \cos(\theta - D_0) + \sin I_0]^2} \quad (2\text{-}6)$$

化极时：

$$I_2 = 90, \quad H(r, \theta) = \frac{1}{\left[\mathrm{i}\cos I_0 \cos(\theta - D_0) + \sin I_0\right]^2} \tag{2-7}$$

在极端情况下,即磁赤道附近,此时 $I_0 = 0$,为简化问题,设 $D_0 = 0$,则

$$H(r, \theta) = -\frac{1}{\cos^2 \theta} \tag{2-8}$$

由此式可见,化极因子为扇形放大因子,是角度的单一函数,与频率的高低无关,平面、剖面特征如图 2.13a、图 2.13b 所示。

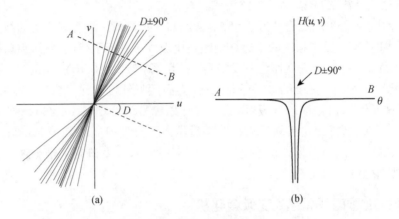

(a)　　　　　　　　　　　(b)

图 2.13　平面特征及剖面特征

当 $\theta = \pm 90°$ 时,$H(r, \theta) \to -\infty$,在 θ 接近 $\pm 90°$ 时,$H(r, \theta)$ 数值也很大,计算结果会很不稳定,化极结果沿磁偏角方向明显拉长,呈现条带状,有时甚至无法得到计算结果。为此,实际计算过程中需要对化极因子进行改造:一方面要压制沿 $D \pm 90°$ 方向的放大作用,使计算稳定,减少甚至消除条带现象;另一方面,化极因子沿 $D \pm 90°$ 方向的放大作用是其重要特征,改造需适度,以保留原有的基本特征,目的是得到理想的化极结果。经理论研究与实例计算测试,依据化极因子为扇形放大因子的特点,设计了两个局部扇形约束函数,仅对化极因子过于强烈的放大部分施以约束并保持整体形态完整,同时仅用一个角度参数控制约束作用的强弱。设计的这两个局部扇形约束函数,具有形式简单、物理意义明确、应用方便的特点,压抑函数作用于化极因子的分子部分,阻挡函数作用于化极因子的分母部分。

(1) 压抑因子法:设计压抑函数 $F(r, \theta)$,其特征:

$$|\theta - \theta_0| \geqslant \alpha_0 \text{ 时}, \quad F(r, \theta) = 1$$

$$|\theta - \theta_0| < \alpha_0 \text{ 时}, \quad F(r, \theta) = \frac{1}{2}\left\{1 - \frac{1}{2}\left[1 + \cos\left(\pi \frac{I_0}{I_{\mathrm{active}}}\right)\right]\cos\left(\pi \frac{\alpha}{\alpha_0}\right)\right\}$$

式中　$\theta_0 = D \pm 90°$;

　　　$\alpha = \theta - \theta_0$;

　　　α_0 为作用半角;

　　　I_0 为地磁场方向倾角;

　　　I_{active} 为采用改造化极因子的临界地磁场方向倾角。

此时化极因子为

$$H(r,\theta)=\frac{\left[\mathrm{i}\cos I_2\cos(\theta-D_2)+\sin I_2\right]^2}{\left[\mathrm{i}\cos I_0\cos(\theta-D_0)+\sin I_0\right]^2}\times F(r,\theta) \tag{2-9}$$

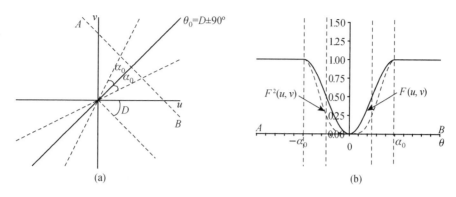

图 2.14　平面特征及 **AB** 剖面特征

压抑函数 $F(r,\theta)$ 只在 $\theta_0\pm\alpha_0$ 的范围内对化极因子进行压抑改造,其特征如图 2.14 所示(图 2.14b 中 $I_0=0$)。

由图 2.14 可见,越靠近 θ_0,$F(r,\theta)$ 越小,对化极因子的压抑改造作用越大。如采用 $F(r,\theta)$ 的多次自乘得 $F^n(r,\theta)$,对化极因子具有更强的压抑改造作用(见图 2.14b 中 $F^2(r,\theta)$ 特征)。模型计算表明,化极效果主要决定于 α_0 的选择。

(2)阻挡因子法:设计阻挡函数 $D(r,\theta)$,其特征:

$$|\theta-\theta_0|\geqslant\alpha_0 \ \text{时}, \quad D(r,\theta)=0$$

$$|\theta-\theta_0|<\alpha_0 \ \text{时}, \quad D(r,\theta)=d\cdot\frac{1}{2}\left[1+\cos\left(\pi\frac{\alpha}{\alpha_0}\right)\right]$$

其中,d 为阻挡常数,是一个很小的量,如 $d=0.01$;$\alpha=\theta-\theta_0$;

α_0 为作用半角。

$D(r,\theta)$ 的剖面特征如图 2.15 所示。

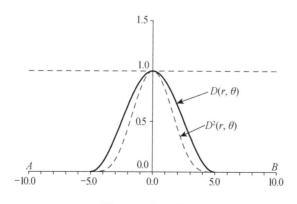

图 2.15　剖面特征

阻挡函数 $D(r,\theta)$ 与化极因子的分母相加,此时化极因子为

$$H(r, \theta) = \frac{[\mathrm{i}\cos I_2 \cos(\theta - D_2) + \sin I_2]^2}{[\mathrm{i}\cos I_0 \cos(\theta - D_0) + \sin I_0]^2 + D(r, \theta)} \tag{2-10}$$

阻挡函数 $D(r, \theta)$ 只在 $\theta_0 \pm \alpha_0$ 的范围内对化极因子进行阻挡改造。由式(2-10)可见,当 I_0 接近于零或等于零时,阻挡函数 $D(r, \theta)$ 阻止化极因子趋近于零,成为一个有效值。如采用 $D(r, \theta)$ 的多次自乘得 $D^n(r, \theta)$,可改变对化极因子趋近于零的改造作用(见图2.15中 $D^2(r, \theta)$ 特征)。模型计算表明,化极效果主要决定于 α_0 的选择。

(3)数据扩充:改造化极因子是提高化极效果的基本保证,但数据扩充方式对计算结果的影响不能忽视。在频率域,一切运算都是建立在把研究对象看作是周期函数的基础上,但实际对象(观测数据或模型计算数据)都是有限的,其隐含的周期化过程会带来卷积效应,为此需将实际对象的数据量扩充至2的整数次幂,尽量减小此卷积效应。采用不同的扩充方法,会得到不同的减小作用。采用余弦函数或不同方次的余弦函数进行数据扩充,获得了较好的计算结果。

(4)变倾角化极:当研究区范围比较大,区内地磁场方向变化也较大时,按常倾角化极方法会带来较大的误差。采取窗口分区、窗口滑动覆盖全区的方法,实现变倾角化极计算,包含两个方面的方法来实现。

① 滑动窗口。窗口分区可以任意确定大小,滑动窗口以覆盖全区。为了减少重复计算与窗口间数据的合理拼接,采取"整区变换,仅取窗口"的策略,即将整个研究区原始数据作傅氏正变换,并保留此正变换谱,各个窗口均以此正变换谱及各个窗口相应的磁倾角、磁偏角作为化极参数进行化极计算,然后仅取窗口内数据作为化极计算结果予以保存。

② 作用半角 α_0 可变。针对滑动窗口所处实际位置的地磁场方向倾角,自动判断是否采用改造化极因子进行化极处理计算。滑动窗口中地磁场方向倾角 $|I| \geqslant I_{\mathrm{active}}$ 时,作用半角 $\alpha_0 = 0$,压抑函数、阻挡函数不起作用,采用常规化极因子进行化极处理计算。滑动窗口中地磁场方向倾角 $-I_{\mathrm{active}} < I < I_{\mathrm{active}}$ 时,作用半角 α_0 等于预设作用半角 $\alpha_{\max}$。I_{active} 为采用改造化极因子的临界地磁场方向倾角。

滑动窗口中地磁场方向倾角 $-I_{\mathrm{active}} < I < I_{\mathrm{active}}$ 时,还可选择作用半角 α_0 依据 I 的变化、按余弦函数规律改变大小(参见图2.16),α_0 在0至预设值之间变化。$I = 0$ 时,作用半角最大,等于预设作用半角 $\alpha_{\max}$。

2. 程序流程框图

程序流程如图2.17所示。

3. 软件测试

(1)单模型(长方体)测试。单个长方体模型位于测区中心,磁化倾角、偏角与地磁场倾角、偏角一致。

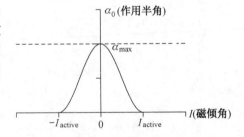

图2.16 作用半角随磁倾角变化特征

测区大小:30 km×40 km,即30线,每测线40测点;

模型参数:大小:长 6 km×宽 6 km×高 3 km;磁化强度:0.05 A/m;

磁倾角选择:5°,90°;磁偏角选择:0°。

总磁异常 ΔT 等值线图如图2.18、图2.19所示,其中图2.19相当于化极磁异常。

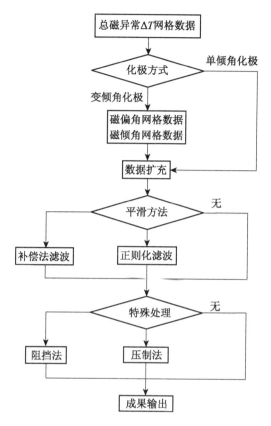

图 2.17 流程框图

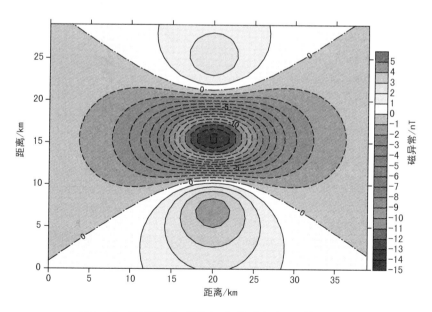

图 2.18 磁倾角 5°,磁偏角 0°,总磁异常 ΔT 等值线图

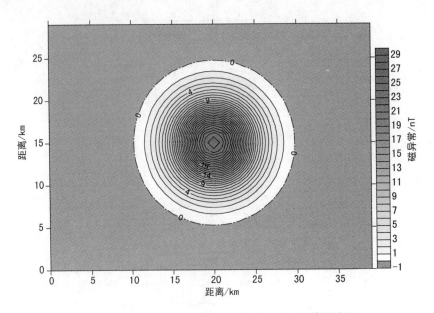

图 2.19 磁倾角 90°,磁偏角 0°,总磁异常 **Δ*T*** 等值线图

图 2.18 所示磁异常,采用常规化极技术的化极结果见图 2.20。

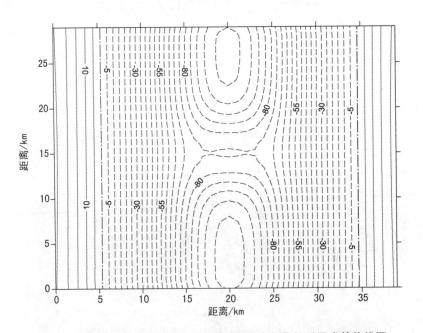

图 2.20 磁倾角 5°,磁偏角 0°,总磁异常 **Δ*T*** 常规化极磁异常等值线图

采用改造化极因子的化极结果见图 2.21,数据扩充至 64×128,128×256 的化极结果见图 2.22、图 2.23。

对照图 2.19,图 2.20 所示的常规化极结果不可对比,图 2.21 的结果尚可对比,当数据扩充后,化极效果趋好(图 2.22,图 2.23)。

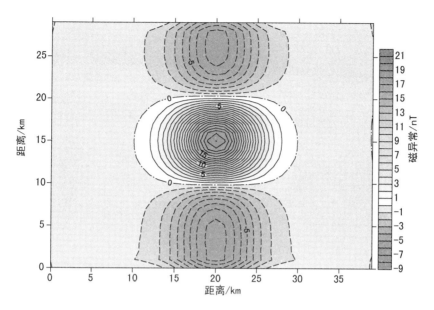

图 2.21　磁倾角 5°,磁偏角 0°,总磁异常 ΔT 特殊化极磁异常等值线图

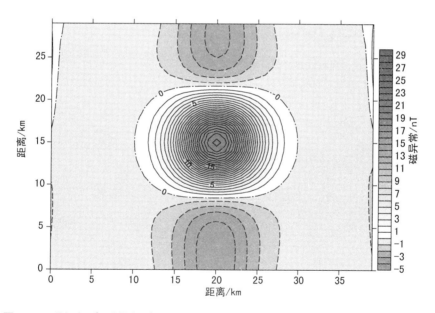

图 2.22　磁倾角 5°,磁偏角 0°,总磁异常 ΔT 扩边(64×128)特殊化极磁异常等值线图

（2）单模型（球体）测试。单个球体模型位于测区中心,磁化倾角、偏角与地磁场倾角、偏角一致。

测区大小:20 km×20 km。

模型参数:大小:半径 1 500 m;中心埋深:2 000 m;磁化强度:1 A/m;

磁偏角选择:0°;磁倾角选择:0°,−3°,3°,90°。

总磁异常 ΔT 等值线图见图 2.24—图 2.27 所示,图 2.27 相当于化极磁异常。

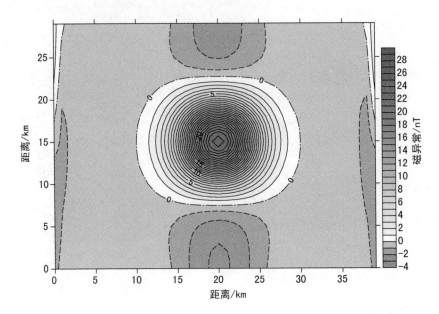

图 2.23　磁倾角 5°,磁偏角 0°,总磁异常 ΔT 扩边(128×256)特殊化极磁异常等值线图

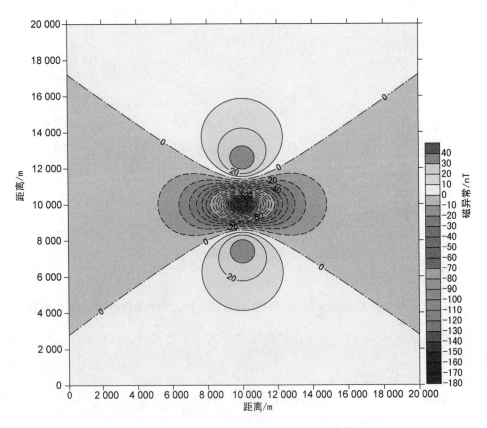

图 2.24　磁倾角 0°,磁偏角 0°,总磁异常 ΔT 异常等值线图

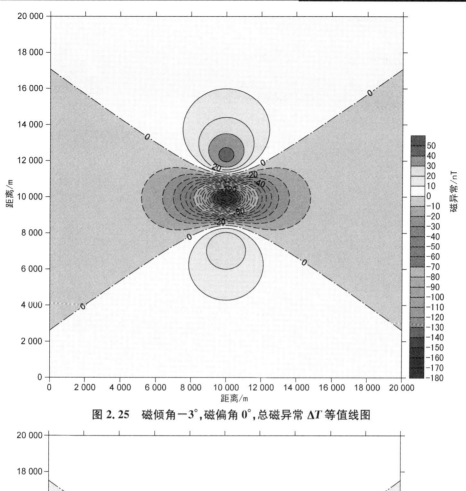

图 2.25 磁倾角−3°,磁偏角 0°,总磁异常 ΔT 等值线图

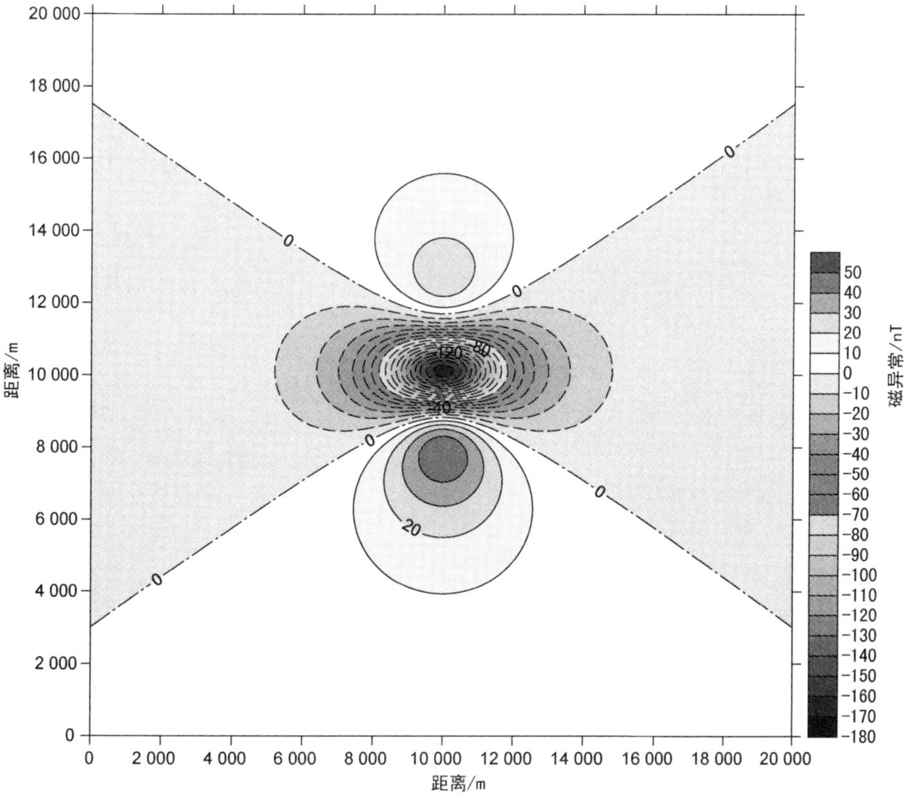

图 2.26 磁倾角 3°,磁偏角 0°,总磁异常 ΔT 等值线图

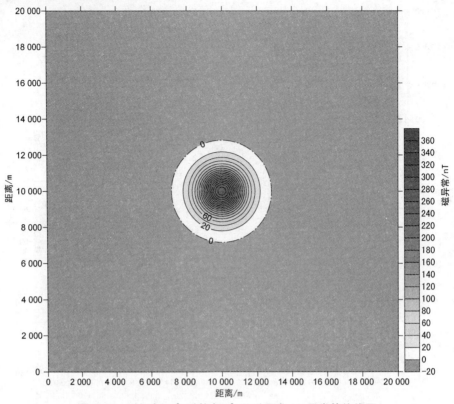

图 2.27　磁倾角 90°,磁偏角 0°,总磁异常 ΔT 异常等值线图

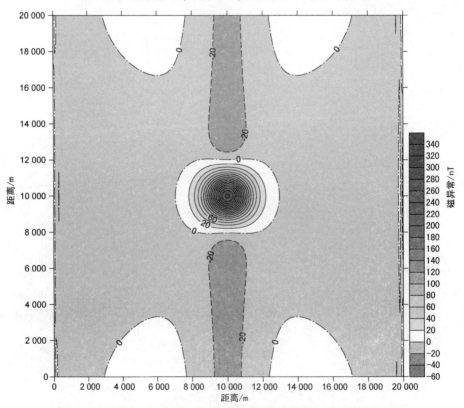

图 2.28　磁倾角 0°,磁偏角 0°,总磁异常 ΔT 特殊化极磁异常等值线图

磁倾角为 0°总磁异常 ΔT，采用常规化极技术无法得到结果。与图 2.27 对比，采用改造化极因子的化极结果可用(图 2.28)，数据扩充后，采用改造化极因子的化极结果(图 2.29)更好。

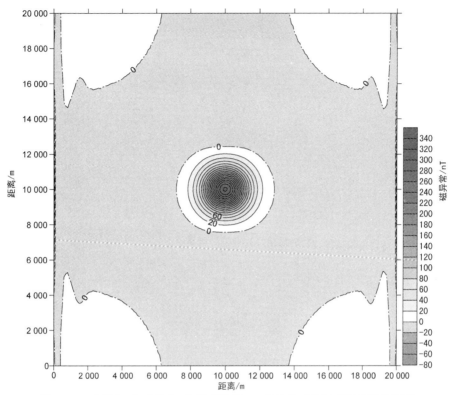

图 2.29　磁倾角 0°，磁偏角 0°，总磁异常 ΔT 扩边特殊化极磁异常等值线图

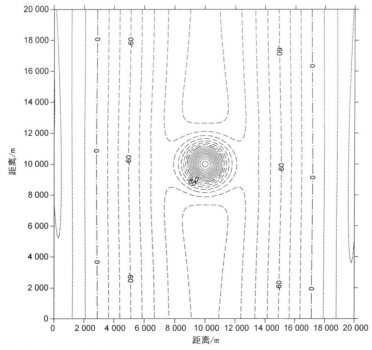

图 2.30　磁倾角 3°(−3°)，磁偏角 0°，总磁异常 ΔT 常规化极磁异常等值线图

磁倾角为 3°(−3°)总磁异常 ΔT,采用常规化极技术得到的结果见图 2.30,不太好利用,采用改造化极因子的化极结果可用(图 2.31)。

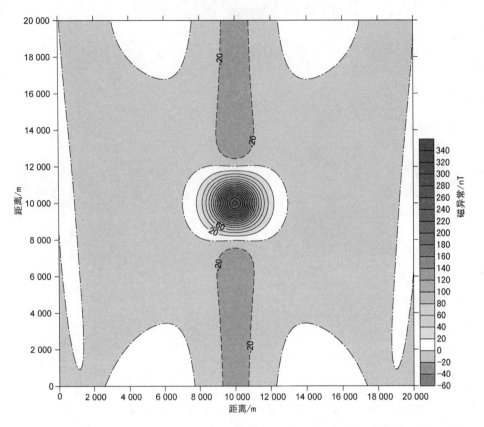

图 2.31 磁倾角 3°(−3°),磁偏角 0°,总磁异常 ΔT 特殊化极磁异常等值线图

(3) 组合模型测试。组合模型设置:

模型体个数:5;

磁倾角:0°;

磁偏角:45°;

数据范围:80 km×50 km。

总磁异常 ΔT 等值线图见图 2.32。

采用改造化极因子的化极计算结果如图 2.33 所示,理论化极异常见图 2.34。由图 2.33 与图 2.34 对比可见:采用改造化极因子的化极计算结果,形态恢复较好,模型体边界确定准确,异常幅值相差不大。

理论化极异常:极大值 222.640 nT,极小值 −42.387 nT;化极计算结果:极大值 244.259 nT,极小值 −65.880 nT。

(4) 实测数据测试。实测总磁异常 ΔT,位于北纬 6°~11°、东经 110°~113°,等值线图见图 2.35。相应范围地磁场的磁倾角为 −4.2°~7.8°(粗线条)、磁偏角为 −0.2°~0.4°(细线条),参见图 2.36。采用常规化极,地磁场磁倾角取 2°,地磁场磁偏角取 0.1°,化极结果见图 2.37,这样的化极结果根本无法使用。采用改造化极因子取得的变倾角化极结果见图

2.38,可以用于后续处理与解释。

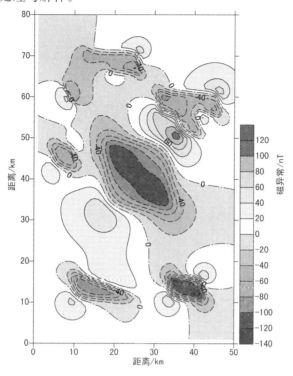

图 2.32　总磁异常 ΔT 等值线图

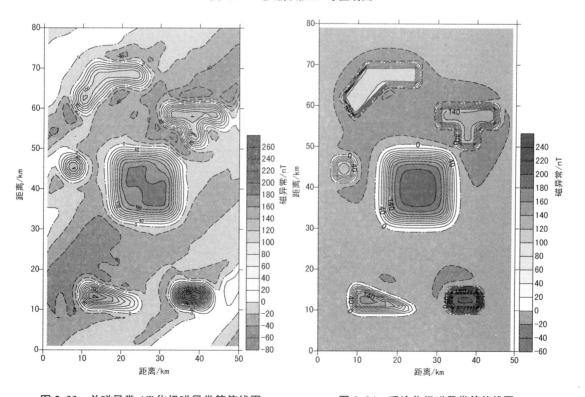

图 2.33　总磁异常 ΔT 化极磁异常等值线图　　　图 2.34　理论化极磁异常等值线图

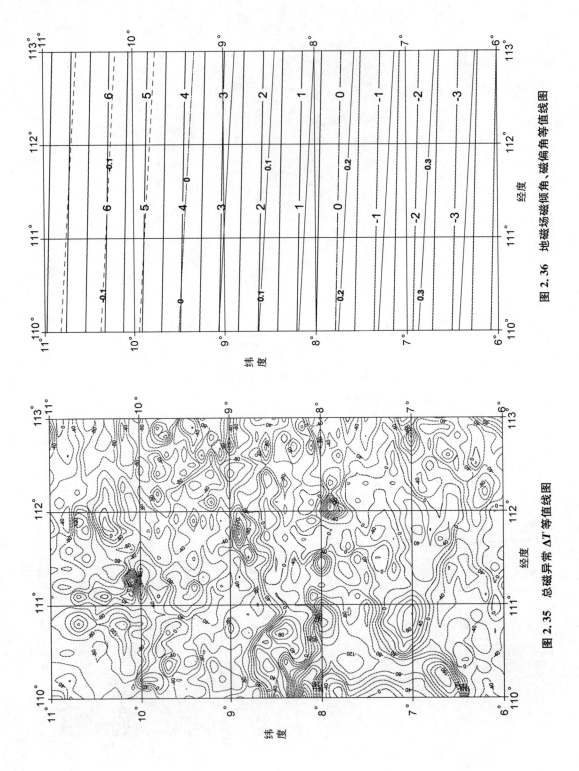

图 2.36 地磁场磁倾角、磁偏角等值线图

图 2.35 总磁异常 ΔT 等值线图

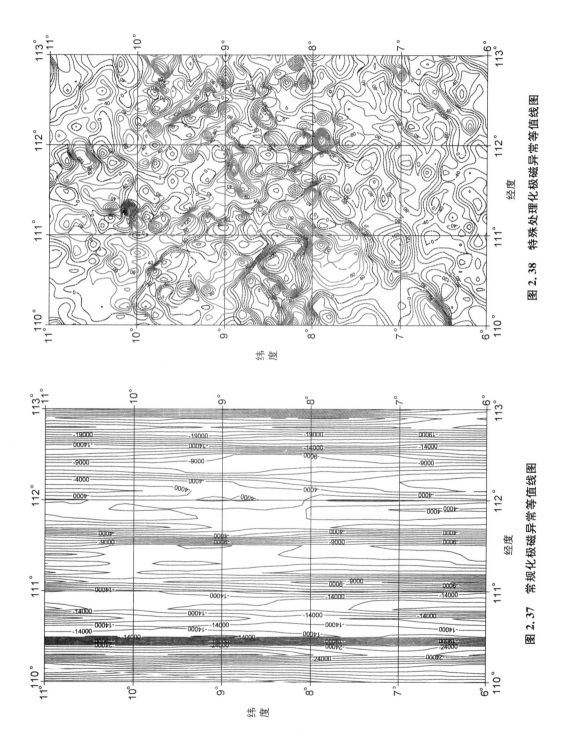

图 2.38　特殊处理化极磁异常等值线图

图 2.37　常规化极磁异常等值线图

35

2.3.2　带剩磁总磁异常 ΔT 化极

磁异常是由感应磁化和剩余磁化共同引起的,在磁异常化极计算时,往往将地磁场倾角和偏角作为磁化方向进行化极。然而许多大面积分布的岩石单元具有很强的剩余磁化强度,其方向往往与现代地磁场方向并不一致,在这种情况下,如果用地磁场的方向作为化极方向可能会导致不正确的认识,这给化极处理增加了困难。

半个世纪以来,在研究磁异常反演问题时,由不考虑剩磁到把磁化矢量当作未知数进行反演,越来越多的地球物理学家意识到考虑剩磁这个问题的重要性,开始探讨判断、估算或反演剩余磁化方向的方法。Zietz 和 Andreasen(1967)提出根据磁异常极大和极小值的位置和相对大小,初步估计总磁化矢量的偏角和倾角。Roest 和 Pilkington(1993)将两维场源的磁异常总导数和假重力的水平导数的绝对值做互相关,确定磁化方向。Medeiros 和 Silva(1995)通过在多极场里逼近偶极子的方法推断了磁场方向。Haney 和 Li(2002)利用小波的方法确定两维的磁场方向。Neal Dannemiller 和李耀国(2006)通过计算化极磁异常场的垂向导数和总梯度的互相关的极值来确定磁化方向,但是此方法计算量较大,且完全依赖于化极后的磁异常。

因此,当剩磁相对于感磁较大,并且剩磁参数不明时,如何最大程度地减少斜磁化的影响,是目前磁力处理有待解决的难题。这里提出了一种基于等效源和模式识别的技术,快速确定剩磁参数不明的磁异常的磁化方向范围,并以此方向进行化极,将得到的化极磁异常垂向导数和总梯度进行互相关,使其达到极大值的倾角和偏角即确定为正确的磁化方向。通过模型试验,证明了该方法的有效性,同时对具有强剩磁异常的研究区西南部某区块的实际资料进行了处理,表明了该方法的适用性和效果。

1. 方法原理

将磁异常模板视为立方体,并假定立方体由一些偶极元构成,且按同一方向排列,并具有相同的磁矩。设体积元为 $\mathrm{d}V = \mathrm{d}x'\mathrm{d}y'\mathrm{d}z'$,在距离为 r 的任一点 $P(x, y, z)$ 的磁位为 V,总磁化强度为 J,其方向由磁化偏角 D,磁化倾角 I 和地磁偏角 D_0,地磁倾角 I_0 共同决定。令直角坐标系的 z 轴向下,x 轴指向磁北,计算 $\dfrac{\Delta T}{J}$,得到规格化的场,它只和磁性体的几何形状有关(王家林,1991)。

$$
\begin{aligned}
\frac{\Delta T}{J} =\ & \left\{ \iint_v \left[\cos D \cos I \frac{\partial}{\partial x'}\left(\frac{x-x'}{r^3}\right) + \sin D \cos I \frac{\partial}{\partial x'}\left(\frac{y-y'}{r^3}\right) + \sin I \frac{\partial}{\partial x'}\left(\frac{z-z'}{r^3}\right) \right] \mathrm{d}V \right\} \cos I_0 \cos D_0 + \\
& \left\{ \iint_v \left[\cos D \cos I \frac{\partial}{\partial y'}\left(\frac{x-x'}{r^3}\right) + \sin D \cos I \frac{\partial}{\partial y'}\left(\frac{y-y'}{r^3}\right) + \sin I \frac{\partial}{\partial y'}\left(\frac{z-z'}{r^3}\right) \right] \mathrm{d}V \right\} \cos I_0 \sin D_0 + \\
& \left\{ \iint_v \left[\cos D \cos I \frac{\partial}{\partial z'}\left(\frac{x-x'}{r^3}\right) + \sin D \cos I \frac{\partial}{\partial z'}\left(\frac{y-y'}{r^3}\right) + \sin I \frac{\partial}{\partial z'}\left(\frac{z-z'}{r^3}\right) \right] \mathrm{d}V \right\} \sin I_0
\end{aligned}
$$

$$(2\text{-}11)$$

每个立方体的磁场是根据式(2-11)在观测平面内用 101×101 个网格点进行计算的,得到不同磁化方向的规格化磁场作为模板(图 2.39)。

然后计算待匹配磁异常图像和模板磁异常图像的图像组成成分在灰度级的累计概率分布,并将平均距离 $L(u,v)$ 作为相似度的指标(王慧燕,2003),快速获得几组最佳的磁化方向。

$$L(u,v) = \frac{1}{mn}\sum_{i=1}^{m}\sum_{j=1}^{n}|Y(u,v)_{ij} - X_{ij}|$$

$$(2-12)$$

其中,$L(u,v)$ 表示位置(u,v)上的相似度,m、n 为图像的大小,$Y(u,v)_{ij}$ 表示待匹配图像与模板图像对应(i,j)位置的像素灰度。

按照几组最佳磁化方向进行化极,并求取化极磁异常垂向导数和总梯度的相关系数。当相关系数满足要求时,使其达到极大值的倾角和偏角即为正确的磁化方向(Neal Nannemiller,2006),否则对模板匹配相似度进行修正,扩大搜索范围,程序流程图见图2.40。

2. 模型试验

(1) 简单模型。为了验证本方法的正确性,选择了磁性球体模型进行试验。图 2.41 是球体模型磁力异常(ΔT)平面图,模型的磁化偏角 D 为30°,磁化倾角 I 为60°,地磁场偏角 D_0 为0°,倾角 I_0 为30°。假设剩磁参数不明时,选用地磁场的方向作为化极方向,得到图 2.42 的化极磁异常图。通过对磁力(ΔT)及化极后异常(图2.41,图2.42)进行分析,不难看出该区有剩磁异常存在,而且由于剩余磁化方向与感磁方向不一致,化极的磁异常中心偏移球体中心,正负异常都存在不同程度的畸变,说明采用地磁参数代替剩磁参数进行化极的结果是不合理的。

因此,利用模板匹配的方法会初步获得三组和模板匹配的磁化方向(图2.43),然后按照这三组磁化方向进行化极并分别计算三个化极磁异常场的垂向导数和总梯度的相关系数,由表2.2可知磁偏角为30°的第二组匹配结果的相关系数最大,因此该组磁化方向值为最优方向。以此方向进行化极,如图2.44所示,化极磁异常的正异常中心与球体中心重合,负异常包围在正异常周围,正负异常形态规则,化极效果较好。

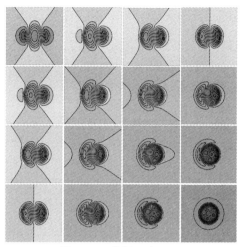

图 2.39 模板示意图

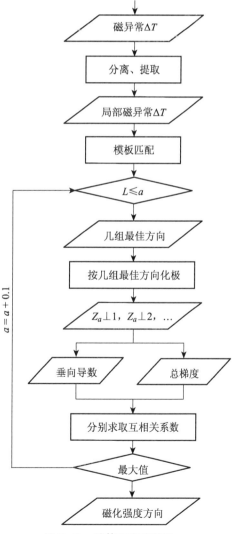

图 2.40 计算程序流程图

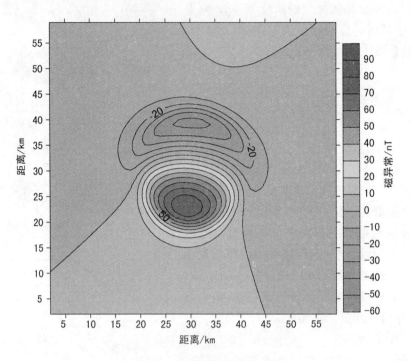

图 2.41　球体模型磁异常(ΔT)

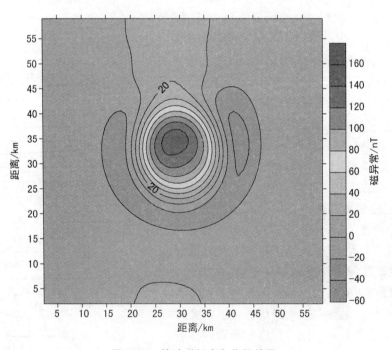

图 2.42　按地磁场方向化极结果

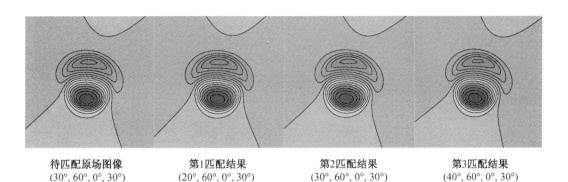

待匹配原场图像	第1匹配结果	第2匹配结果	第3匹配结果
(30°、60°、0°、30°)	(20°、60°、0°、30°)	(30°、60°、0°、30°)	(40°、60°、0°、30°)

图 2.43 模板匹配结果

表 2.2 互相关系数

匹配结果序号	匹配方向(D, I, D_0, I_0)	化极后垂向导数与总梯度的相关系数
1	(20°, 60°, 0°, 30°)	0.911 4
2	(30°, 60°, 0°, 30°)	0.912 7
3	(40°, 60°, 0°, 30°)	0.910 0

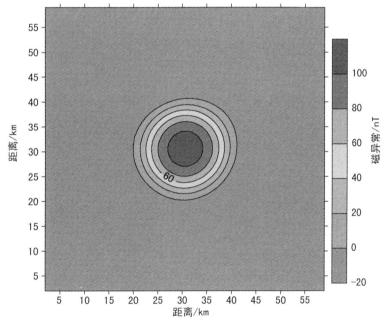

图 2.44 按最优匹配方向化极结果

为了验证本方法的适应性,采用了磁性立方体模型进行试验。图 2.45 是磁性立方体磁力(ΔT)异常平面图,模型的磁化倾角为 75°,磁化偏角为 40°,地磁场倾角为 45°,偏角为 10°。立方体磁力(ΔT)异常平面图由于受立方体模型的形状影响,不能很好地与模板磁异常进行匹配,因此首先进行向上延拓,生成如图 2.46 的待匹配图,然后进行模板匹配,得到三组磁化方向,然后进行化极,并分别求取化极磁异常场的垂向导数和总梯度的相关系数

（表 2.3），第一匹配结果的相关系数最大，可选为最优方向。以此方向进行化极，如图 2.47 所示，化极效果比按照地磁场方向化极的效果（图 2.48）好很多。

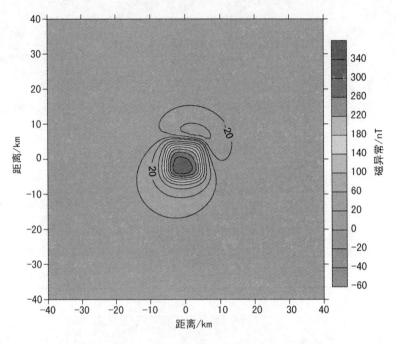

图 2.45　球体模型磁异常（ΔT）

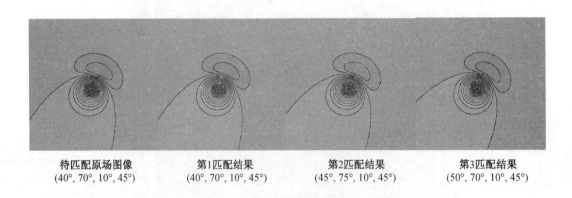

待匹配原场图像	第1匹配结果	第2匹配结果	第3匹配结果
(40°, 70°, 10°, 45°)	(40°, 70°, 10°, 45°)	(45°, 75°, 10°, 45°)	(50°, 70°, 10°, 45°)

图 2.46　模板匹配结果

表 2.3　互相关系数

匹配结果序号	匹配方向(D, I, D_0, I_0)	化极后垂向导数与总梯度互相关系数
1	(40°, 75°, 10°, 45°)	0.904 3
2	(45°, 75°, 10°, 45°)	0.875 0
3	(50°, 70°, 10°, 45°)	0.860 0

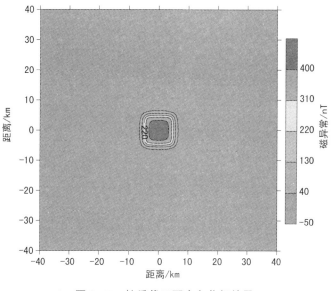

图 2.47 按最优匹配方向化极结果

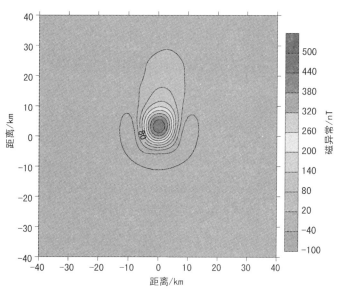

图 2.48 按地磁场方向化极结果

（2）复杂模型。磁异常往往是由多个磁性体产生的异常叠加而成的，因此为了进一步说明本方法的适应性，设计了一个较为复杂的模型，模型参数如表 2.4 所示。三个大小相同，具有不同剩余磁化方向的棱柱体组合产生的三个局部磁异常叠加在一起构成复杂磁异常（图 2.49）。观测平面在水平面上，x 轴方向范围为：$-50 \sim 50$ km，y 轴方向范围为：$-40 \sim 40$ km，观测网格间隔为 1 km。按照地磁方向进行化极（图 2.50），化极磁异常产生了畸变，尤其是剩磁方向与地磁方向差别较大的 3 号地质体，因此必须考虑剩余磁化的影响。首先利用磁异常等值线分布特征，提取出三组局部磁异常，得到待匹配图（图 2.51），然后分别进行模板匹配，分别求取化极磁异常场的垂向导数和总梯度的相关系数（表 2.5），确定磁化方向，并分别进行化极，如图2.52所示，化极效果比较理想，表明了该方法对复杂模型的适用性。

表 2.4　模型参数

地质体模型编号	中心坐标	模型长宽高	磁化方向(D, I)	地磁方向(D, I)
1	(-15, 0)	(10 km, 10 km, 10 km)	($-5°$, 30°)	(5°, 30°)
2	(15, 0)	(10 km, 10 km, 10 km)	($-15°$, 10°)	(5°, 30°)
3	(0, 20)	(10 km, 10 km, 10 km)	(15°, 90°)	(5°, 30°)

表 2.5　互相关系数

匹配结果序号	匹配方向(D, I, D_0, I_0)	化极后垂向导数与总梯度互相关系数
1	($-5°$, 30°, 5°, 30°)	0.881 2
2	($-15°$, 10°, 5°, 30°)	0.890 1
3	(15°, 90°, 5°, 30°)	0.892 0

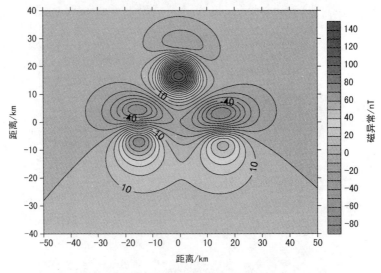

图 2.49　模型磁异常(ΔT)图

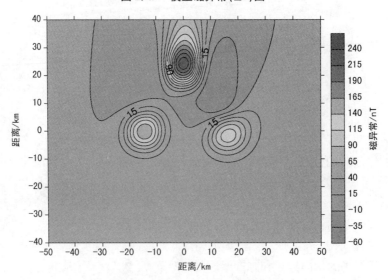

图 2.50　按地磁场方向化极结果

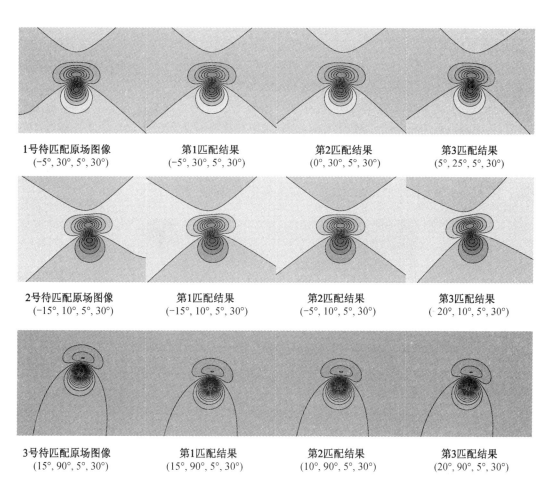

图 2.51 模型匹配结果

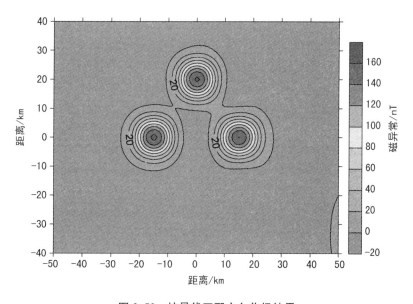

图 2.52 按最优匹配方向化极结果

3. 实际资料处理

某深水区内基底地层属于无磁或弱磁性,引起该区磁力局部异常主要是火成岩体,包括不同时代的侵入岩和火山岩。区内地磁倾角为16°,地磁偏角为-1°,有两组明显的正负伴生的磁异常(图2.53)。按照地磁场方向进行化极处理(图2.54),不难看出化极结果仍存在有斜磁化的影响,正异常未完全封闭,且存在严重畸变。结合本研究区的地质条件,提取局部异常,用模板匹配方法确定其磁化方向,分别求取化极磁异常场的垂向导数和总梯度的相关系数(表2.6)确定磁化方向,再进行化极。化极结果表明(图2.55),正异常等值线完全封闭且近于等轴状,四周分布弱负值,表现出垂直磁化的异常特征,获得了更具合理性的结果,为进一步提取磁力局部异常和火山岩的圈定提供更加可靠的基础。

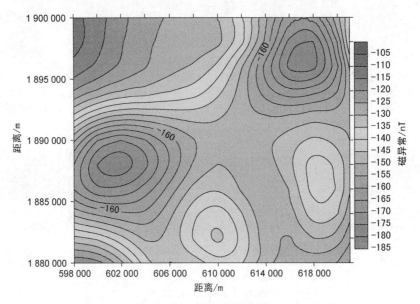

图 2.53 某区块磁异常图

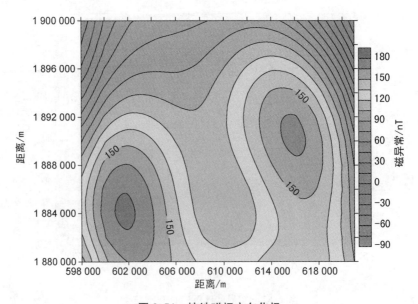

图 2.54 按地磁场方向化极

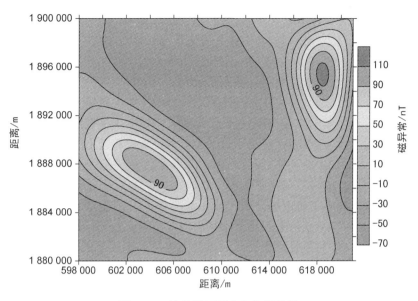

图 2.55　按最优匹配方向化极结果

表 2.6　互相关系数

异常编号	匹配方向(D, I, D_0, I_0)	化极后垂向导数与总梯度的相关系数
1	($-55°$, $10°$, $-1°$, $16°$)	0.824 3
2	($-1°$, $15°$, $-1°$, $16°$)	0.803 1

　　针对具有剩磁异常且剩磁参数不明的地区,通过等效源和模式识别的思路,利用模板匹配及互相关方法相结合的方法,开发了考虑剩磁的化极技术,缩短了确定磁化方向的时间,在磁化方向准确的前提下,取得了较好的化极效果,使磁异常与地质构造的位置有良好的对应关系,且避免了只考虑感磁化极所造成的虚假异常及异常形态畸变。模型试验及实际数据应用都表明了该方法的有效性。

2.4　三维海水层和变密度沉积层重力正演

2.4.1　问题的提出

　　海域重力测量,常规布格改正采用的计算式为

$$\Delta g = 0.041\ 9 \times (\text{地层密度} - 1.03) \times \text{测点水深} \qquad (2\text{-}13)$$

　　此计算式实质上是进行中间层改正,把海平面至测点水深之间的空间全部作为海水层,而测点水深以下空间则作为地层。上述常规布格改正,对某一测点而言,海底地形起伏时,海底水深大于测点水深的地区为海水,却作为地层计算;海底水深小于测点水深的地区是地层,却作为海水计算,计算得到的布格重力异常就会发生畸变,地形起伏愈大畸变愈大。以垂直高差 800 m 的台阶为例,地层密度取地壳平均密度,最大畸变值可达 27.48 $\times$ 10^{-5} m/s^2。如对海底地形进行改正,可消除上述畸变的产生。

45

海底地形改正的关键在于具有水深数据，由水深数据可建立网格型数字地形模型。可采用三维频率域直立柱组合模型的界面重力正演程序计算海水层充填为地层后在各观测点产生的重力效应，来代替中间层改正值。空间重力异常采用此法计算得到的值，称其为准完全布格重力异常，因为改正所用地形一般仅取有限范围（0~40 km）、选用的网格型数字地形模型与实际海底地形之间也存在一定的差异，导致改正不完善，带有一定的误差。尽管准完全布格重力异常不可避免地存在误差，但可控制在一定的误差范围内，相对前述常规布格改正获取的布格重力异常，准完全布格重力异常能较好地反映地下物质密度的分布。

另一方面，重力异常是地下深、浅界面和与围岩有密度差的地质体产生的重力效应的总反映。与围岩有密度差的地质体产生的重力效应在平面图上有短波长的特点，可通过滤波来加以压制。浅部界面常常可以由地震和钻井资料获得，利用正演计算的方法算出这些浅部因素引起的重力异常，从总的重力异常中减去浅部因素异常，就可得到主要由深部地质体引起的深部重力异常，然后可根据不同的地质任务来分离出需要的目的层的异常。针对海底深部构造研究，从重力异常中正确提取目的层的重力异常，是反演的关键。它不仅要消除已知浅层界面产生的重力效应，而且要消除深部莫霍面的重力效应。

若反射地震资料已给出浅部沉积盖层的结构并掌握了岩石地层的密度参数，同样可采用三维频率域直立柱组合模型的界面重力正演程序计算在各观测点产生的重力效应并加以消除。

2.4.2 三维界面频率域重力异常正演方法

三维频率域直立柱组合模型的界面重力正演程序可适应质量体为常密度、垂向变密度和横向变密度不同情形的计算。设坐标原点位于测区的左下方，每个长方体水平边长分别为 Δx 和 Δy，顶、底深度分别为 z_{ij1} 和 z_{ij2}。经推导（王家林等，1991），当密度为常数、线性、指数或横向变化时，其长方体组合模型的重力异常频谱分别如下。

常密度：

$$\Delta g_0(u,\ v,\ 0) = 2\pi G\sigma\Delta x\Delta y \cdot \frac{\sin\frac{u\Delta x}{2}}{\frac{u\Delta x}{2}} \cdot \frac{\sin\frac{v\Delta y}{2}}{\frac{v\Delta y}{2}} \cdot$$

$$\sum_{i=0}^{M-1}\sum_{j=0}^{N-1}\frac{e^{1-z_{ij1}\sqrt{u^2+v^2}}-e^{1-z_{ij2}\sqrt{u^2+v^2}}}{\sqrt{u^2+v^2}} \cdot e^{-i_0(ju\Delta x+iv\Delta y)}$$

(2-14)

式中　G——万有引力常数；

　　　σ——长方体密度；

　　　u,v——x,y 方向的圆波数。

密度线性变化：

$$\sigma(z) = \sigma_0 + \sigma_1 z$$

$$\Delta g_i(u,\ v,\ 0) = 2\pi G\sigma_0\Delta x\Delta y \cdot \frac{\sin\frac{u\Delta x}{2}}{\frac{u\Delta x}{2}} \cdot \frac{\sin\frac{v\Delta y}{2}}{\frac{v\Delta y}{2}} \cdot$$

$$\sum_{i=0}^{M-1}\sum_{j=0}^{N-1}\frac{e^{-z_{ij1}\sqrt{u^2+v^2}}-e^{-z_{ij2}\sqrt{u^2+v^2}}}{\sqrt{u^2+v^2}} \cdot e^{-i_0(ju\Delta x+iv\Delta y)} +$$

$$2\pi G\sigma_1 \Delta x \Delta y \frac{\sin \frac{u\Delta x}{2}}{\frac{u\Delta x}{2}} \cdot \frac{\sin \frac{v\Delta y}{2}}{\frac{v\Delta y}{2}} \cdot$$

$$\sum_{i=0}^{M-1}\sum_{j=0}^{N-1} \frac{z_{ij1} \cdot e^{-z_{ij1}\sqrt{u^2+v^2}} - z_{ij2} \cdot e^{-z_{ij2}\sqrt{u^2+v^2}}}{\sqrt{u^2+v^2}} \cdot e^{-i_0(ju\Delta x+iv\Delta y)} +$$

$$2\pi G\sigma_1 \Delta x \Delta y \frac{\sin \frac{u\Delta x}{2}}{\frac{u\Delta x}{2}} \cdot \frac{\sin \frac{v\Delta y}{2}}{\frac{v\Delta y}{2}} \cdot$$

$$\sum_{i=0}^{M-1}\sum_{j=0}^{N-1} \frac{e^{-z_{ij1}\sqrt{u^2+v^2}} - e^{-z_{ij2}\sqrt{u^2+v^2}}}{(u^2+v^2)} \cdot e^{-i_0(ju\Delta x+iv\Delta y)} \tag{2-15}$$

密度指数变化：

$$\sigma(z) = \sigma_0 + \sigma_1 e^{kx}$$

$$\Delta g_{\varepsilon}(u,v,0) = 2\pi G\sigma_0 \Delta x \Delta y \frac{\sin \frac{u\Delta x}{2}}{\frac{u\Delta x}{2}} \cdot \frac{\sin \frac{v\Delta y}{2}}{\frac{v\Delta y}{2}} \cdot$$

$$\sum_{i=0}^{M-1}\sum_{j=0}^{N-1} \frac{e^{-z_{ij1}\sqrt{u^2+v^2}} - e^{-z_{ij2}\sqrt{u^2+v^2}}}{\sqrt{u^2+v^2}} \cdot e^{-i_0(ju\Delta x+iv\Delta y)} + \tag{2-16}$$

$$2\pi G\sigma_1 \Delta x \Delta y \frac{\sin \frac{u\Delta x}{2}}{\frac{u\Delta x}{2}} \cdot \frac{\sin \frac{v\Delta y}{2}}{\frac{v\Delta y}{2}} \cdot$$

$$\sum_{i=0}^{M-1}\sum_{j=0}^{N-1} \frac{e^{-z_{ij1}(\sqrt{u^2+v^2}-k)} - e^{-z_{ij2}(\sqrt{u^2+v^2}-k)}}{\sqrt{u^2+v^2}-k} \cdot e^{-i_0(ju\Delta x+iv\Delta y)}$$

密度横向变化的长方体组合模型重力异常的傅氏变换为

$$\Delta g_L(u,v,0) = 2\pi G\Delta x \Delta y \frac{\sin \frac{u\Delta x}{2}}{\frac{u\Delta x}{2}} \cdot \frac{\sin \frac{v\Delta y}{2}}{\frac{v\Delta y}{2}} \cdot \tag{2-17}$$

$$\sum_{i=0}^{M-1}\sum_{j=0}^{N-1} \sigma_{ij} \frac{e^{-z_{ij1}\sqrt{u^2+v^2}} - e^{-z_{ij2}\sqrt{u^2+v^2}}}{\sqrt{u^2+v^2}} \cdot e^{-i_0(ju\Delta x+iv\Delta y)}$$

上述各式中，i_0 为虚数单位；i，j 分别为长方体在 y 和 x 方向之序号；z_{ij1}，z_{ij2} 分别为第 (i,j) 个棱柱体的顶、底深度；u，v 分别为 x，y 方向的圆波数。

利用采样定理，$\Delta u = \dfrac{1}{N \cdot \Delta x}$，$\Delta v = \dfrac{1}{M \cdot \Delta y}$，令

$$\begin{cases} u = j\Delta u \ \left(j = -\dfrac{N}{2}, \cdots, 0, 1, \cdots, \dfrac{N}{2}-1\right) \\ v = i\Delta v \left(i = -\dfrac{M}{2}, \cdots, 0, 1, \cdots, \dfrac{M}{2}-1\right) \end{cases} \tag{2-18}$$

即可实现对连续谱的离散化，求出离散谱之后做二维反傅氏变换，得到重力异常的平面分布。

2.4.3 模型计算

为了验证程序的正确与否,采用均匀球体作为理论模型,假设如下球体模型参数:球心的深度为 2 km,球体的半径为 1 km,剩余密度为 1.64 g/cm³。模型的正演结果见图 2.56,重力异常最大值为 11.455×10^{-5} m·s^{-2}。

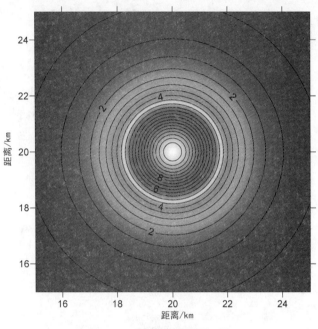

图 2.56 球体理论模型正演

制作两个球壳及邻域模型来模拟球体理论模型,一个为上半球壳及邻域,平面图见图 2.57a,剖面图见图 2.57b。一个为下半球壳及邻域,平面图见图 2.58a,剖面图见图 2.58b。

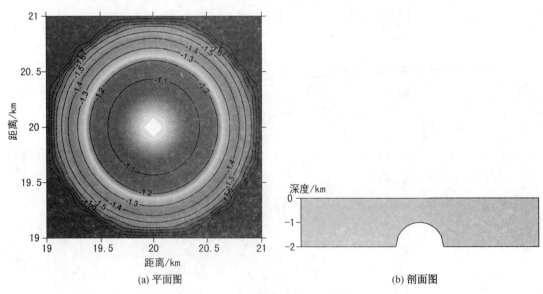

(a) 平面图　　　　　(b) 剖面图

图 2.57 上半球壳及邻域理论模型

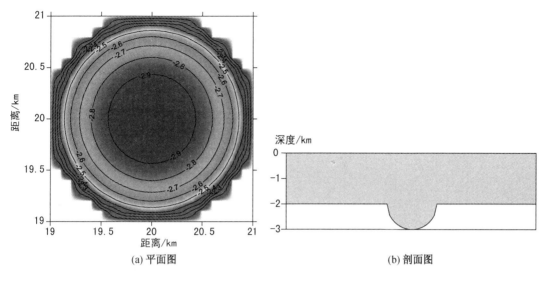

(a) 平面图   (b) 剖面图

图 2.58　下半球壳及邻域理论模型

用地形改正计算程序计算上半球壳及邻域的地改值,然后用一个面积相同、厚度为 2 km、剩余密度为 1.64 g/cm³(2.67～1.03)的棱柱体(模型见图 2.57)的重力异常减去上半球壳及邻域的地改值,得到了上半球壳的重力异常。用地形改正计算 TerrCom 程序计算下半球壳及邻域的地改值,然后用下半球壳及邻域的地改值减去一个面积相同、厚度为 2 km、剩余密度为 1.64 g/cm³ 的棱柱体(模型见 2.59)的重力异常,得到了下半球壳的重力异常。将上半球壳与下半球壳相加,就可得到利用地形改正程序模拟球体的重力异常。

图 2.59　棱柱体模型(剖面图)

用长、宽分别为 500 m 棱柱体来模拟球体,重力异常最大值为 10.233×10^{-5} m/s²。与球体的理论值 11.455×10^{-5} m/s²,绝对误差为 1.222×10^{-5} m/s²,相对误差为 10.7%,对比的剖面见图 2.60a。

用长、宽分别为 100 m 棱柱体来模拟球体,重力异常最大值为 11.394×10^{-5} m/s²。与球体的理论值 11.455×10^{-5} m/s²,绝对误差为 0.061×10^{-5} m/s²,相对误差为 0.53%,对比的剖面见图 2.60b。

可以预计,随着棱柱体长宽的逐渐减小,棱柱体逐渐能够真实地模拟球体,这就证实源程序的正确性。

2.4.4　实际数据测试

图 2.61 是某海区海底地形图,岩石物性资料显示反射地震界面 T_2^0,T_3^0,T_4^0(图 2.62—2.64)也是密度界面,密度差分别为 0.2 g/cm³,0.1 g/cm³,0.1 g/cm³,利用上述三维重磁

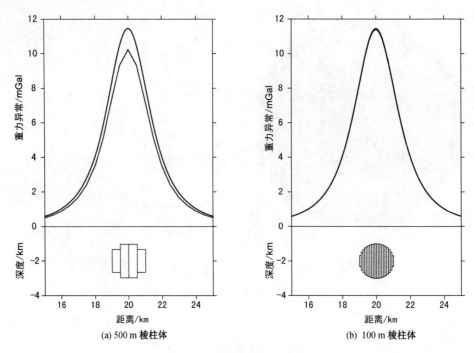

(a) 500 m 棱柱体   (b) 100 m 棱柱体

图 2.60   棱柱体与球体重力异常对比

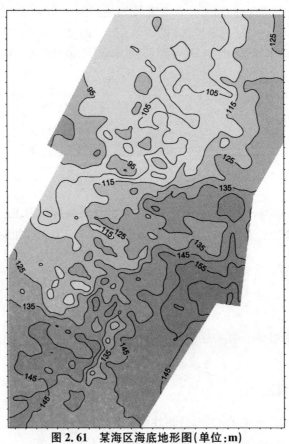

图 2.61   某海区海底地形图(单位:m)

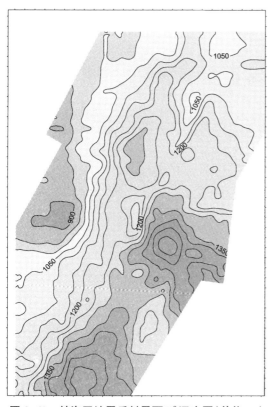

图 2.62　某海区地震反射界面 T_2^0 深度图(单位:m)

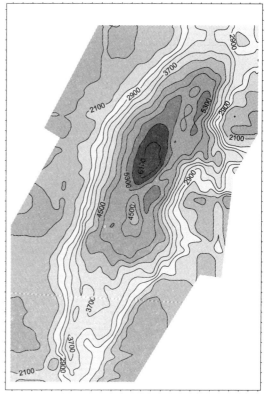

图 2.63　某海区地震反射界面 T_3^0 深度图(单位:m)

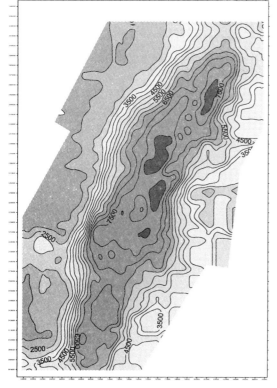

图 2.64　某海区地震反射界面 T_4^0 深度图(单位:m)

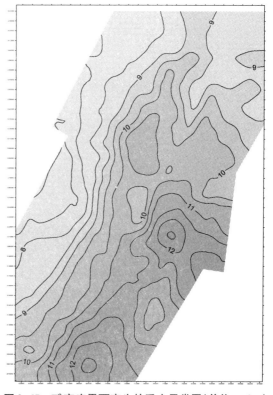

图 2.65　T_2^0 密度界面产生的重力异常图(单位:mGal)

　　人机交互正演计算软件正演计算获得各密度界面所产生的重力效应(图 2.65—图 2.68)和最终的剩余重力异常图(图 2.69)。

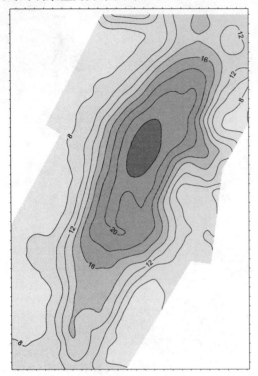

图 2.66　T_3^g 密度界面产生的重力异常图
(单位:mGal)

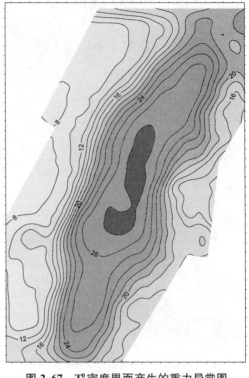

图 2.67　T_3^g 密度界面产生的重力异常图
(单位:mGal)

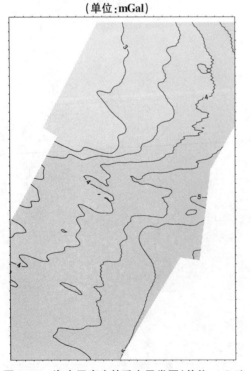

图 2.68　海水层产生的重力异常图(单位:mGal)

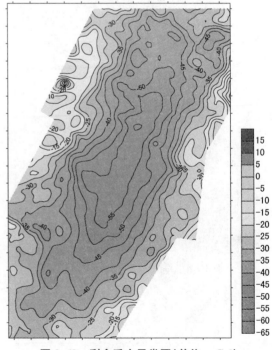

图 2.69　剩余重力异常图(单位:mGal)

　　南海某地区,海底地形呈现一个南高北低、两侧陡、中部缓、北东走向的山谷状,水深由100 m左右变化到1 600 m左右(图2.70),空间重力异常(图2.71)在水深变化大的地区表现为明显的重力梯级带。采用上述方法对空间重力异常进行海底地形改正后得到的准完全布格重力异常见图2.72。对比图2.71、图2.72可见:西部原空间重力异常表现为重力梯级带的地区,准完全布格重力异常表现为两个相对重力低,消除了海底地形起伏所造成的重力异常畸变,从而可有效用于海底以下地质构造的解释与研究。

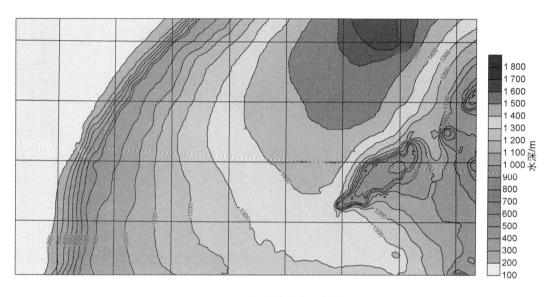

图 2.70　南海某地水深变化图

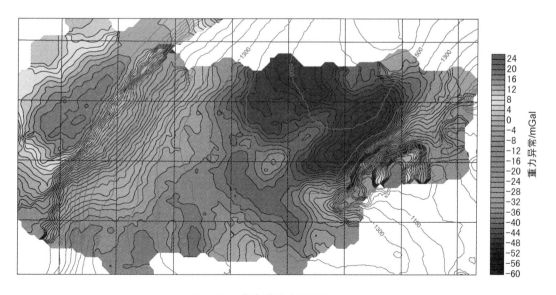

图 2.71　南海某地空间重力异常图

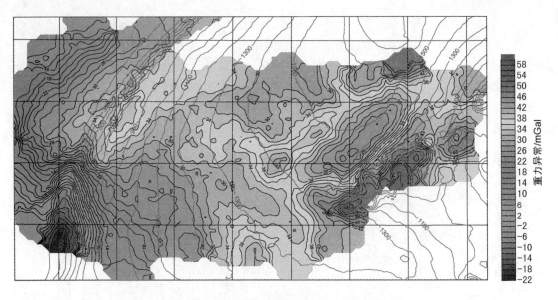

图 2.72　南海某地准完全布格重力异常图

2.5　目标界面重、磁异常的小波分离

重、磁异常值是由不同深度、不同物性、不同规模和不同形态地质对象的重、磁场源所产生的场的叠加,是一种体积效应,相比分辨率高的地震勘探是一个明显的弱点。这就需要采取适当的处理技术,有效地进行重、磁场的分离,提取与研究对象有关的部分信息。一般深部地质体引起的异常特征比较平缓,多是低频成分;浅部地质体引起的异常特征变化比较剧烈,是中高频成分的反映,另外还有采集时受到不同的噪声干扰,也多是高频扰动。早期的重、磁资料的处理,主要是在空间域进行圆滑、求导以及延拓等处理。傅里叶变换引入重、磁资料处理后,频率域处理方法得到了广泛的应用,极大地丰富了重、磁资料处理方法。但是傅里叶变换的很大不足就是对信号局部特征刻画能力不足。

小波分析技术是近年来发展的一个新的数学分支,广泛应用于非线性科学领域。小波对信号具有自适应性和变焦距的特性,在时频两域都具有表征信号局部特征的能力,利用其特性对重、磁异常的多分辨分析就可以来进行场分离工作。

Mallet 根据小波多分辨率特性,将正交小波基的构造法统一起来,给出正交小波的构造方法以及正交小波变换快速算法,即 Mallet 算法。对于分辨率为 2^{-j} 的信号 $f(x) \in \mathbf{R}$,用 $A_j f(x)$ 表示 V_j 空间的低频逼近部分, $D_j f(x)$ 表示 W_j 空间的高频细节部分,可得

$$A_j f(x) = A_{j+1} f(x) + D_{j+1} f(x) \tag{2-19}$$

可以将式(2-19)进一步改写为

$$P_{V_0} f(x) = A_N f(x) + \sum_{j=1}^{N} D_j f(x) \tag{2-20}$$

式中, $P_{V_0} f(x)$ 表示将函数 $f(x)$ 映射到子空间, N 为小波分解的最大阶数。对于剖面重力异常 $\Delta g(x)$,假设其属于零尺度空间,即

$$\Delta g(x) = A_0 f(x) \in V_0 \tag{2-21}$$

若将其分解到 $N = 4$ 的空间,可将式(2-21)简化为

$$\Delta g(x) = A_4 G + D_4 G + D_3 G + D_2 G + D_1 G \tag{2-22}$$

式中,$A_4 G$ 表示四阶小波逼近部分(即低频成分),$D_1 G$—$D_4 G$ 分别表示一阶—四阶小波变换细节部分(图2.73)。

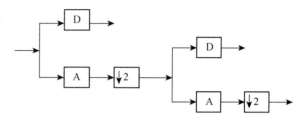

图2.73 小波多尺度分析示意图

针对重力异常剖面,将地质体1和地质体2引起重力异常记为 $\Delta g_{12}(x)$,地质体3引起异常为 $\Delta g_3(x)$,起伏界面引起的异常为 $\Delta g_u(x)$,则地面观测得到的重力异常剖面(图2.74a)为它们叠加异常,即

$$\Delta g(x) = \Delta g_{12}(x) + \Delta g_3(x) + \Delta g_u(x) \tag{2-23}$$

设 $\Delta g(x) = f(x) \in V_0$,对它进行小波多尺度分解,有

$$\Delta g(x) = f(x) = A_1 f(x) + D_1 f(x) = A_2 f(x) + D_1 f(x) + D_2 f(x) \tag{2-24}$$

所得结果 $D_1 f$、$D_2 f$ 和 $A_2 f$ 示于图2.74c上。

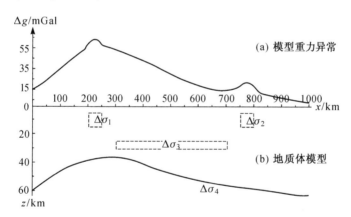

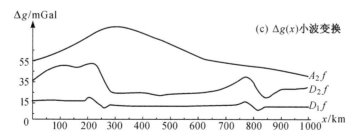

图2.74 二度体地质模型及其产生重力异常和小波变换

由图可见,进行了两阶小波分解后,各种尺度成分与地质体之间对应关系比较明显,一

阶、二阶小波变换细节 $D_1 f$ 与 $D_2 f$ 主要反映了上地壳以及上、中地壳介质密度不均匀性,而二阶小波逼近 $A_2 f$ 则主要反映深部界面起伏。

对于二维平面上的函数 $f(x, y)$,需要采用二维小波变换进行分析。设 $\{V_j\}_{j\in \mathbf{z}}$ 为一维多尺度分析,其尺度函数 $\phi(x)$ 和小波函数 $\psi(x)$ 满足双尺度方程,令 $V_j^2 = V_j \oplus V_j$,则 $\{V_j^2\}_{j\in \mathbf{z}}$ 构成一个二维多尺度分析,尺度函数为

$$\phi(x, y) = \phi(x) \cdot \phi(y)$$

小波函数为

$$\psi^{\mathrm{h}}(x,y) = \psi(x) \cdot \phi(y)$$
$$\psi^{\mathrm{v}}(x,y) = \phi(x) \cdot \psi(y)$$
$$\psi^{\mathrm{d}}(x,y) = \psi(x) \cdot \psi(y)$$

则有

$$A_j f(x, y) = A_{j+1} f(x, y) + D_{j+1}^{\mathrm{h}} f(x, y) + D_{j+1}^{\mathrm{v}} f(x, y) + D_{j+1}^{\mathrm{d}} f(x, y) \quad (2\text{-}25)$$

式中, $A_j f(x, y)$ 表示 V_j^2 空间的低频细节部分; $D_j^{\mathrm{h}} f(x, y)$、$D_j^{\mathrm{v}} f(x, y)$、$D_j^{\mathrm{d}} f(x, y)$ 分别表示 W_j^2 空间中水平、垂直和对角线方向上的高频细节部分。

在重、磁数据小波分析中,采用二维高斯(Gaussian)小波进行多尺度分解。

Gaussian 小波是高斯密度函数的微分形式,它是从高斯函数 $f(x) = C_p \mathrm{e}^{-x^2}$ 的 p 阶导数派生而来的,其中 p 是整数, C_p 是使得 $\| f^{(p)} \|^2 = 1$ 的常数, $f^{(p)}$ 是 f 的 p 阶导数。

一维高斯小波函数为

$$\psi(x) = \mathrm{e}^{-\frac{(\frac{x-a}{m})^2}{2}} \quad (2\text{-}26)$$

将其扩展到二维后,即有二维高斯小波函数:

$$\psi(x, y) = \mathrm{e}^{-\frac{(\frac{x-a}{m})^2}{2}} \mathrm{e}^{-\frac{(\frac{y-b}{m})^2}{2}} \quad (2\text{-}27)$$

式中, a 和 b 分别是 x 轴方向和 y 轴方向的平移因子;而 m 为 x 轴方向和 y 轴方向的伸缩因子(在 x 轴方向和 y 轴方向上采样的最小间距相同的情况下,可以粗略地认为 x 轴方向和 y 轴方向上的伸缩因子取值相同)。

平面重、磁场是二维信号,经过小波分解,得到重磁场图像在水平、垂直及对角线方向的高频分量及相应的低频分量。如果小波基具正交性,则小波分解过程中不产生冗余数据。这样,就可以把平面重、磁异常分解为在不同频带上的信息。

对异常用小波分解后得到各阶小波变换异常,针对研究区内的目标地层,在各个小波分解平面效果图与以往地质认识比对后,确定哪几阶细节反映了浅层的密度体带来的扰动,哪几阶细节反映了目标界面密度体扰动。

图 2.75 表示了对平面位场数据(图 2.75a)进行小波分解(图 2.75b—e)和重建(图 2.75f)结果,其中图 2.75a 为原始位场数据等值线图,图 2.75b—e 为小波分解后的低频分量与相应分辨率下的水平、对角线及垂直方向的高频分量,图 2.75f 为小波重构后的位场数据等值线图。

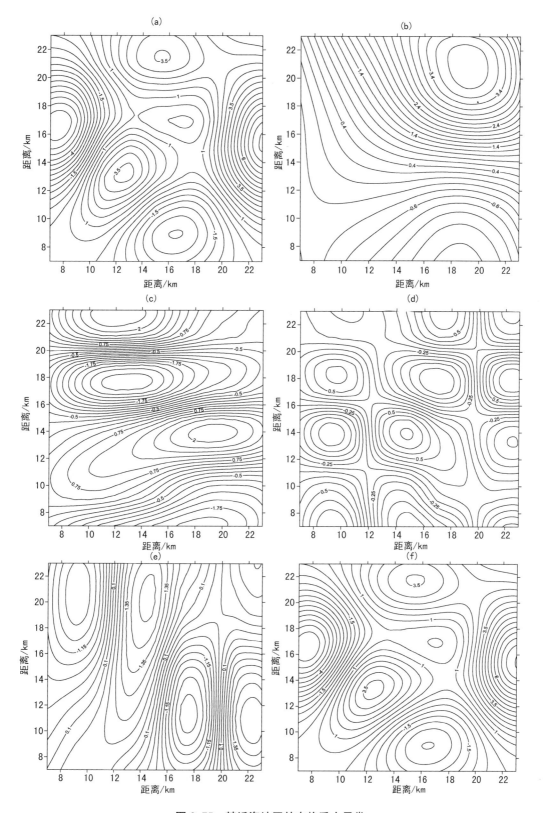

图 2.75 某近海地区的布格重力异常

　　图 2.76 是某近海地区的布格重力异常,这一地区地下岩层的主要密度界面有第四系与基岩的界面和新生界与其下覆的灰岩界面。要求通过重力资料的反演揭示这两个界面的形态。针对这一目的,对布格重力异常进行了小波分解,重力异常小波分解三阶逼近(图 2.77)和三阶

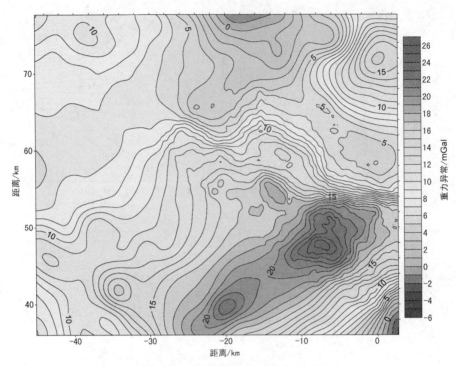

图 2.76　某近海地区的布格重力异常

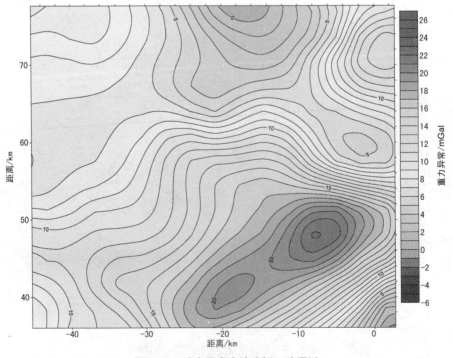

图 2.77　重力异常小波分解三阶逼近

细节场(图 2.78)的异常特征与已掌握的基岩界面起伏的信息较吻合,经反演,获得了基岩面和灰岩顶界面埋深的分布(图 2.79 和图 2.80)。

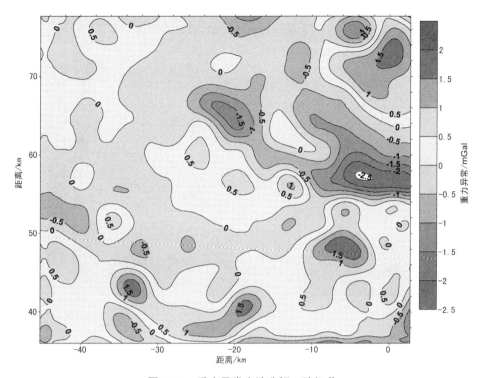

图 2.78　重力异常小波分解三阶细节

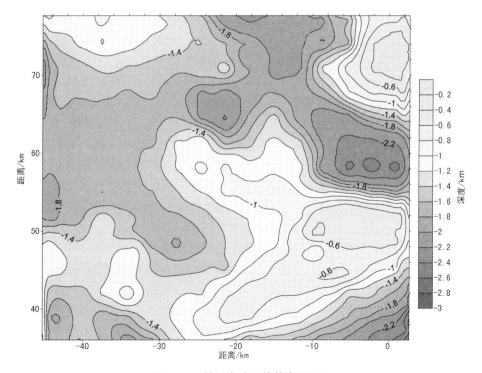

图 2.79　某近海地区的基岩面埋深

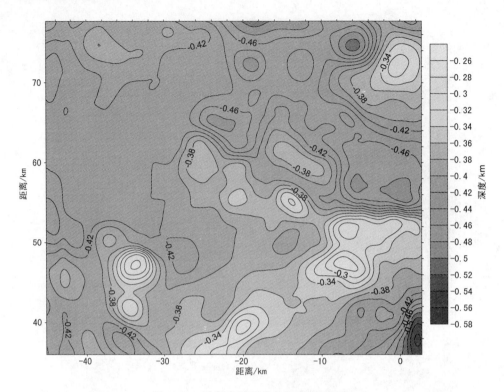

图 2.80　某近海地区的灰岩顶界面埋深

　　在新编的海区地质-地球物理图件(张洪涛等,2010)中,中国东部海区重、磁平面图件在拼入新资料同时,也包含了朝鲜半岛、台湾岛、日本海、菲律宾海等资料。针对中国东部海区岩石层结构的研究,对磁力 ΔT 异常做了化到磁极处理,并进行重、磁异常小波分解。空间重力异常小波四阶逼近(图 2.81)在一定程度上突出了区域场,即与深部构造相关的重力场。由图可见自西向东,由陆到海,空间重力异常呈现由低到高的总趋势,在图幅中间出现一条北东东向分界将异常大致分成南北两块,分界线在陆区与江绍断裂带基本重合,在海区表现为北北东向的异常线与北东东向异常线分界处,往东为日本—琉球—台湾沟—弧—盆异常带(Ⅳ)与日本海块状异常区(Ⅶ)的分界。北东东向分界带南侧,异常可分成负背景下正局部异常较发育的华南区(Ⅲa),陆架宽缓正异常区(Ⅲb),沟—弧—盆异常带(Ⅳ)和西菲律宾海相对宽缓正异常区(Ⅴ);沟—弧—盆异常带西界与钓鱼岛隆褶带西侧断裂带基本重合,往东至琉球群岛中轴,异常高值背景下正局部异常较发育的异常带(Ⅳa),中轴以东至海沟东侧为等值线密集的负异常带(Ⅳb),一定程度上反映海沟处巨大的水深引起的质量亏损。

　　北东东向分界带北侧,异常可分成负背景下正局部异常较发育的郯庐断裂以西的华北区块(Ⅰa);下扬子具负异常背景相对宽缓异常区(Ⅱ);朝鲜半岛高值异常块(Ⅰb)和日本海低值背景下相对宽缓异常区(Ⅶ)。

　　而化到磁极的 ΔT 磁异常小波分解三阶细节(图 2.82)显示了各块体的边界和基底的差异。如,在研究区西南部的西菲律宾海盆出现一系列北西向展布的正值异常带,它们往西的延升终结在海沟处,这些异常带通常解释为海盆形成时北东南西向的海底扩张的产物。郯庐断裂以西的华北区块和以东的扬子区块磁异常面貌的明显不同,沿钓鱼岛隆褶带和沿

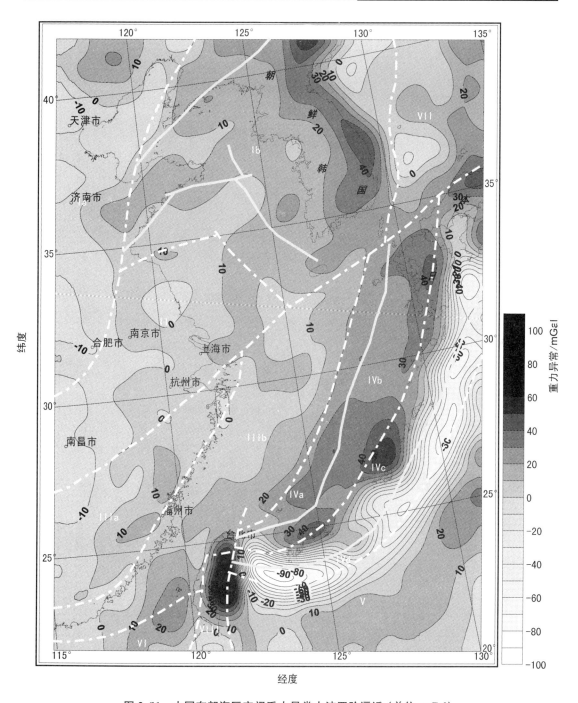

图 2.81 中国东部海区空间重力异常小波四阶逼近（单位：mGal）

海火成岩带出现高磁异常带特征。由此推断解释了 13 条重要的边界断裂或俯冲带。它们分别是：1—郯—庐断裂带，2—青岛—五莲断裂带，3—响水—滁河断裂带，4—黄海东缘断裂带，5—济州岛南断裂带，6—江—绍断裂带，7—长乐—南澳断裂带，8—西湖—基隆断裂带，9—钓鱼岛隆起东侧断裂带，10—台湾东缘俯冲带，11—菲律宾海板块俯冲带，12—日本海西缘断裂带，13—日本海南缘断裂带。

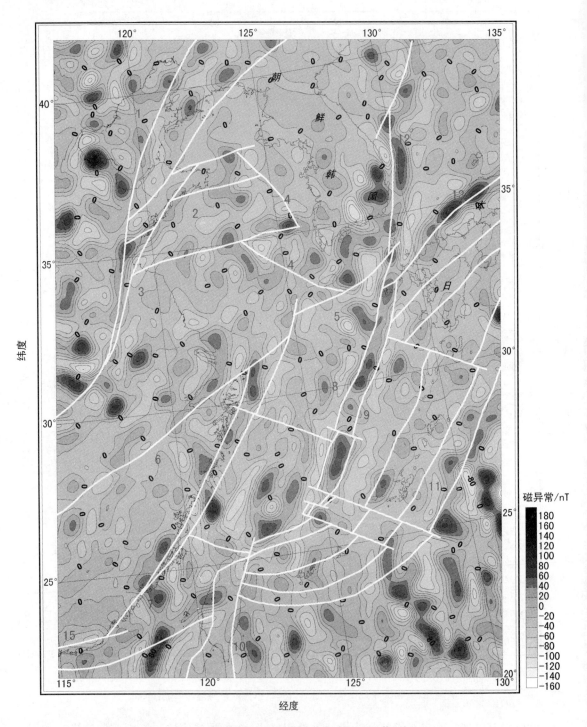

图 2.82　中国东部海区化极磁异常小波三阶细节(单位:nT)

　　结合地震台站观测资料反演 S 波速度结构确定的莫霍面深度点资料(朱介寿等,2002;胥颐等,2006)和深地震测深资料为基础的地学剖面的研究成果,基于布格重力异常小波分解四阶逼近场,分区分块进行反演,求取了东部海区莫霍面深度图(图 2.83)。由图可见:全区除西北、西南角及朝鲜半岛北部地区莫霍面深度大于30 km外,其余均在30 km以下;莫霍面深度由西向东,由陆及海,自30 km变化到小于10 km,反映了由陆壳进到过渡壳直至洋壳的变化;黄海、渤海及东海西部莫霍面深度在29～26 km内变化,东海东部进入冲绳海槽与日本琉球岛弧区在22～16 km内变化,琉球海沟为一莫霍面梯度带,以东的菲律宾海小于11 km,为典型洋壳。东北部的日本海,莫霍面深度在16～24 km之间,属过渡壳。

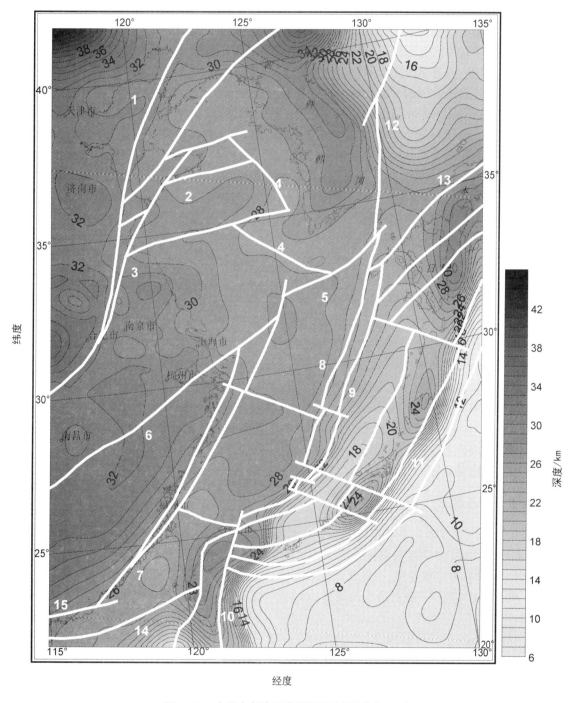

图2.83 中国东部海区莫霍面深度图(单位:km)

2.6 异常的边缘检测

一般来说边界检测和边缘强化技术可以用来区别不同大小及深度的地质体。这些识别方法都是基于极值点和零点的信息，极值点和零点可通过垂向导数、水平导数、解析信号振幅或者这几个的组合方式来获得。在研究有磁性差异或密度差异的地质目标体的横向不均匀性特别是地质目标体边界时，重、磁场有其独特的优势。

利用边缘检测的方法可以直观地从重、磁图像中判断出地质体的分布和断裂的构造走向等信息。国内外有不少文献是用包括数理统计、数值计算和图像处理等方法，对磁测资料进行处理并推断地质体的平面边界位置。如利用重力异常总水平导数识别密度体的边缘位置。严良俊等(2006)将小子域滤波的方法用于磁异常处理，利用梯度带异常来确定地质体的边缘位置。Cooper等(2008)提出归一化标准差的方法，利用极大值位置取得很好的识别效果。以上的数理统计方法可以利用窗口大小来压制噪声干扰，但是难以比较边缘检测结果的精度。Hood(1965)等提出垂向导数的方法，Miller等(1994)提出对垂向一阶导数做归一化的斜导数方法。Wijin(2005)等提出 Theta 图法，提高了对深部场源的识别能力，但是由于解析信号振幅趋于零，该方法的数值稳定性较差。王万银等(2010)用理论模型对比了几种数值计算方法的识别效果，认为数值计算类边缘检测方法的效果均受到模型深度的影响，随着深度的增加，边缘检测的范围会有所扩大。

近年来，将图像处理技术和地球物理场处理技术结合进行边界检测识别研究逐渐成为热点。张丽莉等(2005)利用改进的 Randon 变化和梯度计算，对重磁图像中线性特征进行检测和增强。李红星等(2007)将图像边缘检测方法用于地震剖面同相轴的自动检测。肖锋(2009)首次提出将 Canny 算子应用到斜导数图中，提取断裂或线性构造。著名的地球物理软件公司 Geosoft 与 Western Australia(2010)大学合作，利用纹理分析的图像增强等技术开发了分析软件，对于矿产资源勘查中的不连续构造边界有良好的识别能力。Canny 算子具有抗噪性强、边界连续性好的优点，广泛用于图像分析和识别领域(王植，2004)。本书用导数滤波对 Canny 算子进行改造，将 Canny 算子应用到磁异常图像边界提取中，以提高边界检测的准确性和信噪比并利用向下延拓边界增强的方法(徐世浙，2007)，对深源磁异常图像进行边缘检测，解决了边缘检测范围随着地质体埋深的增大而变大的问题。

2.6.1 方法原理

1. Canny 算子的基本思想

Canny(1986)从边缘检测算子应该满足的信噪比准则、定位精度以及单边响应准则出发，提出一种具有抗噪性强、边界连续性好等优点的算子，其基本思路是：

(1)首先用高斯函数对待检测图像进行平滑滤波，求得每个像素点的梯度幅值和梯度方向。

(2)对图像的梯度幅值进行"非极大值抑制"处理，即将中心像素点的梯度幅值、梯度方向与其两个邻域像素点的梯度幅值、梯度方向进行比较，如果中心像素点的梯度幅值不比两个邻域像素点的梯度幅值大，那么将其梯度幅值赋值为零；否则梯度幅值不变。这一处理过程对边缘的"脊峰"进行了细化，并且在"非极大值抑制"过程中保留了梯度的幅值信息。

（3）对"非极大值抑制"处理后的梯度幅值阵列进行阈值化,选用两个阈值检测和连接边缘得到最终的边缘图像。

2. 导数滤波边界增强

为了提取出场源边界,通常需要先对场源边界的磁异常进行增强,然后再用边缘检测的方法提取出边界位置。

首先计算化极磁异常数据 $Za_\perp(x,y)$ 的总水平导数 $THDR$,并求其垂向一阶导数 VDR。

$$THDR(x,y) = \sqrt{(\frac{\partial Za_\perp(x,y)}{\partial x})^2 + (\frac{\partial Za_\perp(x,y)}{\partial y})^2} \tag{2-28}$$

$$VDR(x,y) = \frac{\partial THDR(x,y)}{\partial z} \tag{2-29}$$

然后计算总水平导数峰值 $PTHDR$ 与总水平导数 $THDR$ 的比值:

$$PTHDR(x,y) = \begin{cases} 0, & VDR(x,y) < 0 \\ VDR(x,y), & VDR(x,y) \geqslant 0 \end{cases} \tag{2-30}$$

$$VDR\_THDR(x,y) = \begin{cases} 0, & PTHDR(x,y) \leqslant 0 \\ \dfrac{PTHDR(x,y)}{THDR(x,y)}, & PTHDR(x,y) > 0 \end{cases} \tag{2-31}$$

在此基础上,计算总水平导数垂向导数最大值 $VDR\_THDR\max$,通过最大值得到归一化总水平导数垂向导数 $NVDR\_THDR$。

$$NVDR\_THDR(x,y) = \frac{VDR\_THDR(x,y)}{VDR\_THDR\max} \tag{2-32}$$

3. 改进 Canny 算子

利用归一化水平总导数的垂直导数作为边界增强的方法参与 Canny 算子的改造。首先采用高斯滤波进行降噪处理,然后求取 $NVDR\_THDR(x,y)$ 梯度幅值和方向。设 $\boldsymbol{G}_n$ 是二维高斯函数 $\boldsymbol{G}(x,y)$ 的一阶导数,即

$$\boldsymbol{G}_n = \frac{\partial \boldsymbol{G}}{\partial \boldsymbol{n}} = \boldsymbol{n} \cdot \nabla \boldsymbol{G} \tag{2-33}$$

其中, $\boldsymbol{G}(x,y) = \dfrac{1}{2\pi\sigma^2}\exp(-\dfrac{x^2+y^2}{2\sigma^2})$,为二维高斯函数; $\boldsymbol{n} = (\cos\theta,\sin\theta)^{\mathrm{T}}$,是单位方向矢量; $\nabla \boldsymbol{G} = (G_x, G_y)$,是梯度矢量。

将 $NVDR\_THDR(x,y)$ 同 $\boldsymbol{G}_n$ 作卷积,并且使

$$\frac{\partial(\boldsymbol{G}_n * NVDR\_THDR(x,y))}{\partial \boldsymbol{n}} = 0 \tag{2-34}$$

方向正交于检测边缘,此时方向 $\boldsymbol{n}$ 为

$$n = \frac{\nabla \boldsymbol{G} * NVDR\_THDR(x,y)}{|\nabla \boldsymbol{G} * NVDR\_THDR(x,y)|} \tag{2-35}$$

在此方向下，$\nabla G * NVDR\_THDR(x, y)$ 有最大的输出响应

$$|G_n * NVDR\_THDR| = |\nabla G * NVDR\_THDR(x, y)| \qquad (2\text{-}36)$$

所以，$|G_n * Z_a| = |\nabla G * Z_a(x, y)|$ 决定了边缘的强度，而 n 决定了边缘的方向。利用上式获得的图像进行幅值的非极大值抑制，即各个方向用不同的邻近像素进行比较，以决定局部最大值，若不是最大则置为零。最后，使用累计直方图计算两个阈值，大于高阈值的一定是边缘，低于低阈值的一定不是边缘，若介于高低阈值之间，则如果其邻近像素中有超过高阈值的，那么其为边缘，否则不是，从而得到边缘图。

4. 迭代法向下延拓

边缘识别的效果会受到模型深度的影响，随着深度的增加，边缘识别的范围会有所扩大。因此，在对埋深较大的地质体边界进行识别时需要选择适当的方法进行增强，同时还要考虑方法的精度和数值稳定性。为了更好提取深部磁源的边界，就需要将实测位场值向下延拓，当接近异常源的深度时，位场变得尖锐，会较好地勾画出异常体的轮廓。

首先，判断磁性体上顶的埋深，在一般情况下，当向下延拓异常出现起伏跳动的"震荡"现象，或异常曲线一侧近于直立，且在两个延拓深度上，曲线陡度近似时，说明下延深度已达到"极限"，这时的下延深度可以粗略估计为地质体的埋深。徐世浙(2007)提出的迭代法向下延拓的过程稳定，可以向下延拓 20 倍点距。这里先根据下延异常曲线推断场源的上顶深度。确定场源的深度后，将实测位场值用迭代法向下延拓至接近异常源的深度时，位场变得尖锐，会较好的勾画出异常体的轮廓。

迭代法位场向下延拓的具体步骤为：

(1) 设观测平面 A 上的磁异常为 Z_{a1}，下延平面 B 的磁异常为 Z_{a2}，是待求的。将 Z_{a1} 垂直放在平面 B 的对应点上，作为 Z_{a2} 的初始值；

(2) 从 B 的初值用 FFT 的向上延拓公式计算平面 A 上的磁异常，

$$Z_a(x, y, h) = F^{-1}\left[e^{\sqrt{k_x^2 + k_y^2}h} U(k_x, k_y, 0)\right] \qquad (2\text{-}37)$$

式中，Z_a 为磁异常，U 为 FFT 变换，F^{-1} 为傅立叶逆变换，k_x 和 k_y 为波数；

(3) 根据平面 A 上原始值与计算值的差值，对平面 B 上磁异常 Z_{a2} 进行校正；

(4) 如此反复迭代，至观测面上的实测值和计算值的差值小至可以忽略，一般迭代 20～50 次即可。

2.6.2 模型试验

1. 简单模型

为了说明基于 Canny 理论的磁异常边界检测方法受干扰小，具有较高的分辨率的特性，设计了一个磁源模型：局部磁异常由两个大小相同、埋深不同的棱柱体组合产生(图 2.84a)；区域磁异常是一个范围和埋深很大的磁源产生(图 2.84b)。局部磁异常和区域磁异常叠加在一起构成磁异常模型(图 2.84c)。

模型参数如表 2.7 所示。观测平面在水平面上，x 轴方向范围为：-50～50 km，y 轴方向范围为：-40～40 km，观测网格间隔为 1 km。图 2.84b 区域可视为干扰，在 SW 方向干扰弱，NE 方向干扰强，从叠加图上可以看出模型受干扰后比较难直接准确地看出磁源的边

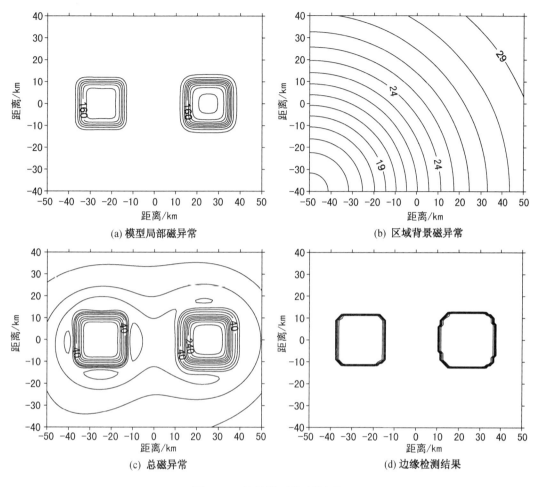

(a) 模型局部磁异常   (b) 区域背景磁异常

(c) 总磁异常   (d) 边缘检测结果

图 2.84　简单模型的边界提取

界位置。图 2.84d 为边缘检测的边界位置,很好地反映了磁源的边界位置,特别对于埋藏较浅的棱柱体 1,其边界与实际模型吻合非常好。

表 2.7　局部磁异常的理论模型参数

地质体模型编号	中心坐标	宽度/km	长度/km	顶深/km	底深/km	磁化强度/(A/m)
1	(−25, 0)	20	20	2	6	1
2	(25, 0)	20	20	5	10	1

2. 复杂模型

将此方法应用于一个复杂的磁源模型,模型为不同深度的三个大小相同的直立六面体组成,模型参数为:网格为 101×101,网格间距 200 m;立方体东西方向 1 km,南北方向 2 km,顶底界面深度依次为 3~4 km、3.2~4.2 km、3.4~4.4 km。图 2.85a 是 0 km 高度的理论磁异常,含有均值为 0,标准方差为 0.1 的白噪声,虚线为立方体的水平边界位置。

以深度区间 0.4 km 进行迭代法向下延拓(图 2.85b 实线),在深度区间内,以 0.2 km 的深度进行 FFT 下延(图 2.85b 虚线)。图 2.85b 为 0.2 km 开始的下延曲线,下延到 3 km

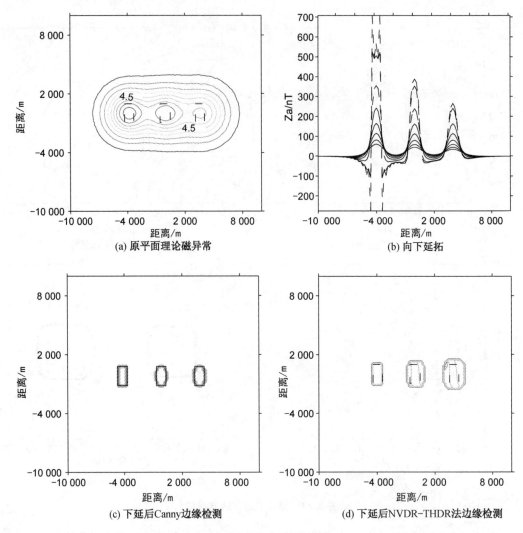

(a) 原平面理论磁异常   (b) 向下延拓

(c) 下延后Canny边缘检测   (d) 下延后NVDR-THDR法边缘检测

图 2.85　复杂模型试验

时,异常曲线一侧近于直立,可推断场源上顶深度在 3 km 附近。将 0 km 的理论磁异常下延至 2.6 km,并用 Canny 算子提取边界,得到图 2.85c 的结果。可以看出,识别得到的边界与磁源的水平边界基本符合。

用归一化总水平导数的垂向导数(NVDR-THDR)法提取 0 km 理论磁异常的边界,比磁源的实际范围大很多,提取下延后的磁异常边界(图 2.85d),识别范围还是有所扩大,这体现了 Canny 算子边缘检测的优势,也说明本方法对于复杂模型较为适用。

2.6.3　实际资料的处理

为了验证本方法的实用性,需选取已知边界的地区进行数据处理。R. O. Hansen 等(2006)利用航磁勘查对美国纽约州的手指湖地区的构造特征边界进行了研究。选取其中某区块作为本方法的试验区,测线范围为 400 km。

图 2.86a 为该区化极后的磁异常等值线图,区内存在北西走向和北东走向的两个高值异常区域及中部的低值异常区。利用本方法得到该区构造的边界曲线(图 2.86b),圈出了

北西和北东两个突出的场源边界,与 R.O. Hansen 等得到的边界(图 2.86c)有良好的吻合性,并且具有更好的连续性和抗噪性。在手指湖研究区,得到的结果与该地区的基底隆起以及断裂总构造特征十分吻合。研究区中部的北—北西方向的构造边界很明显与手指湖的走向一致,说明与其地下构造有关。

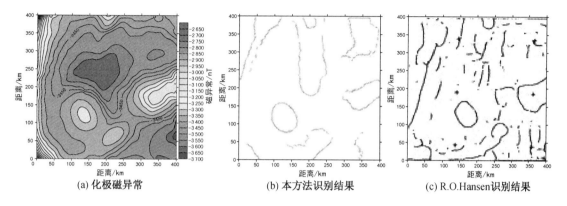

(a) 化极磁异常　　　　　　(b) 本方法识别结果　　　　　　(c) R.O.Hansen识别结果

图 2.86　手指湖某区实际资料处理

另外,也对某研究区块的化极磁异常资料进行了处理。图 2.87a 为某研究区块的化极磁异常等值线图。该区内存在中生代酸性火山岩带,而圈定该区深部火成岩分布范围对于明确地层岩性和找油气方向是非常有意义的。图 2.87b 较好反映了岩体的边界,其结果与该研究区的钻孔资料及其他方法解释的结果吻合较好。

在图像处理中,Canny 算子具有抗噪性强、边界连续号的优点,将其引入磁异常边界提取中,通过理论推导,模型计算和实际资料的处理,结果表明该方法既能发挥归一化水平导数、垂直导数对场源边界的增强作用,又能以更直观的方式较准确地勾画出边界的位置,识别图面简单清晰。用较稳定的空间域向下延拓方法,接近场源深度时磁异常图像的特征点与场源边界有较好的对应关系,然后利用 Canny 算子进行边缘检测,较好地解决了边缘检测方法随着地质体埋深的增大而识别能力下降的问题。

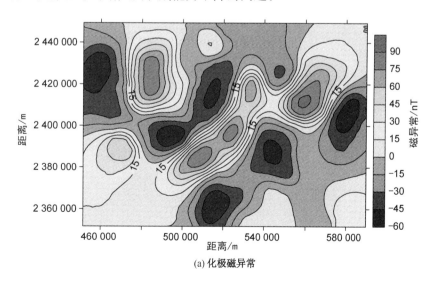

(a) 化极磁异常

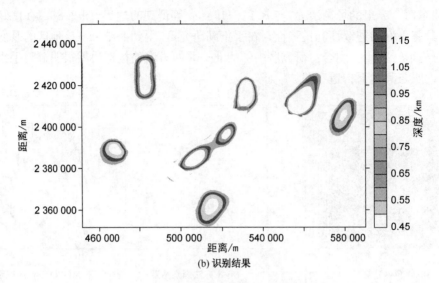

(b) 识别结果

图 2.87　南海东北部某区实际资料处理

3 重、磁、震联合反演方法技术

综合地球物理的解释原则，就是利用多种地球物理信息，从不同角度研究同一地质对象，尽量接近实际，减少多解性。联合反演是综合地球物理研究中一个重要的方面。联合反演就是在反演过程联合应用多种地球物理观测数据，通过反演地质体的岩石物性和几何参数来求得同一个地下地质和地球物理模型。杨辉等（2002）、敬荣中等（2003）以及于鹏等（2006）都对联合反演的研究现状和进展作了较系统的总结，并指出了联合反演的发展方向。

联合反演出现于 20 世纪 70 年代中，Vozoff 和 Jupp（1975）首次用阻尼最小二乘法实现了一维直流电测深（DC）和大地电磁测深（MT）资料的联合反演。之后，联合反演得到了迅速发展。联合反演的基本条件是参加反演的各种方法要有公共的物性界面或目的体。依据是否为同一物性参数，联合反演可以分为两类：

（1）针对同一物性的地球物理观测数据之间的联合反演。如上面提到的 DC 和 MT 的联合反演，这两种方法均基于岩石的电性差异，具有相同的物性基础，其反演参数也均为电阻率和层厚度。另外，还有如反射地震的旅行时和振幅联合反演（Vasco 等，1996）、P 波和 PS 波旅行时联合反演（Grechka 等，1999），磁场分量间的联合（Li，Oldenburg，1996）等。它们均基于相同的岩石物性差异，观测场之间存在着相关性。前人的研究案例显示了这类联合反演具有良好的效果。

（2）基于不同岩石物性的地球物理观测数据之间的联合反演。这类联合虽然物性不同，但对象是同一个物理－地质模型，这是基础。不同物性之间可能存在着相关的内在联系。这类研究案例也很多，即

① 重力与地震的联合反演，Sovino 等（1980）利用地震 P 波走时和重力资料，依据速度和密度这两种物性间具有相关的内在联系开展联合反演，研究了华盛顿东部地区地壳上地幔密度、速度结构；

② 重、磁联合反演，Menichetti 等（1983）在反演参数为异常体多边形的角点坐标及每个矿体的密度差及磁化率前提下研究了使用广义反演方法来实现 2.5 维重、磁联合反演，实验结果说明这种类型的联合反演算法是合理的，方法具实用性；

③ 地震与电法的联合反演：Dobroka 等（1991）对垂直地震剖面（VSP）走时数据、电法数据，采用基于最大频率值（MFV）的加权最小二乘算法进行联合反演，研究表明，与单独一种资料的反演相比，基于 MFV 算法的联合反演算法稳定、结果更可靠；

④ 电法与重力的联合反演，Rasmussen 等（1991）用瞬变电磁测深和重力数据联合反演来确定盆地的深度，也取得一定成效。

随着联合反演方法研究的深入，用于联合反演的数据，也从早期的 2 种发展到了 3 种或 3 种以上。例如王赟（1999）采用遗传算法开展了重、磁、电资料的联合反演；于鹏等（2005）利用 MT 与地震资料的模拟退火约束同步反演技术，对黔中隆起的 MT 资料和地震数据进

行了处理,并在物性研究的基础上,结合重力或磁力资料进行了顺序反演和综合解释,证明了联合反演的必要性和有效性;何委徽(2009)利用改进的遗传算法,进行了重力、MT 以及地震的联合反演。

根据反演条件的不同,联合反演又可分为同步反演、顺序反演、剥离法反演以及伸展法反演等。而从反演效果来看,顺序反演及剥离法反演较易实现,同步反演实现起来难度大,但效果可能更为理想(于鹏,2006)。Aleseev(1993)等定量描述了联合反演问题的解及其一般特征,从理论上给出了联合反演问题比单独一种地球物理资料反演更优越的结论。研究实例表明:联合反演有助于减小地球物理多解性,从而对提高地质解释效果具有重要意义。

3.1 目标界面重、磁联合反演

对于重、磁联合反演方法,前人做了较多研究:Bott 等(1972)虽然没有对数据进行直接的联合反演,而是用了一个等效层的方法来计算磁化率与密度的比值的变化。Menichett 和 Guillen(1983)用了广义反演方法来确定 2.5 维在密度与磁化率已知条件下的块体形状。Serpa 和 Cook(1984)用了最小二乘反演方法来解决 2.5 维模型的顶点和物理参数,他们的方法没有引入阻尼和归一化,而是通过固定某些参数来反演其他参数,并达到算法的稳定。Zeyen 和 Pous(1993)用一个由一系列棱柱体组成的三维模型来解决物理属性和每个棱柱的顶底。Gallardo-Delgado 等(2003)扩展了三维的方法,将随深度变化的密度和磁化率作为未知的参数。在一个统计的框架下,将蒙特卡罗方法用于重、磁的联合反演,产生一个可能的密度函数来描述一组可接受的模型。Pilkington(2006)利用阻尼最小二乘法实现了常密度差与常磁性差界面的重、磁同步联合反演,并应用到实际资料的反演中。

刘昭蜀等(2002)曾提及:南海北部陆架的磁性基底与含油气盆地的基底基本吻合。对比在这一地区用单一方法反演计算得到的重力基底与磁性基底(王家林等,2002;陈冰,2004),发现在某些部位它们具有很高的一致性,而某些部位对应性则较差。地质的研究表明南海东北部的深部结构可能存在两种类型:①中生代基底即为结晶基底,它具有密度差并具有磁性,这样重、磁基底具有相同的界面;②中生界的底并不是结晶基底,它的下部仍具有基础层,这时应考虑双层界面的重、磁联合反演。因此,从海域地区岩石物性和基底结构特点出发,本节研究目标界面的重、磁联合反演,分为两个方面:一是单一界面变密度的重、磁联合反演;二是双层界面的重、磁联合反演。

3.1.1 变密度目标界面重、磁联合反演

地球物理反演方法要得到好的应用效果,方法技术必须与研究区岩石物性和地质模式相匹配。联合反演方法同样也不例外。岩石物性统计的研究表明,基于常密度的模型在许多时候并不能真实地描述地下介质的情况。珠江口盆地测井密度与深度关系曲线表现出密度随着深度加深而逐渐加大趋势。大多数沉积盆地地层密度随深度的变化也有相似特点,常常是随着深度的加大而近于线性或指数增加。这时,在沉积盆地的结晶基底面上下地层的密度差就不能简单地认为是一个常数,有必要进行变密度界面的重、磁同步联合反演方法研究。

1. 公式推导

假设结晶基底为常密度,沉积地层的密度随着深度的加大指数增加,即结晶基底面上下

地层的密度差也随深度呈指数变化,用 $\rho(\xi) = \rho_0 e^{-\beta\xi}$ 表示。在重力异常 Parker 正演公式的导出中,用上述指数变化的密度 $\rho(\xi) = \rho_0 e^{-\beta\xi}$ 代替常密度 ρ,可导出界面密度差随深度指数衰减的波数域重力正演公式:

$$\tilde{g} = -2\pi G\rho_0 e^{-s\cdot z} \sum_{n=1}^{\infty} \frac{(-s-\beta)^{n-1}}{n!} F[\boldsymbol{H}^n] \tag{3-1}$$

其中,$\tilde{g}$ 表示重力谱,G 为重力常数,s 代表波数,$s = 2\pi\sqrt{(m_x/(M\delta_x))^2 + (m_y/N\delta_y)^2}$($\delta_x$ 和 δ_y 分别为 x 和 y 方向的网格间距,m_x 和 m_y 分别为 x 和 y 方向的网格点距数,M 和 N 分别是 x 和 y 方向的总点数);z 表示平均界面深度;$F[\cdots]$ 代表傅里叶变换,$\boldsymbol{H}$ 代表界面深度,并且在 z 的正方向为正值,z 的负方向为负值。

在相同的坐标系统下,常磁性差界面波数域的磁异常正演公式为

$$\tilde{Z}_a = 2\pi J \cdot s \cdot e^{-s\cdot z} \sum_{n=1}^{\infty} \frac{(-s)^{n-1}}{n!} F[\boldsymbol{H}^n] \tag{3-2}$$

式中,$\tilde{Z}_a$ 表示化极的磁力谱,J 为磁化强度,其他项含义与公式(3-1)相同。

变密度界面重磁同步联合反演采用迭代反演的方式,界面深度的修正量是在重磁力正演公式一级近似的基础上利用阻尼最小二乘法推导得出。基于重磁同步联合反演的迭代公式如下:

$$h_{n+1} = h_n + (\boldsymbol{G}'\boldsymbol{M}')\begin{pmatrix} \omega(g_n - g_{obs}) \\ m_n - m_{obs} \end{pmatrix} \tag{3-3}$$

其中,

$$\begin{cases} \boldsymbol{G}' = \boldsymbol{E}^*(\omega\boldsymbol{\Gamma}\{^{\omega^2}\boldsymbol{\Gamma}^e + \boldsymbol{\Lambda}^2 + \theta\boldsymbol{I}\}^{-1})\boldsymbol{E} \\ \boldsymbol{M}' = \boldsymbol{E}^*(\boldsymbol{\Lambda}\{^{\omega^2}\boldsymbol{\Gamma}^e + \boldsymbol{\Lambda}^2 + \theta\boldsymbol{I}\}^{-1})\boldsymbol{E} \end{cases}$$

式中 ω 为重磁资料权重系数,θ 为阻尼因子,$\boldsymbol{E}$,$\boldsymbol{E}^*$ 代表傅氏正变换与反变换,$\begin{cases} \Gamma_i = -2\pi G\rho \exp(-|s_i|h) \\ \Lambda_i = 2\pi Jk \exp(-|s_i|h) \end{cases}$;$n$ 为迭代次数,g_n,m_n 为在模型 h_n 下的计算结果;g_{obs},m_{obs} 为重磁资料观测值。

基于上述公式,编制了这一反演计算软件,图3.1是这一软件的运行界面之一。

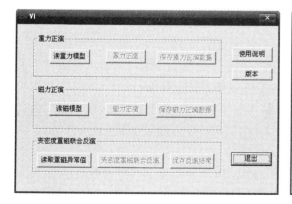 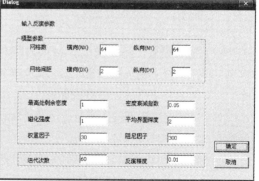

图 3.1　变密度界面重磁资料联合反演软件

2. 模型试验

（1）简单模型。设计如图 3.2 左图所示的模型，由两个方向相反的半球组成，模拟起伏的地下变密度常磁性界面。取 64×64 的网格，网格间距沿纵横方向均为 2 km。这里仅假设密度差随深度呈指数变化，在 $\Delta \rho(\zeta) = \Delta \rho_0 e^{-\beta \zeta}$ 中，取 $\Delta \rho_0 = 0.5 \times 10^3 \ \mathrm{kg/m^3}$，$\beta = 0.02$；基底的磁化强度差为 1 A/m；平均深度值为 2 km。

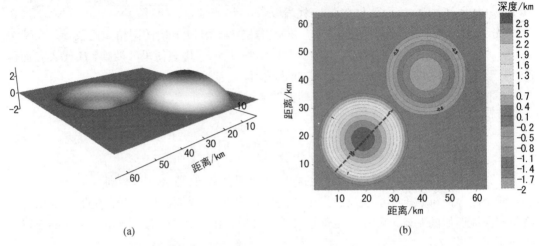

(a)   (b)

图 3.2　模拟盆地底界的球缺模型(左)及重磁联合反演结果(右)

图 3.2b 为重磁联合反演迭代 10 次结果，从色标来看，反演结果的极值与模型的极值误差很小。表 3.1 列出的数据为图 3.2b 虚线所示的测线处反演结果与模型数值的比较，相对误差均在 0.05% 以下。变密度、常磁性强度界面重磁联合反演在球缺组合模型上得到了令人满意的效果。这说明了变密度界面重磁联合反演方法是可行的。

表 3.1　图 3.2 右图中虚线处测线模型与反演结果数值比较

模型/km	反演结果/km	反演结果与模型的相对误差（绝对值）
2.911 11	2.909 98	0.039%
2.977 77	2.977 97	0.006%
3.000 00	3.000 82	0.027%
2.977 77	2.978 26	0.016%
2.911 11	2.910 38	0.025%
2.800 00	2.800 32	0.011%

（2）复杂模型。将变密度界面重磁联合反演应用于一个复杂的起伏变密度常磁性界面模型，如图 3.3a 所示，这里将其表示为界面的等值线图（取自 Pilkington（2006）文中模型）。取 56×56 的网格，网格间距 2 km。同样认为密度随深度呈指数变化，在变密度公式 $\Delta \rho(\zeta) = \Delta \rho_0 e^{-\beta \zeta}$ 中，取 $\Delta \rho_0 = 0.5 \times 10^3 \ \mathrm{kg/m^3}$，$\beta = 0.02$；基底磁化强度差为 1 A/m；平均深度值为 5 km。

进行重磁联合反演，经过 10 次的迭代得到如图 3.3b 所示的结果。可以看出，反演所得的界面形态与所给定的模型基本相同。同样说明变密度界面重磁联合反演对于复杂模型的适用性。但是在模型起伏较剧烈的地方，如中间下部三个等值线圈闭之处，反演结果不够精确。分析原因,可能与算法中采用傅氏变化有关。图 3.4a,b,c,d 分别表示根据模型计算得到的重力正演结果、重力观测场值残差以及磁力正演结果和磁力观测场值残差。

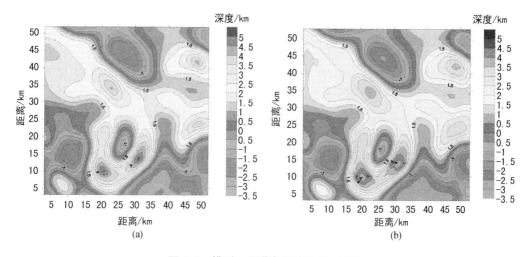

图 3.3　模型 a 及联合反演结果 b 对比

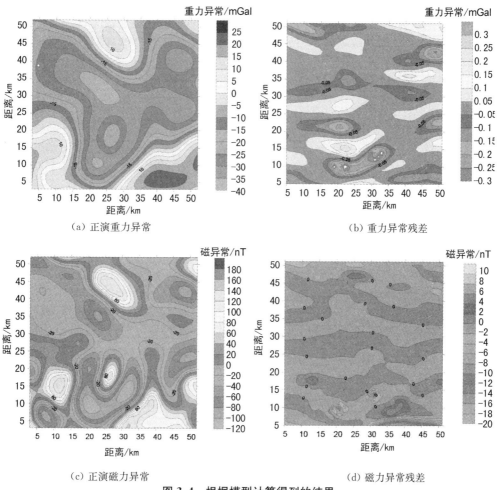

图 3.4　根据模型计算得到的结果

3. 参数选择

在模型试验中,存在着几个关键参数的选取问题,包括阻尼因子、网格间距以及平均界面深度等;而这几个参数的选取是否适当,会影响到联合反演结果是否收敛或收敛速度的快慢。

Pilkington(2006)在文章中提及了阻尼因子的选取:阻尼因子的选择与 Γ 及 Λ 的值有关。如果 $\theta \gg \max\{\Gamma_i, \Lambda_i\}$ 则是过阻尼,收敛变慢;如果 $\theta \ll \min\{\Gamma_i, \Lambda_i\}$,则阻尼因子就起不到作用,数据中的高频成分就会被放大而引起结果的振荡以至发散。

我们知道,根据波数与网格间距的关系,一般认为是,网格间距的大小直接影响到波数值的大小,因而对反演过程有很大的影响;网格间距还会影响到反演迭代公式的指数项的值,对迭代的收敛速度影响也很大。另外,由 Parker 公式为基础的重磁联合反演方法,必须事先已知平均界面深度,而平均界面深度的选取对反演结果影响很大,太深或者太浅也会导致迭代过程的发散。

在变密度界面联合反演方法的使用中,平均界面深度与网格间距的选取更是至关重要。在公式的导出过程中,平均界面向下为正;而界面起伏在平均界面下为正,在平均界面上为负。本书认为密度差随着深度的增加而减小,如果以上述导出公式来进行,必须将平均界面深度取于界面顶点处,这样,界面起伏均为正值。我们试验了不同平均界面深度与网格间距对反演的影响,得到了随着平均界面深度的加大,网格间距也要随着变大的结论。例如,当平均界面深度取 1 km 时,网格间距需要取到 6 km,才能保证迭代收敛;当平均界面深度取 3 km 时,网格间距需要取到 7 km。而且,在计算中,我们也发现,当平均界面深度增加时,要使得反演结果达到相同的精度,迭代次数也要增加。

将平均界面深度放置在界面的最高点处时,为使得算法稳定,就需要相对较大的网格间距,这使得此方法的适用性降低。为此,修改变密度重力正演公式,将其分为两部分,公式如下:

$$\begin{cases} \tilde{g} = -2\pi G\rho_0 e^{-s \cdot z} \sum_{n=1}^{\infty} \dfrac{(-s-\beta)^{n-1}}{n!} F[H^n], & \text{当 } H > 0 \text{ 时} \\ \tilde{g} = 2\pi G\rho_0 e^{-s \cdot z} \sum_{n=1}^{\infty} \dfrac{(s-\beta)^{n-1}}{n!} F[H^n], & \text{当 } H < 0 \text{ 时} \end{cases} \tag{3-4}$$

式中每一项的含义与公式(3-1)相同。这样,就可以适应平均界面深度位于起伏界面中间的情况,计算中就可以选取较小的网格间距。

4. 实际数据处理

选取南海一块区域的重磁场作为研究对象,在此海域上进行了重力与磁法的勘探。图 3.5a 为该区上处理后的重力异常等值线图,图 3.5b 为同一区块化极后的磁异常等值线图。从大的范围来看,该区域重力与磁力存在着较大的相关性,可以认为重、磁异常由同一界面引起,为基底与上层沉积层的分界。在重力图上,表现为西北角与东南角各存在一个高值异常圈闭,西南角为一个低值圈闭,高值圈闭与低值圈闭之间存在着过渡带。磁异常图上主要表现为南北两块,南部为一个大的低值块,西北角为一与重力相对应的高值圈闭,东北角为一个小块的低值区。

根据该区各种地质资料以及地球物理数据,认为密度值同样随深度呈指数变化,并在

$\Delta\rho(\zeta)=\Delta\rho_0\mathrm{e}^{-\beta\zeta}$ 中，取 $\Delta\rho_0=0.5\times10^3\ \mathrm{kg/m^3}$，$\beta=0.01$；基底的磁化强度差为 $1\ \mathrm{A/m}$；同时取平均深度值为 $4\ \mathrm{km}$。根据重、磁异常数据，权重因子选为 15，而阻尼因子为 300，经过 7 次迭代得到如图 3.5c 的变密度、常磁性重磁联合反演基底深度等值线图，界面深度范围在 $2.6\sim6\ \mathrm{km}$ 之间。反演结果综合考虑了重力与磁力的效应，大体上的趋势与重、磁相同，界面起伏主要为南深北浅的凹陷与隆起。西南部的凹陷，正对应着重力低与磁力低；而西北角的隆起，对应着重力与磁力的高值。在磁异常东北角虽然存在着一个低值异常，然而在联合反演结果中没有表现出相应的界面凹陷，可能这一低值异常为勘探区外围影响所致。重力异常中东南角的高值异常，在反演结果中没有与之相对应的界面隆起，原因是反演结果受到了磁力异常的影响而表现出了弯曲的等值线。

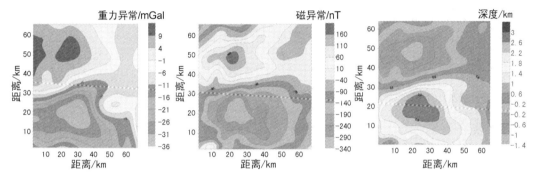

（a）南海某区重力异常等值线　　（b）南海某区磁化极异常等值线　　（c）变密度重磁联合反演得到基底

图 3.5　南海某区重磁联合反演成果图

3.1.2　双层界面重、磁联合反演

多界面在油气勘探中十分常见，因此尽管多层界面的重、磁反演方法的研究难度大，但仍有较多学者在做这方面的研究。谢靖等（1986）在理论上研究了多个密度分界面重力观测数据的反演问题；王家林等（1986，1987）利用场变换和分离场方法来实现多层密度界面的反演，探索用重力归一化总梯度法确定密度界面，以对多层密度界面的起伏做出定性和半定量的解释；王一新等（1987）提出了多层密度界面的正则化非线性反演方法；陈军等（2000）根据重力反演的特点对遗传算法进行改进，直接反演多层密度界面；杨长福（2004）将研究区域划分成具有固定宽度的矩形网格，以网格密度和厚度作为模型参数，采用脊回归法对重力异常进行反演而同时得到密度及其界面。

前人对于多层界面的反演，多是利用单一的重力数据的反演来得到，可能会带来多解性。如果基底既是密度界面，又是磁性界面（即重、磁同源），则可结合磁性基底面的信息，通过重、磁联合反演来揭示沉积盆地基底埋深这一重要的构造信息，以期减少重、磁异常反演的多解性，提高反演结果的可靠性。

1. 公式推导

以两层密度界面及一层磁性界面为例，如图 3.6a 所示，地面与第一层界面 s_1 之间密度为 ρ_1，第一层界面 s_1 与第二层界面 s_2 之间密度为 ρ_2，第二层界面 s_2 之下密度为 ρ_0，且只在 s_2 之下地层具有磁性，磁化强度为 J，推导阻尼最小二乘法的重磁联合反演的公式。在此模型基础上，地面上可以观测到由 s_1 和 s_2 两个密度界面产生的重力异常值以及 s_2 界面产生的磁异常值。可以推知,图 3.6a 两层界面产生的重力异常值等价于图 3.6b,c 两个模型产生的重力异常值之和,这样,可以对两个界面都用 Parker 公式进行正演,得到方程组(3-5):

$$\begin{cases} \widetilde{g} = -2\pi G \Delta\rho_1 \mathrm{e}^{-sz_1} \sum_{n=1}^{\infty} \frac{(-s)^{n-1}}{n!} F[\boldsymbol{H}_1^n] - 2\pi G \Delta\rho_2 \mathrm{e}^{-sz_2} \sum_{n=1}^{\infty} \frac{(-s)^{n-1}}{n!} F[\boldsymbol{H}_2^n] \\ \widetilde{Z}_a = 2\pi J \mathrm{e}^{-sz_2} \sum_{n=1}^{\infty} \frac{(-s)^n}{n!} F[\boldsymbol{H}_2^n] \end{cases} \tag{3-5}$$

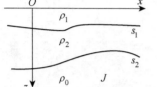 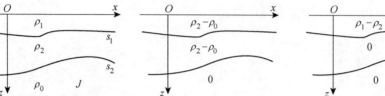 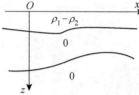

(a) 两层界面模型 　　(b) 分解得到两个单独密度界面模型 　　(c) 分解得到两个单独密度界面模型

图 3.6　密度界面分解模型

其中,z_1,z_2 分别表示界面 s_1 和 s_2 的平均界面深度;$\boldsymbol{H}_1(x, y)$ 和 $\boldsymbol{H}_2(x, y)$ 为两界面的深度值;其他参数意义与式(3-1)相同。

将方程组(3-5)线性化,得到

$$\begin{pmatrix} \boldsymbol{G}_1 & \boldsymbol{G}_2 \\ \boldsymbol{0} & \boldsymbol{M} \end{pmatrix} \begin{pmatrix} \boldsymbol{H}_1 \\ \boldsymbol{H}_2 \end{pmatrix} = \begin{pmatrix} \Delta\boldsymbol{g} \\ \Delta\boldsymbol{Z}_a \end{pmatrix} \tag{3-6}$$

其中,$\begin{cases} \boldsymbol{G}_1 = \boldsymbol{E}^* \boldsymbol{\Gamma}_1 \boldsymbol{E} \\ \boldsymbol{G}_2 = \boldsymbol{E}^* \boldsymbol{\Gamma}_2 \boldsymbol{E} \\ \boldsymbol{M} = \boldsymbol{E}^* \boldsymbol{\Lambda} \boldsymbol{E} \end{cases}$，$\boldsymbol{E}$，$\boldsymbol{E}^*$ 分别表示傅里叶正、反变换,$\boldsymbol{\Gamma}_1$，$\boldsymbol{\Gamma}_2$，$\boldsymbol{\Lambda}$ 为对角阵,其元素为

$$\begin{cases} \Gamma_{1i} = -2\pi G_1 \Delta\rho_1 \mathrm{e}^{-s_i z_1} \\ \Gamma_{2i} = -2\pi G_2 \Delta\rho_2 \mathrm{e}^{-s_i z_2} \\ \Lambda_i = 2\pi J s \mathrm{e}^{-s_i z_2} \end{cases}$$

因为重、磁数据具有不同单位及数量级,所以必须进行归一化,否则会导致其中一种数据在反演中不起作用,更甚会造成矩阵的病态。简单方法即在每种数据上加上不同的权重因子 ω_1 和 ω_2：

$$\begin{bmatrix} \omega_1 \boldsymbol{G}_1 & \omega_1 \boldsymbol{G}_2 \\ \boldsymbol{0} & \omega_2 \boldsymbol{M} \end{bmatrix} \begin{bmatrix} \boldsymbol{H}_1 \\ \boldsymbol{H}_2 \end{bmatrix} = \begin{bmatrix} \omega_1 \Delta\boldsymbol{g} \\ \omega_2 \Delta\boldsymbol{Z}_a \end{bmatrix} \tag{3-7}$$

根据阻尼最小二乘法解估计为

$$\boldsymbol{x} = [\boldsymbol{A}^\mathrm{T} \boldsymbol{A} + \theta\boldsymbol{I}]^{-1} \boldsymbol{A}^\mathrm{T} \boldsymbol{b}$$

这里,$\boldsymbol{x} = \begin{pmatrix} \boldsymbol{H}_1 \\ \boldsymbol{H}_2 \end{pmatrix}$,$\boldsymbol{A} = \begin{bmatrix} \omega_1 \boldsymbol{G}_1 & \omega_1 \boldsymbol{G}_2 \\ \boldsymbol{0} & \omega_2 \boldsymbol{M} \end{bmatrix}$,$\boldsymbol{b} = \begin{pmatrix} \omega_1 \Delta\boldsymbol{g} \\ \omega_2 \Delta\boldsymbol{Z}_a \end{pmatrix}$

这样,

$$\left[\boldsymbol{A}^{\mathrm{T}}\boldsymbol{A}+\theta\boldsymbol{I}\right]^{-1}\boldsymbol{A}^{\mathrm{T}}\boldsymbol{b}=\left[\begin{pmatrix}\omega_1\boldsymbol{G}_1 & \omega_1\boldsymbol{G}_2 \\ \boldsymbol{0} & \omega_2\boldsymbol{M}\end{pmatrix}^{\mathrm{T}}\begin{pmatrix}\omega_1\boldsymbol{G}_1 & \omega_1\boldsymbol{G}_2 \\ \boldsymbol{0} & \omega_2\boldsymbol{M}\end{pmatrix}+\theta\boldsymbol{I}\right]^{-1}\begin{pmatrix}\omega_1\boldsymbol{G}_1 & \omega_1\boldsymbol{G}_2 \\ \boldsymbol{0} & \omega_2\boldsymbol{M}\end{pmatrix}^{\mathrm{T}}\begin{pmatrix}\omega_1\Delta\boldsymbol{g} \\ \omega_2\Delta\boldsymbol{Z}_{\mathrm{a}}\end{pmatrix}$$

$$=\left[\begin{pmatrix}\omega_1\boldsymbol{E}^{-1}\boldsymbol{\varGamma}_1\boldsymbol{E} & \omega_1\boldsymbol{E}^{-1}\boldsymbol{\varGamma}_2\boldsymbol{E} \\ \boldsymbol{0} & \omega_2\boldsymbol{E}^{-1}\boldsymbol{\varLambda}\boldsymbol{E}\end{pmatrix}^{\mathrm{T}}\begin{pmatrix}\omega_1\boldsymbol{E}^{-1}\boldsymbol{\varGamma}_1\boldsymbol{E} & \omega_1\boldsymbol{E}^{-1}\boldsymbol{\varGamma}_2\boldsymbol{E} \\ \boldsymbol{0} & \omega_2\boldsymbol{E}^{-1}\boldsymbol{\varLambda}\boldsymbol{E}\end{pmatrix}+\theta\boldsymbol{I}\right]^{-1}\begin{pmatrix}\omega_1\boldsymbol{E}^{-1}\boldsymbol{\varGamma}_1\boldsymbol{E} & \omega_1\boldsymbol{E}^{-1}\boldsymbol{\varGamma}_2\boldsymbol{E} \\ \boldsymbol{0} & \omega_2\boldsymbol{E}^{-1}\boldsymbol{\varLambda}\boldsymbol{E}\end{pmatrix}^{\mathrm{T}}\begin{pmatrix}\omega_1\Delta\boldsymbol{g} \\ \omega_2\Delta\boldsymbol{Z}_{\mathrm{a}}\end{pmatrix}$$

$$=\left[\begin{pmatrix}\omega_1^2\boldsymbol{E}^{-1}\boldsymbol{\varGamma}_1^e\boldsymbol{E} & \omega_1^2\boldsymbol{E}^{-1}\boldsymbol{\varGamma}_1\boldsymbol{\varGamma}_2\boldsymbol{E} \\ \omega_1^2\boldsymbol{E}^{-1}\boldsymbol{\varGamma}_2\boldsymbol{\varGamma}_1\boldsymbol{E} & \omega_1^2\boldsymbol{E}^{-1}\boldsymbol{\varGamma}_2^e\boldsymbol{E}+\omega_2^2\boldsymbol{E}^{-1}\boldsymbol{\varLambda}^2\boldsymbol{E}\end{pmatrix}+\theta\boldsymbol{I}\right]^{-1}\begin{pmatrix}\omega_1\boldsymbol{E}^{-1}\boldsymbol{\varGamma}_1\boldsymbol{E} & \omega_1\boldsymbol{E}^{-1}\boldsymbol{\varGamma}_2\boldsymbol{E} \\ \boldsymbol{0} & \omega_2\boldsymbol{E}^{-1}\boldsymbol{\varLambda}\boldsymbol{E}\end{pmatrix}^{\mathrm{T}}\begin{pmatrix}\omega_1\Delta\boldsymbol{g} \\ \omega_2\Delta\boldsymbol{Z}_{\mathrm{a}}\end{pmatrix}$$

$$=\left[\boldsymbol{E}^{-1}\begin{pmatrix}\omega_1^2\boldsymbol{\varGamma}_1^e & \omega_1^2\boldsymbol{\varGamma}_1\boldsymbol{\varGamma}_2 \\ \omega_1^2\boldsymbol{\varGamma}_2\boldsymbol{\varGamma}_1 & \omega_1^2\boldsymbol{\varGamma}_2^e+\omega_2^2\boldsymbol{\varLambda}^2\end{pmatrix}\boldsymbol{E}+\theta\boldsymbol{I}\right]^{-1}\boldsymbol{E}^{-1}\begin{pmatrix}\omega_1\boldsymbol{\varGamma}_1 & \boldsymbol{0} \\ \omega_1\boldsymbol{\varGamma}_2 & \omega_2\boldsymbol{\varLambda}\end{pmatrix}\boldsymbol{E}\begin{pmatrix}\omega_1\Delta\boldsymbol{g} \\ \omega_2\Delta\boldsymbol{Z}_{\mathrm{a}}\end{pmatrix}$$

$$=(\boldsymbol{E}^{-1}(\boldsymbol{K}_1+\theta\boldsymbol{I})\boldsymbol{E})^{-1}\boldsymbol{E}^{-1}\boldsymbol{K}_2\boldsymbol{E}\begin{pmatrix}\omega_1\Delta\boldsymbol{g} \\ \omega_2\Delta\boldsymbol{Z}_{\mathrm{a}}\end{pmatrix}$$

$$=(\boldsymbol{E}*\boldsymbol{K}\boldsymbol{E})^{-1}\boldsymbol{E}*\boldsymbol{K}_2\boldsymbol{E}\begin{pmatrix}\omega_1\Delta\boldsymbol{g} \\ \omega_2\Delta\boldsymbol{Z}_{\mathrm{a}}\end{pmatrix}$$

$$-\boldsymbol{E}^{-1}\boldsymbol{K}^{-1}\boldsymbol{K}_2\boldsymbol{E}\begin{pmatrix}\omega_1\Delta\boldsymbol{g} \\ \omega_2\Delta\boldsymbol{Z}_{\mathrm{a}}\end{pmatrix} \tag{3-8}$$

其中，

$$\boldsymbol{K}_1=\begin{pmatrix}\omega_1^2\boldsymbol{\varGamma}_1^e & \omega_1^2\boldsymbol{\varGamma}_1\boldsymbol{\varGamma}_2 \\ \omega_1^2\boldsymbol{\varGamma}_2\boldsymbol{\varGamma}_1 & \omega_1^2\boldsymbol{\varGamma}_2^e+\omega_2^2\boldsymbol{\varLambda}^2\end{pmatrix},\ \boldsymbol{K}_2=\begin{pmatrix}\omega_1\boldsymbol{\varGamma}_1 & \boldsymbol{0} \\ \omega_1\boldsymbol{\varGamma}_2 & \omega_2\boldsymbol{\varLambda}\end{pmatrix}$$

$$\boldsymbol{K}=\begin{pmatrix}\omega_1^2\boldsymbol{\varGamma}_1^e+\theta\boldsymbol{I} & \omega_1^2\boldsymbol{\varGamma}_1\boldsymbol{\varGamma}_2 \\ \omega_1^2\boldsymbol{\varGamma}_2\boldsymbol{\varGamma}_1 & \omega_1^2\boldsymbol{\varGamma}_2^e+\omega_2^2\boldsymbol{\varLambda}^2+\theta\boldsymbol{I}\end{pmatrix}$$

假设 $\boldsymbol{K}^{-1}=\begin{pmatrix}\boldsymbol{a}_{11} & \boldsymbol{a}_{12} \\ \boldsymbol{a}_{21} & \boldsymbol{a}_{22}\end{pmatrix}$,

则

$$\begin{cases}\boldsymbol{a}_{11}=\left[\omega_1^2\boldsymbol{\varGamma}_1^e+\theta\boldsymbol{I}-\omega_1^4\boldsymbol{\varGamma}_1^e\boldsymbol{\varGamma}_2^e(\omega_1^2\boldsymbol{\varGamma}_2^e+\omega_2^2\boldsymbol{\varLambda}^2+\theta\boldsymbol{I})^{-1}\right]^{-1} \\ \boldsymbol{a}_{22}=\left[\omega_1^2\boldsymbol{\varGamma}_2^e+\omega_2^2\boldsymbol{\varLambda}^2+\theta\boldsymbol{I}-\omega_1^4\boldsymbol{\varGamma}_1^e\boldsymbol{\varGamma}_2^e(\omega_1^2\boldsymbol{\varGamma}_1^e+\theta\boldsymbol{I})^{-1}\right]^{-1} \\ \boldsymbol{a}_{12}=-(\omega_1^2\boldsymbol{\varGamma}_1^e+\theta\boldsymbol{I})^{-1}\omega_1^2\boldsymbol{\varGamma}_1\boldsymbol{\varGamma}_2\boldsymbol{a}_{22} \\ \boldsymbol{a}_{21}=-(\omega_1^2\boldsymbol{\varGamma}_2^e+\omega_2^2\boldsymbol{\varLambda}^2+\theta\boldsymbol{I})^{-1}\omega_1^2\boldsymbol{\varGamma}_1\boldsymbol{\varGamma}_2\boldsymbol{a}_{11}\end{cases} \tag{3-9}$$

$$\begin{pmatrix}\boldsymbol{H}_1 \\ \boldsymbol{H}_2\end{pmatrix}=\left[\boldsymbol{A}^{\mathrm{T}}\boldsymbol{A}+\theta\boldsymbol{I}\right]^{-1}\boldsymbol{A}^{\mathrm{T}}\boldsymbol{b}$$

$$=\boldsymbol{E}^{-1}\begin{pmatrix}\boldsymbol{a}_{11} & \boldsymbol{a}_{12} \\ \boldsymbol{a}_{21} & \boldsymbol{a}_{22}\end{pmatrix}\begin{pmatrix}\omega_1\boldsymbol{\varGamma}_1 & \boldsymbol{0} \\ \omega_1\boldsymbol{\varGamma}_2 & \omega_2\boldsymbol{\varLambda}\end{pmatrix}\cdot\boldsymbol{E}\begin{pmatrix}\omega_1\Delta\boldsymbol{g} \\ \omega_2\Delta\boldsymbol{Z}_{\mathrm{a}}\end{pmatrix} \tag{3-10}$$

$$=\boldsymbol{E}^{-1}\begin{pmatrix}\omega_1\boldsymbol{a}_{11}\boldsymbol{\varGamma}_1+\omega_1\boldsymbol{a}_{12}\boldsymbol{\varGamma}_2 & \boldsymbol{a}_{12}\omega_2\boldsymbol{\varLambda} \\ \omega_1\boldsymbol{a}_{21}\boldsymbol{\varGamma}_1+\omega_1\boldsymbol{a}_{22}\boldsymbol{\varGamma}_2 & \boldsymbol{a}_{22}\omega_2\boldsymbol{\varLambda}\end{pmatrix}\cdot\boldsymbol{E}\begin{pmatrix}\omega_1\Delta\boldsymbol{g} \\ \omega_2\Delta\boldsymbol{Z}_{\mathrm{a}}\end{pmatrix}$$

这样可以根据上式进行迭代，迭代公式如下：

$$\begin{pmatrix}\boldsymbol{H}_1^{n+1} \\ \boldsymbol{H}_2^{n+1}\end{pmatrix}=\begin{pmatrix}\boldsymbol{H}_1^n \\ \boldsymbol{H}_2^n\end{pmatrix}+\boldsymbol{E}^{-1}\begin{pmatrix}\boldsymbol{a}_{11}\boldsymbol{\varGamma}_1+\boldsymbol{a}_{12}\omega\boldsymbol{\varLambda} & \boldsymbol{a}_{12}\omega\boldsymbol{\varLambda} \\ \boldsymbol{a}_{21}\boldsymbol{\varGamma}_1+\boldsymbol{a}_{22}\boldsymbol{\varGamma}_2 & \boldsymbol{a}_{22}\omega\boldsymbol{\varLambda}\end{pmatrix}\cdot\boldsymbol{E}\begin{pmatrix}\Delta\boldsymbol{g}_{\mathrm{cal}}^n-\Delta\boldsymbol{g}_{\mathrm{obs}} \\ \omega(\Delta\boldsymbol{Z}_{\mathrm{acal}}^n-\Delta\boldsymbol{Z}_{\mathrm{aobs}})\end{pmatrix} \tag{3-11}$$

式(3-11)即为两层界面重磁联合反演迭代公式，H_1^n，H_2^n 为第 n 次迭代的界面深度值，Δg_{cal}^n，ΔZ_{acal}^n 为第 n 次计算得到的重、磁异常值，Δg_{obs}，ΔZ_{aobs} 为在地面上观测得到的重、磁异常值。

重、磁预处理包括滤波等一系列常规的处理。根据公式推导前提，反演可以从一个
$\begin{cases} H_1 = 0 \\ H_2 = 0 \end{cases}$，平面开始迭代，也可以结合先验信息和异常特征来预先给出反演的初始模型。给定精度要求 φ，将正演结果与异常值进行对比，判断重磁计算值对观测值的拟合是否达到精度要求。

$$\frac{1}{M \cdot N} \sqrt{\sum_{i=1}^{M} \sum_{j=1}^{N} \left(\frac{\Delta g_{cal}(i,j) - \Delta g_{obs}(i,j)}{\Delta g_{obs}(i,j)} \right)^2} +$$

$$\frac{1}{M \cdot N} \sqrt{\sum_{i=1}^{M} \sum_{j=1}^{N} \left(\frac{\Delta Z_{acal}(i,j) - \Delta Z_{aobs}(i,j)}{\Delta Z_{aobs}(i,j)} \right)^2} \leqslant \varphi \tag{3-12}$$

其中，M，N 为横向及纵向测点数，$\Delta g_{cal}(i,j)$，$\Delta g_{obs}(i,j)$，$\Delta Z_{acal}(i,j)$，$\Delta Z_{aobs}(i,j)$ 分别为重力理论拟合异常、重力观测异常、磁力拟合异常以及磁力观测异常。如满足，则输出最终模型，反演结束。

2. 模型试验

按图 3.7 的流程在 Linux 平台上用 C++ 语言编写了这一反演软件，首先通过理论模型来检验方法的可行性和影响因素。在模型中上层界面有较大起伏，下层界面为一向下凹的球缺（模拟盆地底界面）。模型的等值线图如图 3.8a 和 b 所示。模型参数如下：网格为 56×56，网格间距为 2 km；上层界面平均界面深度为 5 km，下层界面平均界面深度为 10 km；上层界面与地面之间密度为 $\rho_1 = 2.6 \times 10^3$ kg/m³，两层界面之间密度为 $\rho_2 = 2.8 \times 10^3$ kg/m³，第二层界面之下密度为 $\rho_0 = 3.3 \times 10^3$ kg/m³，磁化强度为 1 A/m。计算时，取 $\omega_1 = 1.5$，$\omega_2 = 1$，$\theta = 300$。

在反演中，阻尼因子 θ 保持不变。对双层界面的反演，通过不同 θ 值的模型试验，与上节中得到的结论是一致的。

图 3.8c 与 d 分别为第一层界面与第二层界面的反演结果。反演结果与模

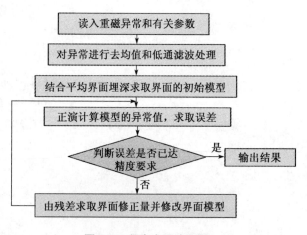

图 3.7　程序实现流程图

读入重磁异常和有关参数

对异常进行去均值和低通滤波处理

结合平均界面埋深求取界面的初始模型

正演计算模型的异常值，求取误差

判断误差是否已达精度要求 — 是 — 输出结果

否

由残差求取界面修正量并修改界面模型

型较好地吻合，模型与反演结果的均方误差为 0.011 km。但是反演结果也表明，在第一层界面的剧烈起伏处反演精度不够（图 3.8i），这主要是受到 Parker 公式的制约，对起伏界面采用级数展开来逼近，对尖锐突变界面要有好的逼近效果要求增加级数的求和项（阶数的增高又导致频带往高频端加宽容易遭受高频干扰，在正演计算中我们只能在一定带宽上求谱进行傅立叶变换）；其次还有反演过程使用的深度修正量公式，用的是一级近似，带有平滑效应。

　　两层界面的反演,可以看成是对一个柱体的顶底界面的反演,而平均界面深度则可看成是柱体的中心位置。因此,平均界面深度的选取对于反演结果也至关重要。在图3.8a,b模型中取一剖面(直线表示),按不同的平均界面深度进行反演,图3.9为不同平均界面深度的反演结果比较。图中可以看出,当平均界面深度越偏离真实值,反演的结果也越偏离真实模型。而从整体上来看,当平均界面深度比真实值小时,反演的界面深度变化范围比真实界面起伏小;当平均界面深度比真实值大时,反演得到的界面深度变化范围则变大。

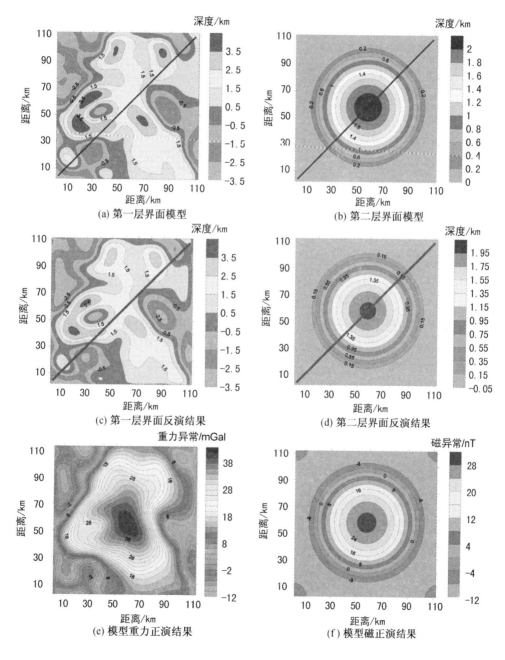

(a) 第一层界面模型　　　　　　　　　(b) 第二层界面模型

(c) 第一层界面反演结果　　　　　　　(d) 第二层界面反演结果

(e) 模型重力正演结果　　　　　　　　(f) 模型磁正演结果

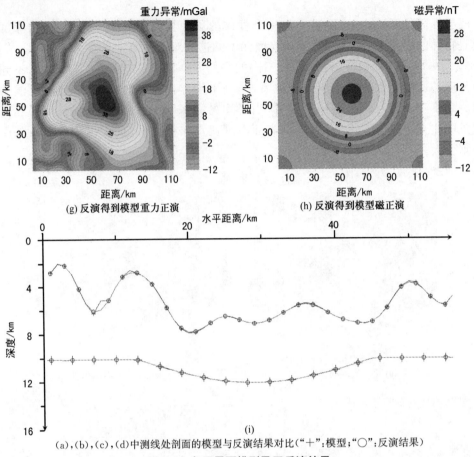

(g) 反演得到模型重力正演　　　　　　(h) 反演得到模型磁正演

(i)

（a），（b），（c），（d)中测线处剖面的模型与反演结果对比（"+":模型；"○":反演结果）

图 3.8　各层界面模型及正反演结果

为了试验算法的稳定性，在正演得到的重力数据上加了 5% 的随机误差；在磁力数据上加了 2.5% 的随机误差，其他参数均按上述试验再进行反演。图 3.10a，b 是加了随机误差后得到的反演结果：第一层界面反演深度范围为（−3.34，3.55)(km）；第二层界面深度范围为（0.083，2.099)(km）。从反演结果的图上来看，界面起伏形态与没有添加随机误差的反演结果基本一致，反映第一层界面埋深的等值线局部地段出现抖动，但在可接受的范围之内，说明该算法具有较好的稳定性。

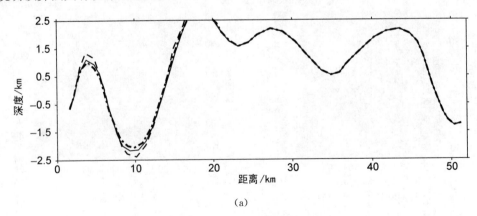

(a)

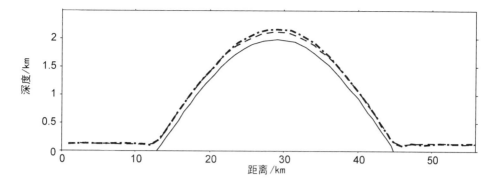

图 3.9 两层界面在不同平均界面深度下反演结果对比

(实线表示模型,虚线表示 $z_1=4.75$,$z_2=9.75$;点划线表示 $z_1=5$,$z_2=10$;z_1 和 z_2 分别表示上层界面(a)和下层界面(b)的平均界面深度)

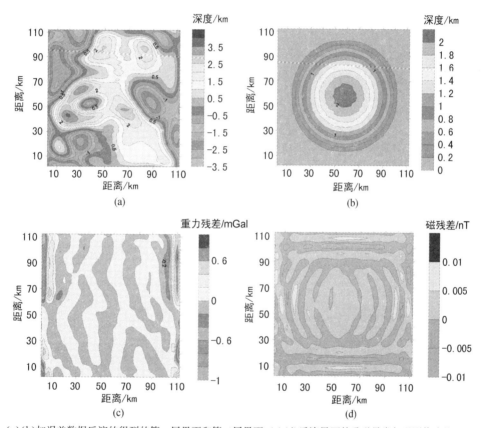

(a)(b)加误差数据反演的得到的第一层界面和第二层界面;(c)(d)反演界面的重磁异常与观测值残差

图 3.10 加误差数据的重磁联合反演

3. 实际数据处理

利用本算法对南海东北部某区(横向与纵向分别为 120 km,网格为 1 km×1 km)的重磁异常资料(图 3.11a,b)进行了实际的反演处理。在重力异常图上,大致可分为三个区块:西北角条带状的低值区,中部的许多高低值圈闭相间的呈北东向的异常带以及东南角较大的低值圈闭;在磁异常图上也大体呈现同样的分布,西北角的两个较大的高值圈闭组成的条带,向东南方向逐渐过渡到低值的小块的异常,而东南角又出现高值圈闭。

83

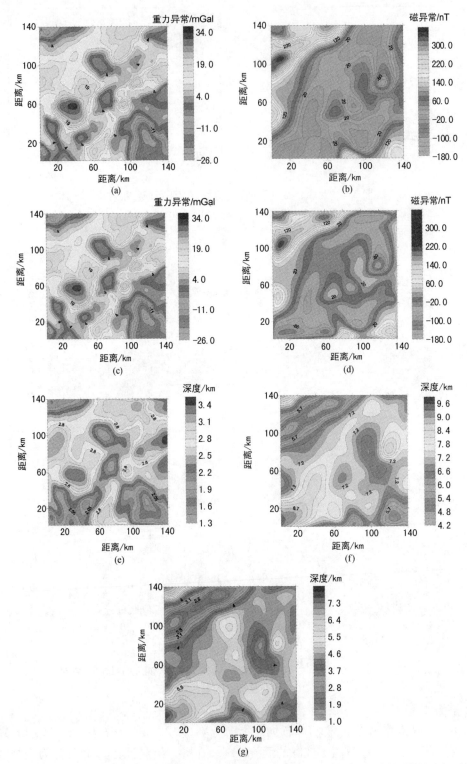

(a)(b)分别为中国南海东北部某块区域实测重力与化极后的磁异常等值线图单位;(c)反演得到模型重力正演结果;
(d)反演得到模型磁正演结果;(e)新生界与中生界界面;(f)中生界与基底分界面;(g)中生界厚度图

图3.11 中国南海东北部某块区域重磁数据联合反演

　　结合前人资料,该区存在两个密度界面:分别为新生界与中生界的分界面,其平均界面深度为 2 km,以及中生界与盆地基底分界面,平均界面深度为 6.5 km,新生界平均密度值为 $\rho_1 = 2.35 \times 10^3$ kg/m^3,中生界平均密度为 $\rho_2 = 2.55 \times 10^3$ kg/m^3,基底密度为 $\rho_0 = 2.67 \times 10^3$ kg/m^3;新生界岩石磁性较弱,磁异常主要由磁性基底和部分发育在盖层的侵入岩引起,磁性基底的平均磁化强度为 0.8 A/m。将各个参数带入反演计算,得到如图 3.11e,f 所示的两个界面深度。

　　将反演结果与异常值进行比较,新生界与中生界分界面的形态特征更多的表现出与重力场的相似,尤其是短波长部分。深部界面的形态特征与磁异常的平面分布有一定的相似之处,但不完全一致,有些局部的变化在磁场上特征不明显,但可以在重力场找到相似之处。说明两种场共同起影响。

　　通过两个界面深度相减(下部界面深度减去上部界面深度),可得到该区块中生界的厚度(图 3.11g),中生界厚度较大程度上受到了基底的影响,西北部较薄,向东南方逐渐加厚,厚度在 2～7.5 km 之间变化。

3.2　重、磁同源地质体(2.5 维)的联合反演

3.2.1　模型建立

　　模型建立的重点在于能把实测资料、先验信息、解释者的经验及思维有机地结合起来,对引起重、磁异常的场源体几何特征进行推断解释,得到地下地质目标体的空间模型。

　　研究中采用 VC++ 编制了适于用户交互式操作的断面切取控件,编制了 2.5 维重、磁正、反演的核心模块,采用 Visual Studio 2010 中 VB. net 界面编程方式编制完成了交互式重磁异常反演软件 IGMI V1.0 版。它基于 Visual Studio 2010 开发平台,采用多语言混合编程开发,既保证用户界面友好,又保证程序计算的精度与速度;可对剖面重磁异常进行可视化建模实时正反演,为重磁异常的快速解释提供方便的手段;本程序建模为水平有限长棱柱体,截面可为任意形状,可通过不同形态的任意组合尽可能逼近复杂形态地质体。解释人员可根据实际观测的重磁异常场的形态,在计算机屏幕上直观地建立模型,并动态地修改模型,程序能同时显示出模型的重磁场与实测异常数据拟合程度。

　　具有如下功能:

　　(1) 网格数据的快速导入与显示;网格数据为 ASCII 码格式的"*.grd"文件。

　　(2) 断面数据智能获取;在重磁联合反演时,可同步获取同一位置的重力、磁力异常断面数据。

　　(3) 重力异常数据反演。

　　(4) 磁力异常数据反演。

　　(5) 重磁异常联合反演。

　　在模型构建中,功能以鼠标右键菜单来实现。利用鼠标及右键菜单,可绘制地质体模型;同时通过弹出式窗口,给创建的每一个模型块赋重磁属性值。同时,系统同步完成已绘制模型的重磁正演异常数据,并实时显示在右上区域。

　　在模型构建区域内点击鼠标右键,弹出模型绘制功能菜单,如图 3.12。

模型构建区域设定：用户在构建地质体模型之前，可以先对模型构建区域设置相应的参数。点击"模型构建区域设定"菜单，弹出图3.13所示的对话框，用户输入相应的参数，包括测线长度、深度、测线起点坐标、计算剖面高度，测线磁倾角、测线磁偏角及测线方位角；其中测点数及点距用户不可更改，是由程序自动从用户切取的断面上计算得到。按"确定"即完成模型构建区域大小及地质背景参数设置。

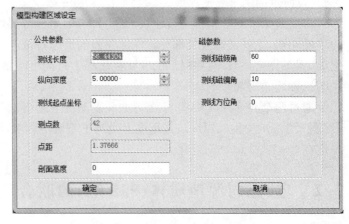

图3.12　模型绘制功能菜单　　　　**图3.13　模型构建区域设定界面**

画模型：模型构建区域设定完成后，点击"画模型"，此时光标变为十字形，随着鼠标在绘图区中移动，实时显示鼠标点在模型构建区域的位置，同时，通过点击鼠标左键，即可画出多边形的一个顶点，移动鼠标，便可定出另一个多边顶点，双击鼠标左键可结束当前多边形块体的绘制；依此操作，可绘制出任意顶点数的多边形（图3.14）。

图3.14　绘制出任意顶点数的多边形

移动顶点：可移动已绘制的模型端点坐标。

用户可以点击"移动顶点"菜单项，此时，当用户将鼠标靠近多边形的任意一个顶点时，该顶点将被选中（以色彩方框突出显示），按住鼠标左键并移动即可将该点移动至其他任意位置，图3.15为某个顶点移动前后的情况。

移动模型：可移动已绘制模型至另外一个位置。

点击"移动模型"，此时，当用户将鼠标移动到某个多边形内时，按下鼠标左键，该多边形将被选中（所有顶点均为灰色方框突出显示），保持鼠标按下状态并移动，便可将该模型移至

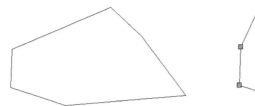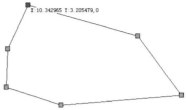

图 3.15 顶点移动前后对比图

其他位置,程序同步更新模型正演数据并实时显示。

微调顶点:对已绘制的模型的各个顶点位置进行小幅度的调整,点击"顶点微调",再将鼠标靠近需调整位置端点的附近,该顶点将以红色方框突出显示;点击左键,则弹出图3.16,用户可以在弹出的对话框中输入准确的端点坐标,点击确认后,系统同步更新顶点位置,并同步更新模型正演数据并实时显示。

图 3.16 坐标设定

插入顶点:可在两个顶点之间插入一个新的顶点。

点击"插入顶点",再将鼠标移动至需要插入顶点的某个边,该边将被选中(以红色显示,如图 3.17 所示)。在用户指定的位置处按下鼠标左键,即在该边上增加了一个新的顶点(图3.17),程序同步更新模型正演数据并实时显示。

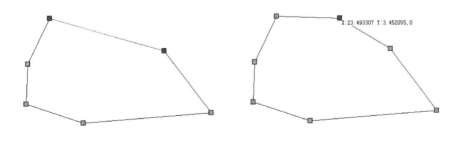

图 3.17 插入顶点

画共边模型:在某些情况下,用户需要以某个多边形的一边形为起始边绘制另外一个模型,应点击"画共边模型",此时,当用户将鼠标移动至已绘模型的某一条边时,该边以红色显示,点击鼠标左键以选中它,然后移动鼠标至其他点,依照画模型的规则绘制出另一个模型,如图 3.18 所示。程序同步更新模型正演数据并实时显示。

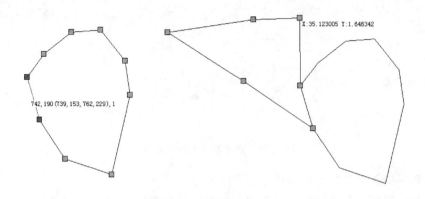

图 3.18　绘制共边模型

删除模型：当某个已绘制的模型不需要或不合适时，可以直接删除。点击"删除模型"，此时，当用户将鼠标移至某个多边形内部，该多边形将被选中（每个顶点将以灰色方框突出显示），点击鼠标左键，弹出删除确认对话框（图 3.19），点击"确认"即将该模型删除，程序同步更新模型正演数据并实时显示。

图 3.19　删除模型

删除顶点：用户还可仅删除某个多边上的某一个端点，点击"删除顶点"菜单项，将鼠标靠近端点后，该顶点将以红色方框突出显示，点击左键即弹出删除确认对话框，按确认即可删除当前端点，系统同时更新多边形，并同步更新所有的重磁数据，并将正演数据绘制在右侧上部区域中。

模型导出：用户可以保存已绘制的模型数据，点击"导出模型"项，则弹出 Windows 标准文件保存对话框，用户输入文件名，按"保存"按钮即可。

模型属性：用户可以在任何时候给新建的模型赋予相应的属性或更改已构建模型的属性。

在新建模型时，双击鼠标左键结束当前多边形块体的绘制后，程序弹出该多边形的重磁属性赋值对话框，如图 3.20。若是重力反演，则仅有公共参数及重力属性项（密度差）激活，用户可输入相应的数据；若是磁力模型，则仅有公共参数及地磁参数项（磁化强度、地磁磁倾角及磁偏角）激活，用户可输入相应的数据。

3.2.2　重、磁异常正演计算

如图 3.21 所示，二度半体模型的横截面是多边形，其走向沿 y 轴，横截面在 xOz 平面内，y_1 和 y_2 分别是地质体沿走向的两端坐标，地质体总长度为 L，设定过 x 轴和 z 轴的地质体的顶点的坐标为（x_i，z_i），$i = 1, 2, \cdots, N$，则二度半地质体在地上空间任意一点（x, y, z）处产生的重力异常可以表达为

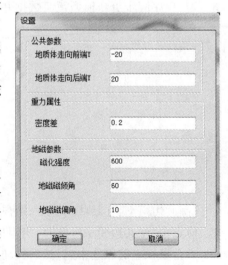

图 3.20　模型属性设置

$$\Delta g_0(x, y, z) = G \cdot \sigma \cdot \sum_{i=1}^{N} \cos \varphi_i [F_1(y_2 - y, i) + F_1(y_1 - y, i)] \qquad (3\text{-}13)$$

二度半地质体在地上空间任意一点(x, y, z)处产生的磁异常可以表达为

$$\Delta T_0(x, y, z) = x\cos A\cos I + y\sin A\cos I + z\sin I \qquad (3\text{-}14)$$

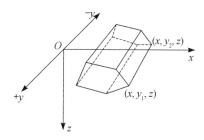

图 3.21　二度半地质体及其坐标关系图

其中，

$$
\begin{aligned}
x = -J \cdot \sum_{i=1}^{N} & \sin \varphi_i \{\cos A_1 \cos I [F_2(y_2 - y, i) - F_2(-y_1 + y, i)]\} + \\
& \sin I_1 [F_3(y_2 - y, i) - F_3(-y_1 + y, i)] + \\
& \sin A_1 \cos I_1 [F_4(y_2 - y, i) - F_4(-y_1 + y, i)]\}
\end{aligned}
\qquad (3\text{-}15)
$$

$$
\begin{aligned}
z = -J \cdot \sum_{i=1}^{N} & (-\cos \varphi_i)\{\cos A_1 \cos I_1 [F_2(y_2 - y, i) - F_2(-y_1 + y, i)]\} + \\
& \sin I_1 [F_3(y_2 - y, i) - F_3(-y_1 + y, i)] + \\
& \sin A_1 \cos I_1 [F_4(y_2 - y, i) - F_4(-y_1 + y, i)]\}
\end{aligned}
$$

$$(3\text{-}16)$$

$$
\begin{aligned}
y = -J \cdot \sum_{i=1}^{N} & \{[\cos A_1 \cos I_1 \sin \varphi_i - \sin I_1 \cos \varphi_i][F_4(y_2 - y, i) - F_4(-y_1 + y, i)]\} - \\
& \sin A_1 \cos I_1 \sin \varphi_i [F_3(y_2 - y, i) - F_3(-y_1 + y, i)] + \\
& \sin A_1 \cos I_1 \cos \varphi_i [F_3(y_2 - y, i) - F_3(-y_1 + y, i)]\}
\end{aligned}
$$

$$(3\text{-}17)$$

其中，

$$
\begin{aligned}
F_1(y, i) = y \cdot \ln \frac{u_{i+1} + R_{i+1}}{u_i + R_i} - w_i \cdot \left(\arctan \frac{u_{i+1} \cdot y}{w_i R_{i+1}} - \arctan \frac{u_i \cdot y}{w_i R_i} \right) + \\
u_{i+1} \cdot \ln \frac{y + R_{i+1}}{r_{i+1}} - u_i \cdot \ln \frac{y + R_i}{r_i}
\end{aligned}
\qquad (3\text{-}18)
$$

$$F_2(y, i) = \cos \varphi_i \ln \frac{r_i(y + R_{i+1})}{r_{i+1}(y + R_i)} - \sin \varphi_i \left(\arctan \frac{u_{i+1} \cdot y}{w_i R_{i+1}} - \arctan \frac{u_i \cdot y}{w_i R_i} \right) \qquad (3\text{-}19)$$

$$F_3(y, i) = -\sin \varphi_i \ln \frac{r_i(y + R_{i+1})}{r_{i+1}(y + R_i)} + \cos \varphi_i \left(\arctan \frac{u_{i+1} \cdot y}{w_i R_{i+1}} - \arctan \frac{u_i \cdot y}{w_i R_i} \right) \qquad (3\text{-}20)$$

$$F_4(y, i) = \ln \frac{(u_i + R_i)(u_{i+1} + r_{i+1})}{(u_{i+1} + R_{i+1})(u_i + r_i)} \tag{3-21}$$

上面两式中，G 为万有引力常量；σ 为剩余密度；J 为磁化强度；A 和 I 分别为测线磁方位角和磁倾角（相对于地磁场方向），A_1 和 I_1 分别为测线相对于磁化强度的方位角和倾角；y_1，y_2 为物体走向方向上两个端面的 y 坐标。过 x，z 轴的物体截面的顶点坐标 (x_i, z_i)，则 i = 1，2，3，4，(u_i, w_i) 为坐标轴以 y 为中心，旋转 φ_i 之后顶点 (x_i, z_i) 之坐标，φ_i 为 x 轴正方向与第 i 条边的正方向的夹角。由此可知：

$$\begin{pmatrix} u_i \\ w_i \end{pmatrix} = \begin{bmatrix} \cos\varphi_i & \sin\varphi_i \\ -\sin\varphi_i & \cos\varphi_i \end{bmatrix} \begin{pmatrix} x_i \\ z_i \end{pmatrix}$$

$$\tan\varphi_i = \frac{z_{i+1} - z_i}{x_{i+1} - x_i}$$

当 $x_{i+1} - x_i = 0$，且 $z_{i+1} - z_i > 0$ 时，$\varphi_i = \dfrac{\pi}{2}$，

当 $x_{i+1} - x_i = 0$，且 $z_{i+1} - z_i < 0$ 时，$\varphi_i = \dfrac{3\pi}{2}$。

另，式中，

$$r_i^2 = u_i^2 + w_i^2, r_{i+1}^2 = u_{i+1}^2 + w_{i+1}^2$$
$$R_i^2 = u_i^2 + w_i^2 + y^2, R_{i+1}^2 = u_{i+1}^2 + w_{i+1}^2 + y^2$$

如果有 N 个二度半多边形水平棱柱体，则这些柱体在测点 (x, y, z) 处产生的重力异常和磁异常分别为

$$\Delta g(x, y, z) = \sum_{j=1}^{N} \Delta g_0(x, y, z) \tag{3-22}$$

$$\Delta T(x, y, z) = \sum_{j=1}^{N} \Delta T_0(x, y, z) \tag{3-23}$$

3.2.3 共轭梯度正则化反演方法

地球物理正问题可以用公式表达为

$$d_i = A_i(m) + \delta d_i, \, i = 1, 2, \cdots, M \tag{3-24}$$

式中，d_i 表示观测数据向量；m 表示地下模型参数；A_i 表示由 m 到 d_i 的正演算子，此算子将由物理规律自然决定；δd_i 表示对于每一个观测值 d_i 其内部所含有的观测误差。由观测值 d_i 反向推导出 m 的过程即为反演，其解的过程可表达为

$$m_j = A_i^-(d_i - \delta d_i), \, j = 1, 2, \cdots, N \tag{3-25}$$

式中，A_i^- 表示 A_i 的广义逆算子。从上式可以看出，正确的求解参数 m_j 的过程应该是从观测数据中去掉观测误差，但是实际反演过程中很难做到这一点。

地球物理反演问题一般是非线性问题。模型试验时的模型参数 m_j 与观测数据 d_i 可表示为如下的非线性方程组：

$$d_i = \boldsymbol{A}_i(m_1, m_2, \cdots, m_N) \tag{3-26}$$

其中，$i = 1, 2, \cdots, M; j = 1, 2, \cdots, N$，用向量表示即为

$$\boldsymbol{m} = (m_1, m_2, \cdots, m_N)^{\mathrm{T}}, \quad \boldsymbol{d} = (d_1, d_2, \cdots, d_M)^{\mathrm{T}}$$

由先验信息或前人的研究成果可以给出某个初始模型，记为

$$\boldsymbol{m}_0 = (m_{10}, m_{20}, \cdots, m_{N0})^{\mathrm{T}}$$

为使用共轭梯度法，需先将上述非线性方程进行一阶泰勒展开，也即

$$d_i = \boldsymbol{A}_i(\boldsymbol{m}_0) + \sum_{j=i}^{N} \left[\frac{\partial \boldsymbol{A}_i}{\partial m_j}\right]_{m_{j0}} (m_j - m_{j0}) \tag{3-27}$$

将 $A_i(m_0)$ 移到等号左边，可得

$$d_i - \boldsymbol{A}_i(\boldsymbol{m}_0) = \sum_{j=i}^{N} \left[\frac{\partial \boldsymbol{A}_i}{\partial m_j}\right]_{m_{j0}} (m_j - m_{j0}) \tag{3-28}$$

写成矩阵形式为

$$\Delta \boldsymbol{d} = \boldsymbol{F} \Delta \boldsymbol{m} \tag{3-29}$$

其中，$\Delta \boldsymbol{d} = d_i - \boldsymbol{A}_i(\boldsymbol{m}_0)$ 称为数据残差，即观测数据与当前模型参数正演结果的差；$\Delta \boldsymbol{m} = (m_j - m_{j0})$ 称为模型修改量；$\boldsymbol{F}$ 称为 Jacobian 矩阵，也即偏导数矩阵，即：

$$\boldsymbol{F} = \begin{pmatrix} \dfrac{\partial A_1}{\partial m_1} & \dfrac{\partial A_1}{\partial m_2} & \cdots & \dfrac{\partial A_1}{\partial m_N} \\ \dfrac{\partial A_2}{\partial m_1} & \dfrac{\partial A_2}{\partial m_2} & \cdots & \dfrac{\partial A_2}{\partial m_N} \\ \vdots & \vdots & & \vdots \\ \dfrac{\partial A_M}{\partial m_1} & \dfrac{\partial A_M}{\partial m_2} & \cdots & \dfrac{\partial A_M}{\partial m_N} \end{pmatrix} \tag{3-30}$$

如果直接解方程(3-29)，有时候会因为方程的条件数很大而呈现很强的病态性，这样微小的数据误差就会造成很大的反演结果的误差，显然这对于得到稳定的解是不利的。为此，Tikhonov 提出正则化理论以克服方程的病态，Zhdanov 应用 Tikhnov 的正则化理论发展出一整套的正则化反演方法。具体做法是先建立带正则化项的目标函数：

$$P^{\alpha\beta}(\boldsymbol{m}) = \varphi(\boldsymbol{m}) + \alpha s_1(\boldsymbol{m}) + \beta s_2(\boldsymbol{m}) \tag{3-31}$$

式中，$\varphi(m)$ 为数据拟合泛函，$s_1(m)$ 和 $s_2(m)$ 分别为两种模型稳定泛函，在本书中，稳定泛函包括模型与先验信息二范数最小或直接使用最小模型约束，另一项稳定泛函包括最光滑或最平缓模型约束。具体形式为

$$P^{\alpha\beta}(m) = \|\boldsymbol{W}_d(\boldsymbol{A}(\boldsymbol{m}) - \boldsymbol{d})\|^2 + \alpha \|\boldsymbol{W}_{m1}(\boldsymbol{m} - \boldsymbol{m}_{\mathrm{apr}})\|^2 + \beta \|\boldsymbol{W}_{m2}\boldsymbol{R}\boldsymbol{m}\|^2 \tag{3-32}$$

式中，$\boldsymbol{W}_d$、$\boldsymbol{W}_{m1}$ 和 $\boldsymbol{W}_{m2}$ 分别为数据加权矩阵和模型加权矩阵；$\boldsymbol{R}$ 为最光滑或最平缓模型约束矩阵。当物性与界面同时反演时，可以使用加权矩阵 $\boldsymbol{W}_{m2}$ 来决定物性或者界面满足一定的约束条件，这需要根据实际情况来决定。

当 R 为最光滑模型约束矩阵时，其形式为：

$$R = \begin{bmatrix} -1 & 1 & & & \\ & -1 & 1 & & 0 \\ & & & \ddots & \\ & 0 & & -1 & 1 \\ & & & & -1 & 1 \end{bmatrix} \tag{3-33}$$

当 R 为最平缓模型约束矩阵时，其形式

$$R = \begin{bmatrix} -1 & 2 & -1 & & & & 0 \\ & -1 & 2 & -1 & & & \\ & & & \ddots & & & \\ & 0 & & & -1 & 2 & -1 \\ & & & & & -1 & 2 & -1 \end{bmatrix} \tag{3-34}$$

Zhdanov(2002)提出的正则化目标函数一般具有两项，参照 Zhdanov 常规正则化目标函数的优化迭代格式，推导了式(3-31)含有三项泛函的目标函数的迭代格式。

首先对目标函数关于反演参数求偏导数：

$$\delta P^{\alpha\beta}(m,\,d) = 2\,(W_d\,F_m\delta m)^{\mathrm{T}}(W_d A(m) - W_d d) + 2\alpha\,(W_{\mathrm{m1}}\delta m)^{\mathrm{T}}(W_{\mathrm{m1}}\,m - W_{\mathrm{m1}}\,m_{\mathrm{apr}}) + 2\beta\,(W_{\mathrm{m2}}R\delta m)^{\mathrm{T}}(W_{\mathrm{m2}}Rm)$$

上式中的 F_m 即为式(3-31)，这也是将非线性问题线性化的关键之一。因为 W_d,W_{m1} 和 W_{m2} 为对角阵，而 R 为非对角阵，所以：

$$\delta P^{\alpha\beta}(m,\,d) = 2\,(\delta m)^{\mathrm{T}}\,F_m^{\mathrm{T}}\,W_d^2(A(m) - d) + 2\alpha\,(\delta m)^{\mathrm{T}}\,W_{\mathrm{m1}}^2(m - m_{\mathrm{apr}}) + 2\beta\,(\delta m)^{\mathrm{T}}\,R^{\mathrm{T}}\,W_{\mathrm{m2}}^2 Rm \tag{3-35}$$

根据共轭梯度法的一般原理，设下式为模型修改量：

$$\delta m = -\,\tilde{k}^{\alpha\beta}\,\tilde{I}^{\alpha\beta}(m) \tag{3-36}$$

此处的 $\tilde{k}^{\alpha\beta}$ 是一个正实数，称为迭代步长；$\tilde{I}^{\alpha\beta}(m)$ 是一个列向量，称为目标函数下降共轭方向。共轭方向由下式决定：

$$\tilde{I}^{\alpha\beta}(m_n) = I^{\alpha\beta}(m_n) + \varepsilon_n^{\alpha\beta}\,\tilde{I}^{\alpha\beta}(m_{n-1}) \tag{3-37}$$

式中，$\tilde{I}^{\alpha\beta}(m_n)$ 为本次迭代共轭方向；$I^{\alpha\beta}(m_n)$ 为本次梯度方向；$\tilde{I}^{\alpha\beta}(m_{n-1})$ 为上次迭代共轭方向；$\varepsilon_n^{\alpha\beta}$ 为共轭方向决定因子，其大小为本次梯度方向二范数与上次梯度方向二范数之比：

$$\varepsilon_n^{\alpha\beta} = \frac{\|\,I^{\alpha\beta}(m_n)\,\|^2}{\|\,I^{\alpha\beta}(m_{n-1})\,\|^2} \tag{3-38}$$

第一次迭代计算时的共轭方向为第一次梯度方向。而当前梯度方向由式(3-34)决定，

即为：

$$\boldsymbol{I}^{\alpha\beta}(m_n) = \boldsymbol{F}_{m_n}^{\mathrm{T}} \boldsymbol{W}_d^2 (\boldsymbol{A}(m_n) - \boldsymbol{d}) + \alpha \boldsymbol{W}_{m1}^2 (m_n - m_{apr}) + \beta \boldsymbol{R}^{\mathrm{T}} \boldsymbol{W}_{m2}^2 \boldsymbol{R} m_n \qquad (3\text{-}39)$$

由式(3-37)、式(3-38)和式(3-39)，可以计算出当前迭代的共轭方向。要通过式(3-36)计算出本次迭代的模型参数修改量 δm，还需要先计算出迭代步长 $\tilde{k}^{\alpha\beta}$，步长的大小由式(3-40)决定：

$$\boldsymbol{P}^{\alpha\beta}(m_{n+1}) = \boldsymbol{P}^{\alpha\beta}(m_n - \tilde{k}^{\alpha\beta}\,\tilde{I}^{\alpha\beta}(m_n)) = \phi^{\alpha\beta}(\tilde{k}^{\alpha\beta}) \qquad (3\text{-}40)$$

对式(3-40)求极小，可以得到步长的取值，即：

$$\tilde{k}^{\alpha\beta} = \frac{(\tilde{I}^{\alpha\beta}, \ I^{\alpha\beta})}{(\tilde{I}^{\alpha\beta}, \ (\boldsymbol{F}_m^{\mathrm{T}} \boldsymbol{F}_m + \alpha \boldsymbol{W}_{m1}^2 + \beta \boldsymbol{R}^{\mathrm{T}} \boldsymbol{W}_{m2}^2 \boldsymbol{R}) \ \tilde{I}^{\alpha\beta})} \qquad (3\text{-}41)$$

综合以上推导过程，得到了带三项二次泛函目标函数的迭代步骤：

$$\begin{aligned}
&\text{Step1：} r_n = \boldsymbol{A}(\boldsymbol{m}) - \boldsymbol{d} \\
&\text{Step2：} I_n^{\alpha\beta} = \boldsymbol{F}_{m_n}^{\mathrm{T}} \boldsymbol{W}_d^2 r_n + \alpha \boldsymbol{W}_{m1}^2 (m_n - m_{apr}) + \beta \boldsymbol{R}^{\mathrm{T}} \boldsymbol{W}_{m2}^2 \boldsymbol{R} m_n \\
&\text{Step3：} \varepsilon_n^{\alpha\beta} = \frac{\|I_n^{\alpha\beta}\|^2}{\|I_{n-1}^{\alpha\beta}\|^2}, \ \tilde{I}_n^{\alpha\beta} = I_n^{\alpha\beta} + \varepsilon_n^{\alpha\beta}\,\tilde{I}_n^{\alpha\beta}, \tilde{I}_0^{\alpha\beta} = I_0^{\alpha\beta} \\
&\text{Step4：} \tilde{k}_n^{\alpha\beta} = \frac{(\tilde{I}_n^{\alpha\beta}, \ I_n^{\alpha\beta})}{(\tilde{I}_n^{\alpha\beta}, \ (\boldsymbol{F}_{m_n}^{\mathrm{T}} \boldsymbol{F}_{m_n} + \alpha \boldsymbol{W}_{m1}^2 + \beta \boldsymbol{R}^{\mathrm{T}} \boldsymbol{W}_{m2}^2 \boldsymbol{R}) \ \tilde{I}_n^{\alpha\beta})} \\
&\text{Step5：} m_{n+1} = m_n - \tilde{k}_n^{\alpha\beta}\,\tilde{I}_n^{\alpha\beta}
\end{aligned} \qquad (3\text{-}42)$$

有了上面推导的共轭梯度算法公式，也就有了反演的工具，这将在下面的反演过程中用到，如果目标函数有特别的改动，共轭梯度迭代公式也将发生相应的变化。

在重、磁同源地质体的联合反演中，对地下进行网格剖分，地面观测点放在网格单元中间，每个网格单元依据以上公式进行单位物性的正演，形成线性方程组的系数矩阵，采用带聚焦的共轭梯度正则化反演。图3.22和图3.23是带深度聚焦和不带深度聚焦的反演结果，带了深度聚焦的效果十分明显。图3.24是带深度聚焦2个异常体的反演结果。

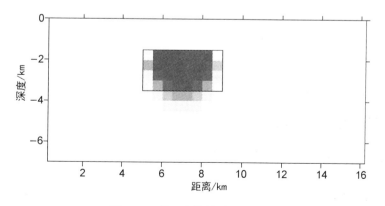

图 3.22　带深度聚焦的反演结果

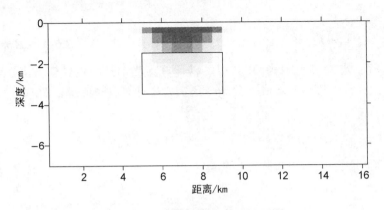

图 3.23　不带深度聚焦的反演结果

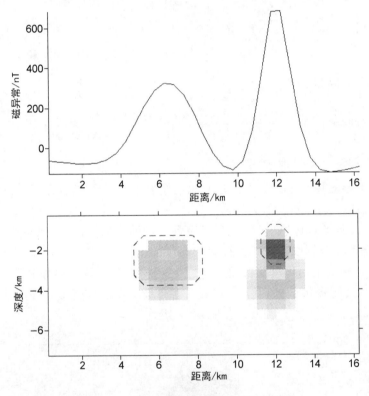

图 3.24　带深度聚焦的组合模型反演结果

3.2.4　重、磁异常的交互反演

　　针对引起孤立重、磁异常的地质体反演,本书的思路是将其作为分散的块体进行正、反演,然后将引起孤立重、磁异常的地质体的分布范围作为重、震联合反演的约束。

　　随着计算机技术的发展,重、磁解释人机交互正反演方法技术已经达到了实时可视化的水平。可视化是指地质模型在计算机屏幕上始终以图形图像出现,并可以对其进行直接修改和反演操作,其形态和物性变化也是图形化的、实时的。模型的变化和引起的异常变化几乎是同时的,以至于肉眼难以分辨出滞后时间。利用这种方法技术,就可以了解到计算过程中发生的现象,并可以直观地改变参数,观察其影响,有针对性地采取措施,提高反演的效果和效率。

以引起孤立磁异常的地质体反演为例,使用截面为多边形的二度半体组合模型磁异常正演计算式。结合正演,人机交互修改模型。达到一定阶段后,进一步采用最优化方法进行多边形角点坐标的反演。主要原理如下:

设 $\Delta \boldsymbol{Z}_0$ 是实测磁异常,$\Delta \boldsymbol{Z}_c$ 为由所有模型产生的对应观测点上的计算值。则衡量两者拟合程度的目标函数为

$$F(\boldsymbol{m}) = \frac{1}{M} \| \Delta \boldsymbol{Z}_{0i} - \Delta \boldsymbol{Z}_{ci} \|^2 \qquad (i \text{ 为测点序列号}, M \text{ 为测点数}) \qquad (3\text{-}43)$$

设磁异常正演公式为 $\Delta \boldsymbol{Z} = \boldsymbol{A}(\boldsymbol{m})$,则上式可改写为

$$F(\boldsymbol{m}) = \frac{1}{M} \| \Delta \boldsymbol{Z}_{0i} - \boldsymbol{A}(\boldsymbol{m}) \|^2 \qquad (i \text{ 为测点序列号}, M \text{ 为测点数}) \qquad (3\text{-}44)$$

式中,向量 $\boldsymbol{m}$ 既可以表示物性磁化强度,也可以表示角点坐标。设 $\boldsymbol{m}$ 中包含 N 个反演参数。最优化方法中,使 $\boldsymbol{F} = \min$ 的第 k 个模型参数满足:

$$\frac{\partial \boldsymbol{F}}{\partial m_k} = 0 \quad (k = 1, 2, \cdots, N) \qquad (3\text{-}45)$$

如果反演参数为磁化强度,则能直接得到线性方程组,如果反演参数为 2.5 维地质体的角点坐标,则对偏导数进行一阶泰勒展开,化为线性方程组,其矩阵形式为

$$\boldsymbol{AX} = \boldsymbol{B} \qquad (3\text{-}46)$$

其中:

$$\boldsymbol{A} = \begin{pmatrix} \dfrac{\partial F_1}{\partial m_1} & \dfrac{\partial F_1}{\partial m_2} & \cdots & \dfrac{\partial F_1}{\partial m_N} \\ \dfrac{\partial F_2}{\partial m_1} & \dfrac{\partial F_2}{\partial m_2} & \cdots & \dfrac{\partial F_2}{\partial m_N} \\ \vdots & \vdots & & \vdots \\ \dfrac{\partial F_M}{\partial m_1} & \dfrac{\partial F_M}{\partial m_2} & \cdots & \dfrac{\partial F_M}{\partial m_N} \end{pmatrix}$$

$$\boldsymbol{X} = \begin{pmatrix} m_1 \\ m_2 \\ \vdots \\ m_N \end{pmatrix}, \quad \boldsymbol{B} = \begin{pmatrix} \Delta(\Delta Z_{01} - \Delta Z_{c1}) \\ \Delta(\Delta Z_{02} - \Delta Z_{c2}) \\ \vdots \\ \Delta(\Delta Z_{0M} - \Delta Z_{cM}) \end{pmatrix}$$

多数情况下,方程组具有病态性。所以采用加正则化的奇异值分解方法求解,以得到稳定的解。

为了方便直观地在计算机屏幕上进行直接建模,可视化地修改模型的几何参数、物性参数并进行异常计算与作图,必须提供较好的后台支持技术。主要包括:利用鼠标直观建模;快速捕捉多边形模型;对模型增减角点;模型的剖分细化;模型多种方式移动与角点移动等。

　　具体实现中,首先使用二度半体磁异常正演公式得到理论观测值,真实模型与理论观测值见图 3.25 中的实线和图 3.26 中的实线。磁化强度为 2 A/m,磁化方向为垂直磁化。真实模型角点为 14 个。通过人机交互反演,得到具 8 个角点的初始模型(见图 3.25 中的虚线)。反演中主要让角点纵坐标变化,横坐标给较强约束。通过计算机自动反演,得到反演模型为图 3.25 中的长短虚线图。初始模型正演值以及反演模型的正演值见图 3.26 中的短虚线和长短虚线。

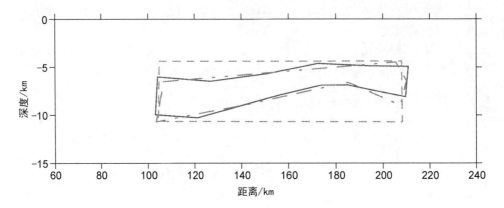

图 3.25　人机交互反演磁性异常块体结果图
(实线为真实模型,短虚线为初始模型,长短虚线为反演结果)

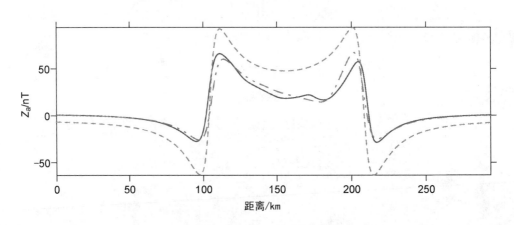

图 3.26　人机交互反演磁异常图
(实线为真实模型正演值,短虚线为初始模型正演值,长短虚线为反演结果正演值)

3.3　二维重、磁、震联合反演

3.3.1　地震走时正、反演

1. 目标界面的射线追踪正演

　　地震波场正演方法主要有两大类,即波动方程法和几何射线法。这里从重、磁、震联合反演的需要出发,选取射线追踪方法(高尔根,1998)来实现。在二维层状介质情况下,以透射波为例对其原理简要叙述如下。

设 v_1，v_2，$\cdots$，v_{n+1} 为二维层状介质各层
的速度（图 3.27），$f_1(x)$，$f_2(x)$，$\cdots$，$f_n(x)$
为界面函数，并且假设每个界面函数至少是分
段的光滑连续函数。当层界面以离散点形式给
出时，采用三次样条函数进行插值，从而保证界
面良好的光滑连续性。

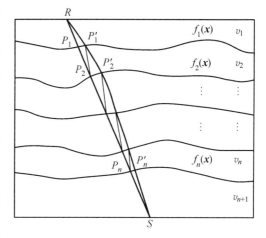

首先给出连接 S 和 R 之间的初始射线路径
$RP_1P_2\cdots P_nS$。由于地震波在整条路径上满足
同一个射线参数，因此射线路径上任意连续三
点也将满足同一个参数，而三点间的射线形式
满足 Snell 定律。按照 Snell 定律，导出一个求
取中间点一阶近似公式。当前后两点位于界面
两边时，中间点为透射点，所求路径为透射路

图 3.27　二维层状介质示意图（高尔根，2002）

径；当前后两点位于界面的同一边时，中间点为反射点，所求路径为反射路径。基于此，可以
从任一端点（源点或接收点）出发，连续地选取三点，通过一阶近似公式进行逐段迭代求取中
间点，再利用新求出的点代替原来的点，然后以一点的跨越作为步长，顺序地逐段迭代下去，
直到另一端点。这样，新计算出的中间点和两个端点就构成了一次迭代射线路径。如图
3.27 中 $RP'_1P'_2\cdots P'_nS$ 所示，如果整条射线路径上校正量的某种范数之和满足一定的精度
要求，则认为射线追踪过程结束。否则从追踪出的射线路径开始，继续重复上述过程，直到
满足精度要求为止。最后一次追踪到的中间点和两个端点，就构成了整条射线路径。

以透射波路径为例，对于反射波来说其推导过程是相似的。首先假设界面函数为 $z = f(x)$，如图 3.28 所示，$P_1(x_1，z_1)$ 和 $P_3(x_3，z_3)$ 为介质两边的端点，$P_2(x_2，f(x_2))$ 点为
界面上的初始点，$P'_2(x，f(x)) = P'_2(x_2 + \Delta x，f(x_2 + \Delta x))$ 为中间点，Δx 为校正量。

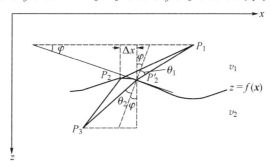

图 3.28　中间点一阶近似示意图（高尔根，2002）

令：$a = x_2 - x_1$，$b = x_3 - x_2$，$c = f(x_2) - z_1$，$d = z_3 - f(x_2)$，$l_{01} = \sqrt{a^2 + c^2}$，
$l_{02} = \sqrt{b^2 + d^2}$，$p = \dfrac{a + cf'(x_2)}{l_{01}}$，$q = \dfrac{b + df'(x_2)}{l_{02}}$。据几何关系以及 Snell 定律可推得

$$透射波：\Delta x = \frac{(v_1 q - v_2 p)l_{01}l_{02}}{(v_1 l_{01} + v_2 l_{02})[1 + f'^2(x_2)] - pq(v_1 l_{02} + v_2 l_{01})} \tag{3-47}$$

$$反射波：\Delta x = \frac{(q-p)l_{01}l_{02}}{(l_{01}+l_{02})(1+f'^{2}(x_2)-pq)} \tag{3-48}$$

利用式(3-47)或式(3-48)求出 Δx 后，用 $x_2 + \Delta x$ 代替 x_2，继续计算 Δx，直到 Δx 在一定的误差范围内为止。这时认为中间点为 $(x_2+\Delta x, f(x_2+\Delta x))$。

式(3-47)和式(3-48)所代表的一阶近似公式适合于计算任意界面情况下的中间点。对于介质特殊分布时，式(3-47)和式(3-48)可以进一步简化：

(1) 当介质为水平层状时，$f'(x) = 0$。假设分界面为 $z = z_2$，此时式(3-47)和式(3-48)可简化为

$$透射波：\Delta x = \frac{(v_1 l_{01} b - v_2 l_{02} a)l_{01}l_{02}}{(v_1 l_{01} + v_2 l_{02})l_{01}l_{02} - ab(v_1 l_{02} + v_2 l_{01})}$$

$$反射波：\Delta x = \frac{(l_{01} b - l_{02} a)l_{01}l_{02}}{(l_{01}+l_{02})(l_{01}l_{02}-ab)}$$

式中，$l_{01} = \sqrt{(x_2-x_1)^2+(z_2-z_1)^2}$，$l_{02} = \sqrt{(x_3-x_2)^2+(z_3-z_2)^2}$，其他同上。

(2) 当介质分界面为倾斜层时，$f'(x) = U$，U 为常数。假设初始射线过 (x_2, z_2) 点，此时式(3-47)和式(3-48)可简化为

$$透射波：\Delta x = \frac{(v_1 l_{01} q - v_2 l_{02} p)l_{01}l_{02}}{(v_1 l_{01} + v_2 l_{02})l_{01}l_{02}(1+U^2) - pq(v_1 l_{02} + v_2 l_{01})}$$

$$反射波：\Delta x = \frac{(l_{01} q - l_{02} p)l_{01}l_{02}}{(l_{01}+l_{02})\left[l_{01}l_{02}(1+U^2)-pq\right]}$$

式中，$p = a + cU$，$q = b + dU$，l_{01}，l_{02} 同上。此时，在每次迭代计算中不需重新计算一次导数，从而可以节省迭代时间，提高射线追踪速度。

当地下介质在形成的时候一般是水平层状分布，所以可以按照层状来构造地层模型。这种建模方法要求每个界面都从建模区域的左边界贯穿到建模区域的右边界，并且 x 参数沿界面从左到右永远是递增的。可是当用这种建模方法对复杂结构的介质进行射线追踪，特别是当遇到逆断层时，会遇到种种困难，所以要建立一种新的介质模型，即块状介质模型（徐果明，2001；图3.29）。在块状介质模型中，地质体不再被看成是由一层一层的地层组

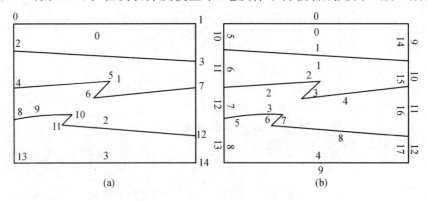

(a)模型的"面元"和点的序列号。(b)模型的"边"和段的序列号边的序列号在线段的上方或右方；段的序列号在线段的下方或左方（徐果明，2001）

图 3.29　块体介质模型示意图

成,而是由一个一个地质块体组成。每个地质块有自己的形状、大小、波的传播速度等,并与其他地质块相邻。在二维情况下,将"块"称为"面元",它的边界可以是直线,也可以是曲线。在编程实现中,每个面元被赋予一个唯一的序列号,而模型所有面元的边以及边两端的点,也都被赋予一个唯一的序列号。

依据这一建模方法,用C语言进行程序设计来实现块状介质模型的描述和实现迭代射线追踪。在对模型进行预处理时,在"面元"、"边"、"点"类的对象间建立了关联。以下是"点"、"边"以及"面元"的结构设计代码:

```
typedef struct{
    float x;
    float y;
    int liNO;
    int flag; // 1 —— reflection point; 0 —— transmission point;
}point;
typedef struct{
    int liNO;       // line NO. ;
    int pn;         // number of points;
    point sp;       // start point;
    point ep;       // end point;
    float * px;     // coordinate X of each points;
    float * py;     // coordinate Y of each points;
    float * diff; // derivative or slope of each line;
}line;
typedef struct{
    int ln;   // number of lines;
    int * line; // lines NO. ;
    float v; // velocity;
}block;
```

在编制的块状建模程序中,对于建模有着以下规则:

① 组成模型的线必须沿 x 轴增大的方向(垂直边界除外);

② 任何一条贯穿模型上下界面的直线与组成模型的界面最多只有一个交点(虽然限制了块状建模下射线追踪适用范围,但足够适用于论文地质模型);

③ 除了左右边界外,中间组成模型的边不包含垂直的线;

④ 如在块状中再包含块状体,加上虚拟线,使之不孤立。

在射线追踪中仍然使用上述的逐段迭代法。但是对于块状介质建模,在迭代过程中会遇到增加和减少射线的点的情况,这在程序中已经加以考虑。

为了验证程序的正确性,设计一个单层模型,如图3.30所示。上层速度为2 500 m/s,模型横向网格和纵向网格间距均为10 m。分别利用编制的射线追踪以及现成的波动方程程序(董良国,2000)进行正演,选取其中的一炮来进行对比。观测系统为中间放炮两边接收,道间距为10 m。结果如图3.31所示,左边为射线追踪结果,a图为波动方程正演结果(切除了直达波）。可以看到，a 图对于界面的反射的走时与 b 图完全一致，为一标准的双曲线。编制的射线追踪程序的正确性在简单模型上得以验证。从时间上来比较，对这一模型的正演，射线追踪的时间消耗几乎可以忽略，而波动方程正演一炮的时间为 1 分多钟，明显体现出射线追踪在联合反演中的优越性。

考虑双层界面模型，上层界面起伏，下层为一倾斜面，地表至第一层界面速度为 1 500 m/s，两层界面之间速度为 3 000 m/s，如图 3.32 所示，模型横向及纵向网格间距仍为 10 m。在图中"▽"位置放炮，左边放炮右边接收，仍进行射线追踪以及波动方程正演结果的比较，如图 3.33 所示。

射线追踪正演的走时与波动方程的走时完全一致。界面的反射波正演中，波动方程的正演图中有严重的绕射波（图 3.33b）。射线追踪中，反射走时的不光滑（图 3.33a）是由于构造模型界面时

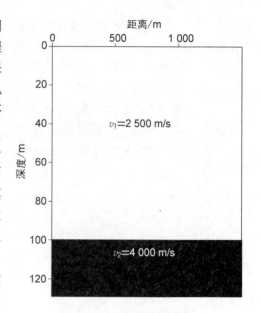

图 3.30　单层介质速度模型

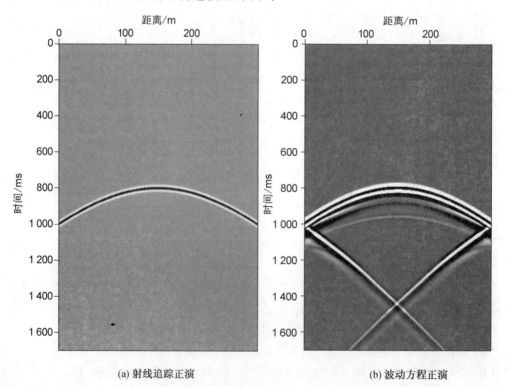

(a) 射线追踪正演　　　　　　　　　　(b) 波动方程正演

图 3.31　在图 3.30 模型上某一炮正演结果对比

用分段函数表示的缘故。对比结果表明编制的射线追踪程序在非水平多层界面正演中也是正确的。同时在图 3.32 所示模型上进行自激自收的正演，正演结果如图 3.34 所示。由于上层界面的影响，下层倾斜界面的走时也出现了弯曲。

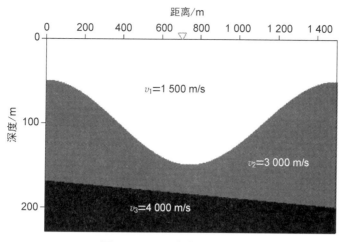

图 3.32　双层速度界面模型

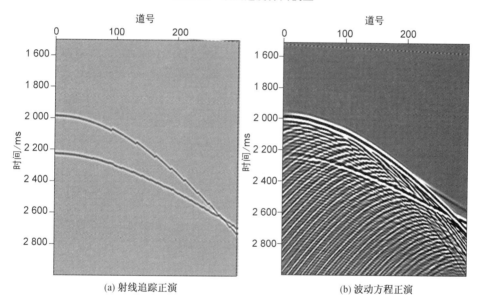

(a) 射线追踪正演　　　　　　　　(b) 波动方程正演

图 3.33　在图 3.32 所示模型"▽"处炮道集正演结果比较

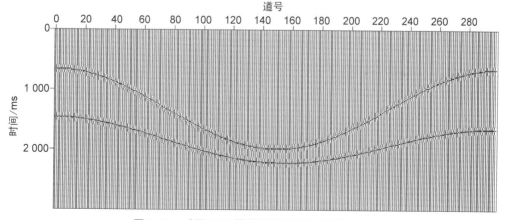

图 3.34　对图 3.32 模型进行自激自收正演结果

根据海区的实际地质结构设计一模型如图 3.35 所示,横向 100 km,纵向 10 km。上层存在 1 km 厚的水层,速度为 1 500 m/s;K_z 与 M_z 速度分别为 3 000 m/s 和 5 000 m/s,两层界面之间存在一层侵入的高速薄体,为 6 500 m/s;基底速度为 6 000 m/s,岩体速度为 6 500 m/s。进行自激自收的射线追踪正演,结果如图 3.36 所示。正演时的地震子波为 60 Hz 的瑞雷小波,可以看到,对于侵入体的反射与界面的反射叠加在了一起,同相轴变胖,但是不能将两者区分开。

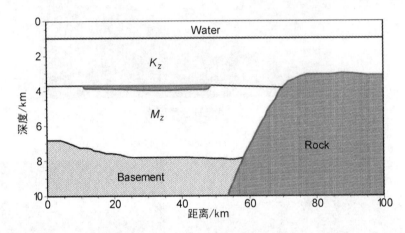

图 3.35　块体建模模拟海区地质模型

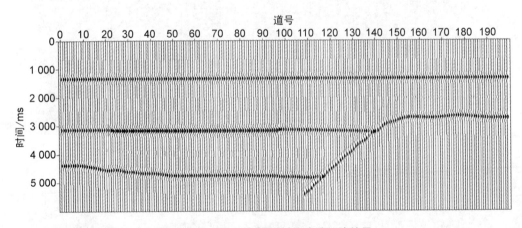

图 3.36　对图 3.35 模型射线追踪正演结果

2. 地震走时反演

由射线追踪可知,若自第 l 个界面上子区段 $[x_{l,i}, x_{l,i+1}]$ 内的点 $(x_{p,l}, z_{p,l})$ 处的反射线与其上个界面的交点被追踪而得并依次为 $(x_{p,l-1}, z_{p,l-1})$,…,$(x_{p,2}, z_{p,2})$,$(x_{p,1}, z_{p,1})$,则法向反射旅行时为

$$t = 2 \cdot \sum_{j=1}^{l} \frac{d_{j,j-1}}{v_j} \tag{3-49}$$

式中,$d_{j,j-1} = [(x_{R,j-1} - x_R)^2 + (z_{R,j-1} - z_{R,j})^2]^{1/2}$,$j-1 = 0$ 指地面。

针对逐层反演,设层速度是不变的,由式(3-49)得出 t 对 l 层的速度 v_l 的偏导数为

$$\frac{\partial t}{\partial v_l} = -2 \cdot \frac{d_{l, l-1}}{v_l^2} \qquad (3-50)$$

在求取旅行时 t 对界面上有关节点深度的偏导数时做了简化,假设节点 $[x_{l, i}, z_{l, i}]$ 与 $[x_{l, i+1}, z_{l, i+1}]$ 之间的反射界面段为直线段。这时只需求式(3-49)中 t 对 $z_{l, i}$ 及 $z_{l, i+1}$ 的偏导数,可得出

$$\left.\begin{array}{l} \dfrac{\partial t}{\partial z_{l, i}} = \dfrac{\partial t}{\partial z_{R, l}} \cdot \dfrac{\partial z_{R, l}}{\partial z_{l, i}} = P \cdot Q \\[3mm] \dfrac{\partial t}{\partial z_{l, i+1}} = (1-P) \cdot Q \end{array}\right\} \qquad (3-51)$$

式中,$P = 1 - \dfrac{x_{R, i} - x_{l, i}}{x_{l, i+1} - x_{l, i}}$;$Q = 2 \cdot \dfrac{z_{R, l} - z_{R, l-1}}{v_1 \cdot d_{l, l-1}}$。

为了求得在地面规则分布的模型旅行时记录,还要采用插值处理。类似的,对由式(3-50)及式(3-51)求出的偏导数进行线性插值计算,再求解线性方程组。

设计一个两层界面模型来验证算法的正确性。模型如图 3.37 所示,横向 15 km,纵向 2.3 km,观测面与第一层界面之间速度为 1 500 m/s,两层界面间速度为 3 000 m/s。假设上层界面已知,根据地震走时来反演第二层界面。设置初始界面为一平面,为 1.8 km(图 3.37 中虚线表示),利用上述算法,仅经过 3 次迭代,就得到图中黑点所示的反演结果,反演精度非常高,均方误差小于 0.000 1。

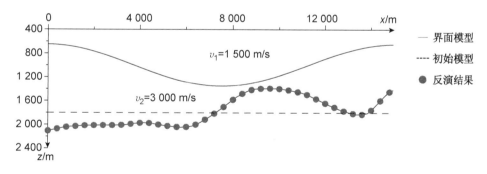

图 3.37 地震模型及走时反演结果

3.3.2 联合反演

1. 地震剖面上基底不清晰时的联合反演

当地震资料所反映的基底完全模糊、不能反映基底结构时,这时只能依靠重磁资料来确定。

选取东海某区块为例来说明这一情况。图 3.38 是东海某地区一张典型的地震剖面,在 T_5^0 以上,地震反射清晰,可追踪 T_2^0、T_3^0 及 T_4^0,而 T_5^0 以下,地震反射杂乱无章,无法划分出有效反射同相轴。这种情况在全区块普遍存在。

图 3.38 东海某区一条典型地震剖面

此时所采取的策略是：在地震剖面上可以清晰划分出的新生界界面，包括上新统与中新统之间的 T_2^0（三潭组与柳浪组）、渐新统与始新统之间的 T_3^0（花港组与平湖组）、始新统与古新统之间的 T_4^0（欧江组与明月峰组）以及新生界的底面 T_5^0。拾取旅行时，根据已经确定的速度进行地震走时反演（海底至 T_2^0 的速度为 $2.0 \sim 2.5$ km/s，T_2^0—T_3^0 之间速度为 $2.5 \sim 3.3$ km/s，T_3^0—T_4^0 之间速度为 $3.07 \sim 4.0$ km/s，T_4^0—T_5^0 的速度为 $4.0 \sim 5.0$ km/s），得到新生界各时代的地层深度。然后根据得到的新生界深度值进行正演计算，从实测重力异常中补偿上新生界各构造界面上下地层密度差异所产生的重力异常，从而实现对重力数据进行分场（海底—T_2^0 之间密度为 2.07×10^3 kg/m³，T_2^0—T_3^0 之间密度为 2.27×10^3 kg/m³，T_3^0—T_4^0 之间密度为 2.37×10^3 kg/m³，T_4^0—T_5^0 之间密度为 2.47×10^3 kg/m³），消除新生界的影响。根据高德章（2005）对该区域的重、磁异常特征的分析，对分场得到的重力数据及磁力数据进行小波分解，分别提取重力三阶细节加四阶细节（作为中生界、古生界底和变质基底之间密度界面产生的重力异常，图 3.39a）和化极后的磁异常 $\Delta Z_\perp$ 三阶逼近场（作为磁性基底界面异常，该异常去除了磁性块体的影响，图 3.39b）。

根据区域地质情况与岩石物性，确定双层界面模型进行重、磁联合反演：第一层界面为中生界与古生界的分界面，密度差取为 0.05×10^3 kg/m³，第二层为磁性变质岩层顶面（古生界与变质基底分界面），磁化强度为 1.5 A/m，同时该界面也为一密度界面，密度差为 0.03×10^3 kg/m³。经过 30 次迭代，得到如图 3.39 所示结果，从上而下依次为重力异常、磁异常、反演得到地层界面深度（包括反演参数）、地质解释图、新生界 T_2^0，T_3^0，T_4^0，T_5^0 以及中生界底面的地震正演以及实际地震剖面。在剖面 70 km 处，联合反演揭示的中生界底界埋深为 4.1 km，中生界厚度为 2.3 km 左右。在这里垂直剖面往北 4 km 左右有一口钻井，完钻井深 4 501.92 m，揭示新生界视厚 1 753 m，中生界已钻遇视厚 2 650.92 m，可说明联合反演揭示的中生界底界埋深与实际情况较吻合。

在重、磁异常图上，红色虚线为反演得到界面的正演值，可以看出红色虚线与分解得到的重力异常三阶和四阶细节，以及磁力化极异常三阶细节较为吻合。剖面的结果为重、磁平面反演时场的分离提供依据。

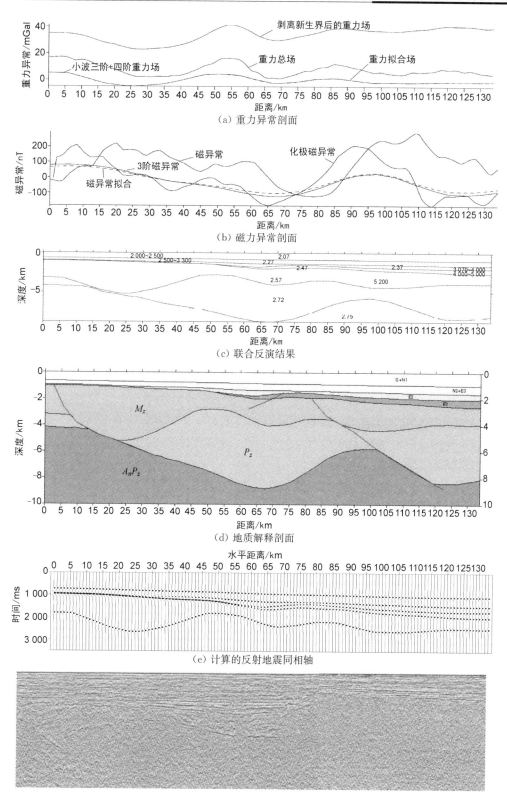

（a）重力异常剖面

（b）磁力异常剖面

（c）联合反演结果

（d）地质解释剖面

（e）计算的反射地震同相轴

（f）464 线实际反射地震剖面

图 3.39　464 测线剖面重、磁、地震综合反演

2. 地震剖面上基底较清晰时的联合反演

当地震剖面上基底的反射同相轴隐约可见、局部地区可以划出反射同相轴时,要发挥地震资料作用:或可在局部对深度进行约束,或可与重、磁资料进行联合反演来确定基底。

当重、磁同源时,用 Parker 公式表示重、磁异常:

$$\begin{cases} \widetilde{g} = -2\pi G\rho e^{-sh} \sum_{n=1}^{\infty} \frac{(-s)^{n-1}}{n!} F[x^n] \\ \widetilde{Z}_a = 2\pi J e^{-sh} \sum_{n=1}^{\infty} \frac{(-s)^n}{n!} F[x^n] \end{cases} \tag{3-52}$$

各参数意义与式(3-1)一致。

将式(3-52)线性化,得到

$$\binom{G}{M} x = \binom{g}{m} \tag{3-53}$$

因为 G 和 M 是线性算子,所以可以写出如下方程:

$$\binom{G}{M} \Delta x = \binom{\Delta g}{\Delta m} \tag{3-54}$$

式中,Δx 是界面起伏的修正量,Δg 和 Δm 分别是重力异常和磁异常观测值与计算值的差。

同时,利用地震射线追踪来对界面正演,可以得到射线的旅行时。同样可认为是线性算子,可写出如下方程:

$$S\Delta x = \Delta t \tag{3-55}$$

S 是界面每个节点的偏导数矩阵,Δt 是零偏移距剖面上拾取的地震走时与计算值的差。

联合方程(3-54)和(3-55),得到如下的方程组:

$$\begin{bmatrix} G \\ M \\ S \end{bmatrix} \Delta x = \begin{bmatrix} \Delta g \\ \Delta m \\ \Delta t \end{bmatrix} \tag{3-56}$$

方程(3-56)将重磁震三种方法都统一起来进行反演。因为三种数据集具有不同的单位及量纲,所以必须进行归一化。

在模型试验上,该方法取得很好的效果,可得到非常高的反演精度。然而,实际的地球物理数据迭加着不同的干扰,将三种不同的数据联合在一个方程中进行求解,不论是通过奇异值分解(SVD)对左边大型矩阵进行分解或者采用 LSQR(将矩阵分解成一个正规正交矩阵 Q 与上三角形矩阵 R 来求解的算法)来进行求解,解的结果通常都是发散的。于是改变联合反演策略,进行如下尝试:首先,对重、磁数据进行联合反演,而地震数据单独反演,得到两组不同的模型修正量 $\Delta x_{G,M}$ 和 Δx_S;接着,给两组修正量不同的权系数进行加权,$\Delta x = \omega_{G,M}\Delta x_{G,M} + \omega_S \Delta x_S$;最后,利用新的修正量开始一次新的迭代。重复上述过程,直到结果达到允许的误差。加权系数 $\omega_{G,M}$ 和 ω_S 的选择,不仅由一定主观的因素决定,比如模型参数的改变对于模型反映的灵敏度等,还由客观的因素决定,比如观察值的量级、数据的精度、数据量等。当地震剖面上同相反射轴较清晰时,可以给地震较大的权重,同时联合反演的结果也可以来验证三种方法是否由同一源引起;当同相轴模糊时,可认为重、磁数据是可靠的,给予它们更大的权重。

图 3.40a 显示了一个层状界面模型,它有上下两个界面(黑色实线):上层界面的速度是 3 km/s,两层界面之间速度为 5 km/s;在两层界面之间不存在密度差,第二个分界面的平均界面深度为 4 km,密度差为 1 g/cm³,感应磁化强度为 1 A/m。图 3.40b 分别表示了由模型引起的重、磁异常。对三种数据进行联合反演,得到如图 3.40c 的结果。在反演过程中,我们给了地震数据 50% 的权重,即是地震对结果产生了更大的贡献。经过分析发现,当地震剖面反射同相轴清晰时,重、磁数据的参加反而会使得方程的条件数降低,不利于解的精度的提高,也就是说直接利用地震进行反演就能得很好的效果。然而当地震剖面存在模糊区时,重、磁资料就会发挥很好的效果,联合反演能在模糊区给出界面的清晰的反应。

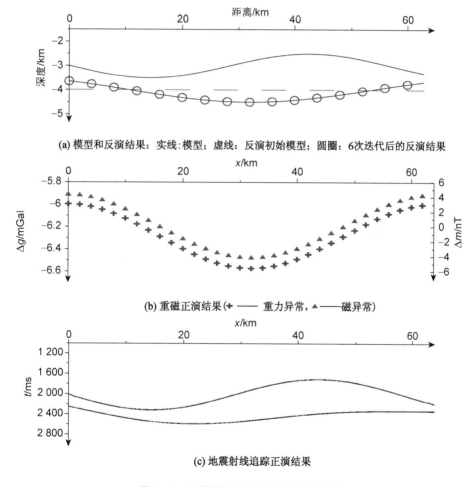

(a) 模型和反演结果:实线:模型;虚线:反演初始模型;圆圈:6次迭代后的反演结果

(b) 重磁正演结果(+ —— 重力异常, ▲ —— 磁异常)

(c) 地震射线追踪正演结果

图 3.40 层状模型的重磁地震联合反演

选取南海白云凹陷的一条测线 A 来进行重、磁、震同步联合反演(地震剖面如图 3.41c

所示)。该区地震资料在某些区块存在对中生界底界面的反映(可以用来作为反演时的约束),然而大部分地区还是模糊的,所以我们希望重、磁资料能发挥相应的作用,能应用三种地球物理数据进行综合地球物理解释。根据邻近区域钻井的岩石资料的统计特征,认为这里主要存在着两个密度界面:新生界底面以及中生界底面,同时中生界底也是磁性基底。然而,新生界的速度并不均匀,其间还存在一个较明显的波阻抗界面。图 3.41b 显示了该测线的自由空间重力异常以及化极后的磁异常,它们具有较好的相关性,符合联合反演的前提。图 3.41a 中的虚线是重、磁震联合反演的结果。根据联合反演结果,我们在地震剖面上画出了基底的地震反射走时曲线(图 3.41c 中虚线所示)。

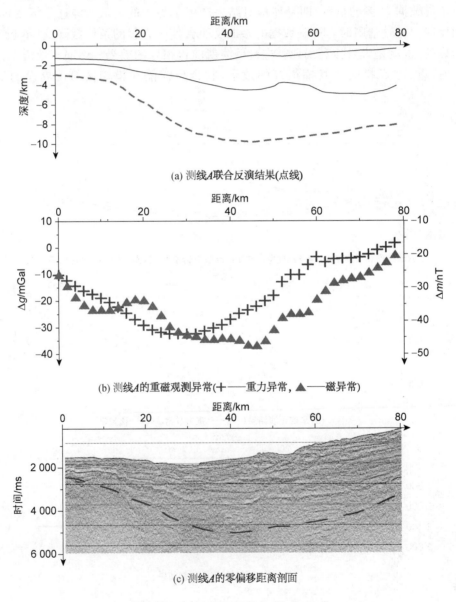

(a) 测线A联合反演结果(点线)

(b) 测线A的重磁观测异常(＋——重力异常,▲——磁异常)

(c) 测线A的零偏移距离剖面

图 3.41　中国南海白云凹陷测线 A 的重磁震同步联合反演

上面两个小节分别针对两种不同的地震剖面的情况采取不同的策略来联合反演得到基底的深度。这表明：地球物理联合反演不是简单地将各种不同的数据堆砌在一起进行计算，而是要加以研究，在不同地区、不同情况下确定不同的方法，这样才能发挥联合反演的优势，从而充分利用各种地球物理数据，对地质情况进行综合地球物理解释。

3.4　物性为纽带的重、磁、震(OBS 测量成果)联合反演

OBS(Ocean Bottom Seismometer)是放在海底接收天然或人工激发地震波的震动信号记录仪器(图 3.42)。其突出的优势是能接收到常规海上反射地震不能接收到的横波信息；可以进行较长时间的记录，结合海面移动的大功率震源，能记录到深部和具有较大偏移距的地震信号。在深部探测中可以用来研究盆地基底和其下的波阻抗界面，揭示海洋地壳和地幔的速度结构，或作为流动地震台站进行天然地震的记录，开展地震层析成像研究等。

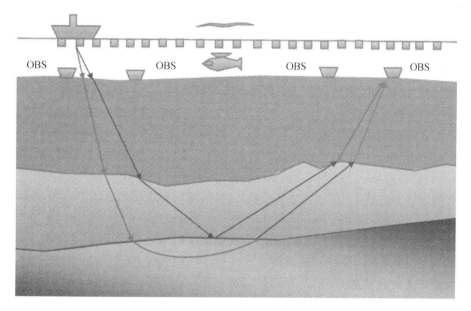

图 3.42　OBS 工作原理示意图

当结合海面移动的大功率震源来进行深部探测时，OBS 观测数据会出现如信噪比不高、震相难以拾取、同相轴连续性差等的缺陷。在很多情况下其地震射线穿过的地下空间有限，不能对地下结构进行全面地刻画。相比而言，重力探测方法横向分辨率较好，但是纵向分层能力较差，如果各层有一些离散点的约束，则重力方法对界面的反演效果将会变好。因此，如果能将 OBS 数据与重力异常结合起来进行联合反演，则能实现优势互补，有利于得到更为准确的地壳结构模型。以此为目的，针对界面-速度-密度三种参数进行的 OBS 数据与重力异常同步和顺序联合反演。反演中，既注意到速度与密度的经验关系，又考虑到联合反演要能适应物性变化的地质情况，故没有将这种经验关系作为固定关系带入反演中，而仅仅是作为目标函数中的一项约束而存在。另外，考虑到地下岩层中可能存在着火成岩等磁性

地质体,可先使用人机联作方法对磁异常数据进行反演,将反演得到的磁性体分布融合到地下物性建模中,以得到更加合理的速度-密度模型。针对 OBS 数据与重力数据解决大尺度地质问题的现实和物性横向会有变化,这里的建模方式是层块状模型,各层节点之间的界面由 B 样条函数给出,这种建模方式适应了物性横向变化的情况,且有利于地震射线追踪的实现。求解中,在目标函数中加入了最光滑或最平缓模型约束,以期得到稳定的解。

3.4.1 正演的方法和模型选择

重力正演采用水平二度半体多边形横截面组合模型。

地震正演采用二维射线追踪方法,地下介质速度层块分布,各层内部速度也可以有变化。射线追踪一般可以分为试射法、弯曲法和波前法。试射法的基本依据是斯奈尔定律,方法是先有一系列的地震入射角依次入射,选择那些使检波点在两射线出射点之间的入射角,然后选择一定的收敛方式(如二分法、黄金分割法等)使入射点逐渐逼近检波点,当达到一定的精度要求,即可停止试射,而取最后两次试射角度的平均值作为入射角度。由于存在大量试射,所以计算时间较长。弯曲法的基本依据是费马原理,方法是指预先假定一条射线路径,这条路径的首尾两端分别是炮点和检波点,然后根据多元函数的极值原理对多参数求偏导数,最终形成一个大型的方程组,求解这个方程组对初始射线路径进行调整,多次实施这样的过程直到相邻两次的参数结果相差在给定的精度之内。由于涉及求解目标函数的极小值,故初始射线路径的选择可能会影响到最终的射线路径,也就是说可能陷入局部极小值。波前法的基本原理是惠更斯原理,方法是将地下介质先进行网格剖分,炮点和接收点均位于网格节点上,由炮点出发的射线经由各节点到达网格节点序列——也就是说射线必须经过网格节点,从而形成最小走时路径。此方法必须进行精细的网格剖分才能得到较高精度的结果,但是一旦得到某一个接收点的走时,就相当于得到了多个接收点的走时。

综合考虑各方法技术的特点,这里采用试射法,其主要思想基本上是将模型网格化,然后解程函方程,最终得到射线在各网格内的轨迹。其中 Langan 法可先设网格块内的速度线性变化,然后对程函方程积分两次,从而得到介质中射线路径的坐标、方向以及走时对射线弧长的表达式,当射线穿过网格边界或者速度界面时,利用斯奈尔定律进行反射或者透射。因为使用了代数表达式,所以计算速度较快。如果相邻网格之间速度变化很小,也即网格内速度梯度很小,那么就不需要 Langan 法的表达式,可以认为每一个块体内的射线为直线,仅仅考虑速度线性变化所造成的走时影响。

假设地层的纵横波速度分别用 v_{p1}, v_{s1}, v_{p2}, v_{s2}, $\cdots$, v_{pi}, v_{si} 表示,地层中纵横波的反射角与透射角用 θ_{pi} 和 θ_{si} 表示,则斯奈尔定律可表示为如下的形式:

$$\frac{\sin\theta_{p1}}{v_{p1}} = \frac{\sin\theta_{s1}}{v_{s1}} = \frac{\sin\theta_{p2}}{v_{p2}} = \frac{\sin\theta_{s2}}{v_{s2}} = \cdots = \frac{\sin\theta_{pi}}{V_{pi}} = \frac{\sin\theta_{si}}{V_{si}} = P$$

P 即为射线参数。

依据费马原理,从波在各种介质中传播将遵循走时最短这个原则出发,建立目标函数,求偏导数解方程也就是射线追踪的过程。

界面描述采用二阶 B 样条函数。B 样条函数具有插值的灵活性以及不需要解大型方程组求插值系数的优势。通常,给定 $m+n+1$ 个顶点 $p_i(i=0, 1, \cdots, m+n)$,可以定义

$m+1$ 段 n 次参数曲线为

$$p_{i,n}(t) = \sum_{k=0}^{n} p_{i+k} F_{k,n}(t) \quad (0 \leqslant t \leqslant 1) \tag{3-57}$$

式中，$F_{k,n}(t)$ 为 B 样条分段混合函数，形式为

$$F_{k,n}(t) = \frac{1}{n!} \sum_{j=0}^{n-k} (-1)^j C_{n+1}^j (t+n-k-j)^n \quad (0 \leqslant t \leqslant 1, k=0,1,2,\cdots,n) \tag{3-58}$$

实际应用中以二阶和三阶 B 样条曲线为多，既能基本满足光滑函数的要求，计算量又相对较小。

对于二阶 B 样条曲线来说，$n=2$，$k=0,1,2$；其某一段插值函数具体表达式为

$$p(t) = \sum_{k=0}^{2} B_k F_{k,2}(t) = (t^2 \quad t \quad 1) \frac{1}{2} \begin{pmatrix} 1 & -2 & 1 \\ -2 & 2 & 0 \\ 1 & 1 & 0 \end{pmatrix} \begin{pmatrix} B_0 \\ B_1 \\ B_2 \end{pmatrix} (0 \leqslant t \leqslant 1) \tag{3-59}$$

对于三阶 B 样条曲线来说，$n=3$，$k=0,1,2,3$；其某一段插值函数具体表达式为

$$\begin{aligned} p(t) &= \sum_{k=0}^{3} B_k F_{k,3}(t) \\ &= (t^3 \quad t^2 \quad t \quad 1) \frac{1}{6} \begin{pmatrix} -1 & 3 & -3 & 1 \\ 3 & -6 & 3 & 0 \\ -3 & 0 & 3 & 0 \\ 1 & 4 & 1 & 0 \end{pmatrix} \begin{pmatrix} B_0 \\ B_1 \\ B_2 \\ B_3 \end{pmatrix} (0 \leqslant t \leqslant 1) \end{aligned} \tag{3-60}$$

式中，B_i 表示型值点坐标。在进行重力资料的反演时，可根据实际地质情况选择合适的阶数。结合 B 样条函数描述界面的重力异常反演的过程是：由先验信息判断地下各层各段的起伏剧烈程度，以此来决定所需反演的型值点的横坐标位置及型值点的个数，也即反演参数的个数。以初始型值点进行 B 样条插值，得到精细的地质剖分，然后在此基础上进行重力异常正演。由正演计算结果与观测重力异常求差，即可得相应的重力异常残差。图 3.43 是一个五层的地质模型，图中实线和虚线分别代表分段线段和分段 B 样条曲线的对比，从图中可以看出，实线和虚线十分接近，而且虚线更加圆滑，这样的曲线将适合于射线追踪的实现。

为描述地下模型各层的横向物性变化，在各层内部又进行了分块，块体的大小和横向间隔可以根据研究目标具体划定，图 3.44 即为一个横向划分为 30 个块体的块状模型。从图中可以看出，浅部块体的宽度和高度比例相对协调，而深部的块体纵横比则相对较大。在实际反演过程中可根据需要增加一些层，对增加的层可反演其物性变化，但界面形态保持不变。图 3.45 和图 3.46 分别是密度和速度横向变化模型。

当各块体物性横向上变化缓慢，也可设定为相邻两个块体的速度是线性过渡的，这更有利于射线追踪法的顺利进行，也适用于地壳结构这一尺度的研究。这里绘图时仍将每块体内的物性当成是单一值，如图 3.45 和图 3.46 所示。

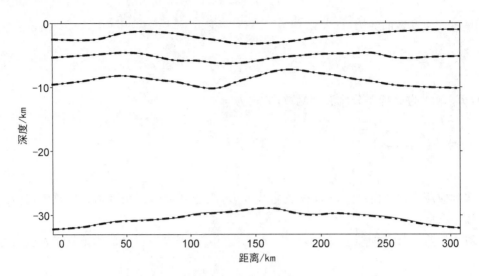

图 3.43　五层模型的 B 样条曲线与分段直线段对比示意图

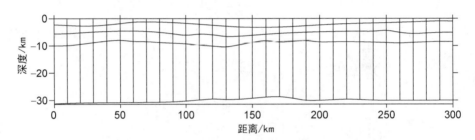

图 3.44　横向剖分方法示意图

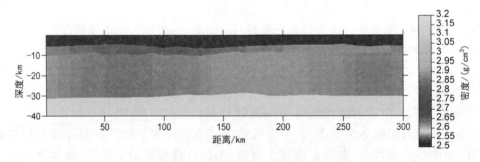

图 3.45　密度横向变化模型示意图

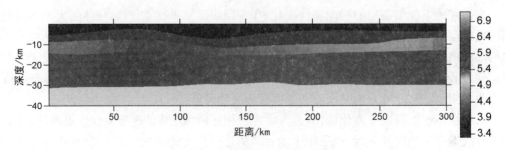

图 3.46　速度横向变化模型示意图

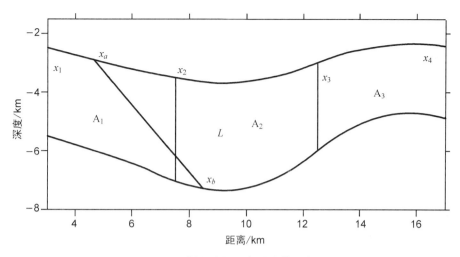

图 3.47　射线路径及走时计算示意图

图 3.47 是射线路径及走时计算示意图，x_1，x_2，x_3，x_4 分别是各块体的边界横坐标，其对应的速度分别为 v_1，v_2，v_3，v_4，图中共有三个块体 A_1，A_2 和 A_3，这些块体均在 L 层内。x_a 和 x_b 为射线在 L 层内的传播路径，因为假定相邻层之间的速度差异不大，所以射线在穿过不同块体时，射线路径不发生弯折。并且在计算射线走时的时候，假设每个块体内的速度为相邻边界速度之间的线性插值。例如块体 A_1 内任意点 x 处的速度为

$$v(x) = v_1 + (x - x_1)(v_2 - v_1)/(v_2 - v_1)$$

块体 A_2 内任意点 x 处的速度为

$$v(x) = v_2 + (x - x_2)(v_3 - v_2)/(v_3 - v_2)$$

这样，在计算射线从 x_a 到 x_b 之间的走时时，就可以对 x_a 到 x_2 以及 x_2 到 x_b 分别积分，例如从 x_a 到 x_2 之间的走时积分推导过程为

$$T_1 = \int_{x_a}^{x_2} \frac{1}{v(l)} dl = \int_{x_a}^{x_2} \frac{1}{v(x)} \sqrt{1 + \tan^2\theta} dx \qquad (3\text{-}61)$$

$\tan\theta$ 为射线路径的斜率，将 $v(x)$ 的表达式带入上式，即

$$T_1 = \sqrt{1 + \tan^2\theta} \int_{x_a}^{x_2} \frac{1}{v_1 + (x - x_1)(v_2 - v_1)/(x_2 - x_1)} dx$$

$$= \sqrt{1 + \tan^2\theta}(x_2 - x_1) \int_{x_a}^{x_2} \frac{1}{(x_2 - x_1)v_1 + (x - x_1)(v_2 - v_1)} dx$$

$$= \sqrt{1 + \tan^2\theta}(x_2 - x_1) \int_{x_a}^{x_2} \frac{1}{(v_2 - v_1)x + x_2 v_1 - v_2 x_1} dx$$

而 $\int \frac{1}{ax + b} dx = \frac{1}{a}\ln|ax + b| + c$，所以 T_1 经积分可得

$$T_1 = \sqrt{1 + \tan^2\theta}(x_2 - x_1) \frac{1}{(v_2 - v_1)} (\ln|(v_2 - v_1)x_2 + x_2 v_1 - v_2 x_1| +$$

$$\ln|(v_2 - v_1)x_a + x_2 v_1 - v_2 x_1| \qquad (3\text{-}62)$$

同理,从 x_2 到 x_b 之间的射线走时可推出为

$$T_2 = \sqrt{1 + \tan^2\theta}(x_3 - x_2)\,\frac{1}{(v_3 - v_2)}(\ln|(v_3 - v_2)x_b + x_3 v_2 - v_3 x_2| +$$

$$\ln|(v_3 - v_2)x_2 + x_3 v_2 - v_3 x_2|) \qquad (3\text{-}63)$$

$$T = T_1 + T_2 \qquad (3\text{-}64)$$

如果 x_a 与 x_b 之间速度无变化,则直接用如下公式计算走时:

$$T = \mathrm{sqrt}(1 + \tan^2\theta)(x_b - x_a)/v \qquad (3\text{-}65)$$

由上述公式,可以建立起横向线性变化介质的层块状模型的走时积分解析式,这样可以得到更快更精确的走时信息。

在确定了地震射线追踪算法基础之上,进行了模型试算,并与前人的模型试验结果进行对比,以确保正演过程的正确性。

图 3.48 是前人(朱军,2007)用到的一个模型,共四层,界面弯曲,其走时为图 3.49 中的实线。我们先将本书模型中的界面进行了数化,然后生成了二阶 B 样条函数,取相同的速度、炮点、接收点信息,采用上述的方法进行射线追踪,其走时为图 3.49 中的虚线,各接收点到炮点的射线路径如图 3.50 所示。从图 3.49 可以看出,两条曲线十分吻合,验证了射线追踪正演过程的正确性。

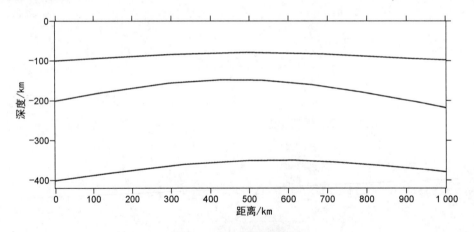

图 3.48　四层曲界面模型

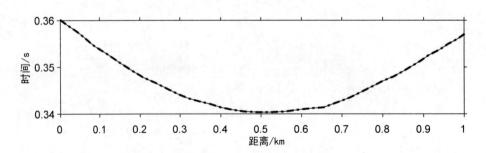

图 3.49　第三层底界面走时对比图(实线为前人结果,虚线为本研究结果)

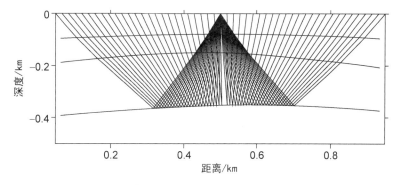

图 3.50　基于图 3.48 所示模型的射线追踪结果

3.4.2　磁、震联合反演

结合海面移动的大功率震源,由 OBS 记录到的数据可反解出相应的时距曲线,对其反演可揭示地下介质的结构,包括物性分界面。图 3.51 是地下介质界面模型,图 3.52 是体现横向速度变化的层块状速度模型。模型纵向分为五层,由地表到地下 35 km 处;模型横向分为 21 个块体,间隔为 15 km,横向跨度共 300 km。前四层为地下主要的速度界面:第一

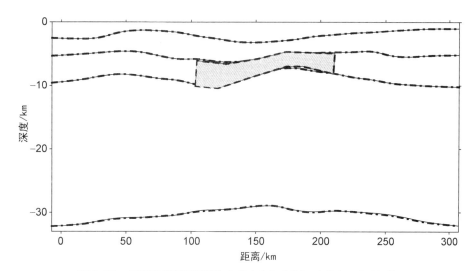

图 3.51　五层速度界面模型(实线为真实磁性体,虚线为反演磁性体)

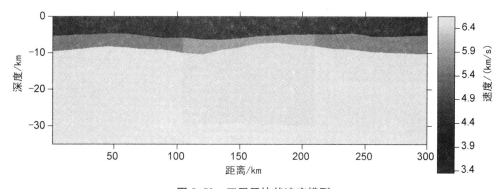

图 3.52　五层层块状速度模型

层速度为 3.4 km/s;第二层速度为 4.1 km/s;第三层速度横向不均匀,速度分布范围为 5.4~5.8 km/s;第四层速度横向也不均匀,速度分布范围为 6.5~6.62 km/s;第五层为上地幔,其速度设定为 7.9 km/s。从图 3.52 中可以明显地看出速度的横向不均匀性。

考虑岩石物性特征,将磁性异常体的分布也考虑到速度建模中去。图 3.51 显示了磁异常体分布范围,实线为理论模型的磁性体分布范围,虚线为通过反演提供的磁性体的分布范围。根据磁异常体分布范围,确定速度横向变化的边界。可根据磁异常值大小和形态结合岩石物性特征确定这一地质体的速度值。在模型计算中将速度设置为 5.8 km/s,高于同层两侧的速度值。显然,如果不考虑磁性异常体对速度的影响,将会导致界面或者物性反演的不准确。

图 3.53 为由图 3.52 所示模型的射线追踪示意图。OBS 共 10 个,其坐标依次为 35 km,60 km,90 km,115 km,140 km,165 km,185 km,210 km,240 km,265 km;炮点分别以各 OBS 为中心,分布在两侧 5 km 范围以外 55 km 范围以内,间隔为 2.0 km。每个检波点共接收 50 炮,10 个 OBS 共接收 500 炮,也就是说观测道数为 500 道。

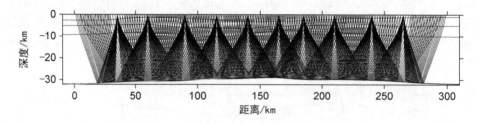

图 3.53　真实模型的射线追踪示意图

图 3.54 中的实线显示了由真实模型得到的射线追踪折合走时图,折合速度为 6.0 km/s。之所以使用折合速度,主要是 OBS 信息提取中震相识别所需。为与前期工作保持一致,此处也使用了折合速度和折合时间。图 3.55 中的短虚线显示了反演时选取的初始模型,除了最下一层界面是水平层外,其上各层的界面与真实界面一样,最下一层给出的初始水平埋深为 32 km。图 3.54 中的短虚线显示了初始模型的折合走时。

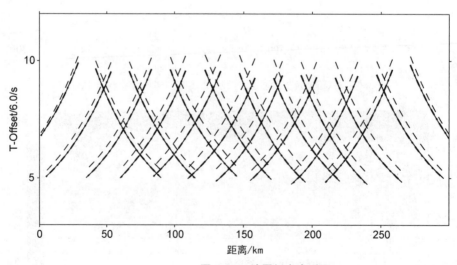

图 3.54　地震折合走时图
(实线为真实走时、短虚线为初始模型走时、长短虚线为反演模型走时)

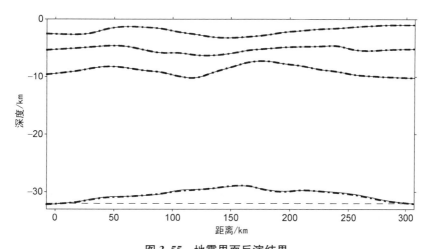

图 3.55　地震界面反演结果
(实线为真实模型,短虚线为初始模型,长短虚线为反演结果)

在 OBS 数据反演中,偏导数矩阵使用差分法求取。用共轭梯度法求解目标函数,迭代 20 次后,目标函数下降已经十分缓慢,模型也几乎不再修正,因此停止迭代。最终得到了图 3.55 中的长短虚线的反演结果,可以看出,模型中部由于射线能够大量覆盖,其与真实模型非常接近,但是模型两端由于没有射线经过,其深度与真实值有一些差异。不过由于使用了最平缓模型约束,界面两端缓慢变化,体现了平缓约束的作用。折合走时拟合见图 3.54 中的绿色长短虚线,可见拟合结果较为吻合。

3.4.3　重、磁联合反演

重力密度界面反演就是用观测到的重力异常数据反演地层界面信息。为与 OBS 联合反演考虑,重力异常的正反演的真是模型与 OBS 模型一样,唯一不同的是在 OBS 中,模型界面属于速度界面,而此处的物性面是密度界面,如图 3.54 所示。在密度建模时同样考虑磁性地质体的存在,将这一地质体的密度设置为 2.74 g/cm³,高于同层两侧的密度值。如果不考虑这一密度横向变化的影响,将导致界面反演得不准确。

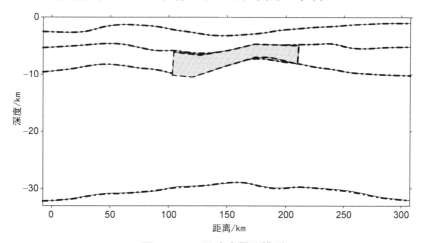

图 3.56　五层速度界面模型
(实线为真实磁性体,虚线为反演磁性体)

117

为了减少密度设定的随意性,加强密度-速度之间的关系。此处的密度是依据统计资料通过最小二乘拟合得到的两条分段函数曲线。分段函数为

$$\rho_i = 0.195\, v_i + 1.609 \quad (\text{if } v_i \leqslant 6.92) \tag{3-66}$$

$$\rho_i = 0.372\, v_i + 0.386 \quad (\text{if } v_i > 6.92) \tag{3-67}$$

由图 3.52 中的速度分布图,通过式(3-66)和式(3-67),可以得到相应的密度分布图,见图 3.57。

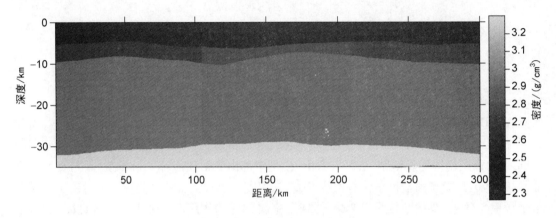

图 3.57　五层层块状密度模型示意图

使用二度半体组合模型正演公式,正演时密度取各块体的绝对密度。正演得到的重力异常见图 3.58。

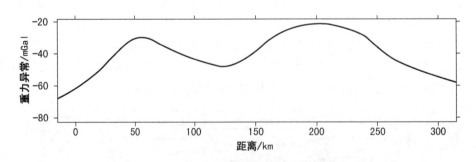

图 3.58　五层模型重力异常正演值

重力异常的目标函数与公式(3-31)类似。此处重力异常反演时的偏导数既可以和 OBS 一样使用差分法求出,也可以直接求得解析解。解析解的求解过程如下:

由公式

$$F(y, i) = y \cdot \ln \frac{u_{i+1} + R_{i+1}}{u_i + R_i} - w_i \cdot \left(\arctan \frac{u_{i+1} \cdot y}{w_i\, R_{i+1}} - \arctan \frac{u_i \cdot y}{w_i\, R_i} \right) +$$
$$u_{i+1} \cdot \ln \frac{y + R_{i+1}}{r_{i+1}} - u_i \cdot \ln \frac{y + R_i}{r_i}$$

可知,$F(y, i)$ 是 u_i,w_i,r_i 以及 R_i 的函数,而由公式:

$$r_i^2 = u_i^2 + w_i^2, \quad r_{i+1}^2 = u_{i+1}^2 + w_{i+1}^2$$
$$R_i^2 = u_i^2 + w_i^2 + y^2, \quad R_{i+1}^2 = u_{i+1}^2 + w_{i+1}^2 + y^2$$

可知，r_i 和R_i 是u_i 和w_i 的函数，而由公式：

$$\begin{bmatrix} u_i \\ w_i \end{bmatrix} = \begin{bmatrix} \cos\varphi_i & \sin\varphi_i \\ -\sin\varphi_i & \cos\varphi_i \end{bmatrix} \begin{bmatrix} x_i \\ z_i \end{bmatrix}$$

$$\tan\varphi_i = \frac{z_{i+1} - z_i}{x_{i+1} - x_i}$$

可知，u_i 和w_i 是x_i 和z_i 的函数。因为界面反演过程中各块体的横坐标保持不变，仅有纵坐标z_i 是反演参数。故公式 $F(y, i)$ 最终是变量z_i 的函数。由复合函数的求导法则，可知：

$$\frac{\partial u_i}{\partial z_i} = \frac{\partial \cos\varphi_i}{\partial z_i} x_i + \sin\varphi_i + \frac{\partial \sin\varphi_i}{\partial z_i} z_i$$

$$\frac{\partial w_i}{\partial z_i} = -\frac{\partial \sin\varphi_i}{\partial z_i} x_i + \cos\varphi_i + \frac{\partial \cos\varphi_i}{\partial z_i} z_i$$

$$\cos\varphi_i = \frac{(x_{i+1} - x_i)}{\left[(x_{i+1} - x_i)^2 + (z_{i+1} - z_i)^2\right]^{\frac{1}{2}}}$$

$$\sin\varphi_i = \frac{z_{i+1} - z_i}{\left[(x_{i+1} - x_i)^2 + (z_{i+1} - z_i)^2\right]^{\frac{1}{2}}}$$

$$\frac{\partial \cos\varphi_i}{\partial z_i} = \frac{(x_{i+1} - x_i)(z_{i+1} - z_i)}{\left[(x_{i+1} - x_i)^2 + (z_{i+1} - z_i)^2\right]^{\frac{3}{2}}}$$

$$\frac{\partial \sin\varphi_i}{\partial z_i} = \frac{-1}{\left[(x_{i+1} - x_i)^2 + (z_{i+1} - z_i)^2\right]^{\frac{1}{2}}} + \frac{(z_{i+1} - z_i)^2}{\left[(x_{i+1} - x_i)^2 + (z_{i+1} - z_i)^2\right]^{\frac{3}{2}}}$$

$$\frac{\partial r_i}{\partial z_i} = 2u_i \frac{\partial u_i}{\partial z_i} + 2w_i \frac{\partial w_i}{\partial z_i}$$

$$\frac{\partial R_i}{\partial z_i} = 2u_i \frac{\partial u_i}{\partial z_i} + 2w_i \frac{\partial w_i}{\partial z_i}$$

$$\frac{\partial F(y, i)}{\partial z_i} = -y \frac{1}{u_i + R_i}\left(\frac{\partial u_i}{\partial z_i} + \frac{\partial R_i}{\partial z_i}\right) - \frac{\partial w_i}{\partial z_i}\left(\arctan\frac{u_{i+1} \times y}{w_i R_{i+1}} - \arctan\frac{u_i \times y}{w_i R_i}\right) -$$

$$w_i\left\{\left[\frac{-1}{1 + \left(\frac{u_{i+1} \times y}{w_i R_{i+1}}\right)^2} \frac{u_{i+1} \times y}{w_i^2 R_{i+1}} \frac{\partial w_i}{\partial z_i}\right] - \right.$$

$$\left. \frac{1}{1 + \left(\frac{u_i \times y}{w_i R_i}\right)^2}\left(\frac{y}{w_i R_i} \frac{\partial u_i}{\partial z_i} + \frac{u_i \times y}{w_i^2 R_i} \frac{\partial w_i}{\partial z_i}\right)\right\} -$$

$$\frac{\partial u_i}{\partial z_i}\ln\frac{y + R_i}{r_i} - u_i \frac{r_i}{y + R_i}\left[\frac{1}{r_i} \frac{\partial R_i}{\partial z_i} - (y + R_i)\frac{1}{r_i^2} \frac{\partial r_i}{\partial z_i}\right] \tag{3-68}$$

对二度半模型在地面上空间任意一点处产生的重力异常(式(3-13))在 z_i 求偏导数，再将式(3-35)代入上式，可得到：

$$\frac{\partial \Delta g_0(x, y, z)}{\partial z_i} = G \times \sigma \times \left\{ \frac{\partial \cos \varphi_i}{\partial z_i} [F(y_2 - y, i) + F(y_1 - y, i)] + \right.$$

$$\left. \cos \varphi_i \left[\frac{\partial F(y_2 - y, i)}{\partial z_i} + \frac{\partial F(y_1 - y, i)}{\partial z_i} \right] \right\} \qquad (3\text{-}69)$$

应用式(3-69),就可以对各某个特定的交点纵坐标求偏导数。如此,将相应参数代入目标函数,仍将 32 km 深度作为初始模型,迭代 20 次,可以得到相应的反演结果,见图 3.59。与地震走时反演的结果相比,重力异常反演的结果其界面中部拟合不如地震,但是界面两端则明显好于地震反演结果。从图中可以看出,反演得到的界面与界面真实形态十分接近。说明重力异常可以得到较准确的单一界面形态。

从图 3.60 中可以看出,数据吻合也较好。说明在单一重力异常信息下,也能够较好地反演出单一界面形态和深度值。

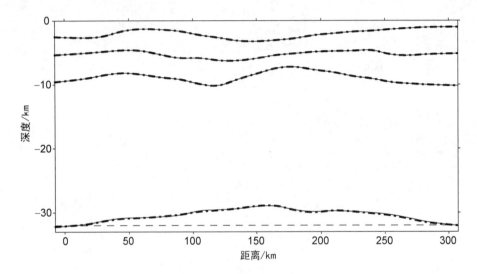

图 3.59 密度界面反演结果
(实线为真实模型,短虚线为初始模型,长短虚线为反演结果)

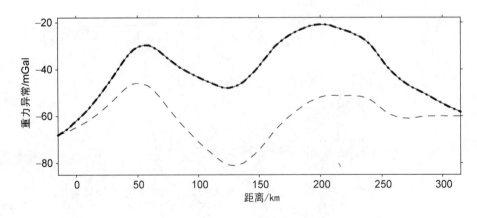

图 3.60 重力异常数据拟合
(实线为真实数据,短虚线为初始模型正演值,长短虚线为反演结果正演值)

从 OBS 对单界面的反演以及重力异常对单界面的反演中可以看到,两种方法各有自己的优势和缺憾。OBS 反演能够使射线经过的区域正确归位,但是在射线较疏或没有射线经过的地方界面反演较差,在加入一些最光滑或最平缓约束的情况下结果有所改善;重力异常反演结果虽然精度不如地震,在中部其反演的界面不如地震准确,但是基本上能够反映出界面的形态起伏,而且在地震射线不能达到的界面边缘地带也能较好地反演界面形态,这是其优势。

3.4.4 层块状介质重力-地震(OBS 数据)联合反演

1. 方法原理

同步联合反演的目标函数设为如下形式:

$$P^{\alpha\beta\gamma\varepsilon}(\boldsymbol{m}) = \|\boldsymbol{W}_{d_s}(\boldsymbol{A}_s(\boldsymbol{m})-\boldsymbol{d}_s)\|^2 + \alpha\|\boldsymbol{W}_{d_g}(\boldsymbol{A}_g(\boldsymbol{m})-\boldsymbol{d}_g)\|^2 + \\ \beta\|\boldsymbol{W}_{m1}(\boldsymbol{m}-\boldsymbol{m}_{apr})\|^2 + \gamma\|\boldsymbol{W}_{m2}\boldsymbol{Rn}\|^2 + \varepsilon\|\rho-f(v)\|^2 \quad (3-70)$$

式中,$P^{\alpha\beta\gamma\varepsilon}(\boldsymbol{m})$ 为重震同步联合反演总目标函数。等式右边第一项为 OBS 走时拟合泛函,第二项为重力异常拟合泛函,第三项为模型与先验信息拟合泛函,第四项为最平缓或最光滑模型约束泛函。$\boldsymbol{W}_{d_s}$ 为 OBS 数据加权对角阵,$\boldsymbol{W}_{d_g}$ 为重力数据加权对角阵。$\boldsymbol{A}_s$ 为 OBS 走时正演算子,$\boldsymbol{A}_g$ 为重力异常正演算子。$\boldsymbol{d}_s$ 为 OBS 观测数据,$\boldsymbol{d}_g$ 为重力异常观测数据。$\boldsymbol{W}_{m1}$ 与 $\boldsymbol{W}_{m2}$ 为模型约束加权对角阵,$\boldsymbol{R}$ 为最平缓或最光滑模型约束非对角矩阵。$\boldsymbol{m}_{apr}$ 为先验信息。α 为 OBS 数据拟合与重力异常拟合的权因子。β 和 γ 为正则化因子。ε 为模型相关度权系数。$\|\rho-f(v)\|^2$ 称为物性相关度测度。通过此函数的约束,能使反演朝着有利于密度-速度具较强相关性的方向进行,强度取决于 ε,$f(v)$ 表示由速度转换为密度的转换函数,可以是线性的或分段线性的,形如 $f(v)=av+b$,也可以是指数形式的,形如 $f(v)=av^b$,或其他形式。首先假定密度-速度关系是分段线性的,来推导 $P^{\alpha\beta\gamma\varepsilon}(\boldsymbol{m})$ 的共轭梯度优化算法。

为了求导统一化和标准化,先对目标泛函的最后一项进行改写,即将最后一项改写成矩阵形式。例如当密度-速度是线性关系 $f(v)=av+b$,则 $\rho-f(v)$ 可以改写为:

$$[\rho-f(v)] = \boldsymbol{W}_{m3}(\boldsymbol{m}-\boldsymbol{b}_0) \quad (3-71)$$

等式右边的 $\boldsymbol{m}$ 是待反演的模型参数向量,包括块体速度、块体角点纵坐标、块体密度,$\boldsymbol{b}_0$ 为关于密度-速度线性关系式中 b 的一个向量,而 $\boldsymbol{W}_{m3}$ 是根据等式左边表达式而写出的矩阵。三者写成矩阵或向量形式依次为

$$\boldsymbol{m} = (v_1, v_2, \cdots, v_n, h_1, h_2, \cdots, h_n, \rho_1, \rho_2, \cdots, \rho_n)^{\mathrm{T}} \quad (3-72)$$

$$\boldsymbol{b}_0 = (0, 0, \cdots 0_n, 0, 0, \cdots, 0_n, -b, -b, \cdots, -b_n)^{\mathrm{T}} \quad (3-73)$$

$$\boldsymbol{W}_{m3} = \begin{pmatrix} \boldsymbol{A}_0 & \boldsymbol{0} & \boldsymbol{E} \\ \boldsymbol{0} & \boldsymbol{0} & \boldsymbol{0} \\ \boldsymbol{0} & \boldsymbol{0} & \boldsymbol{0} \end{pmatrix} \quad (3-74)$$

其中:

$$\boldsymbol{A}_0 = \begin{pmatrix} -a & 0 & 0 & 0 \\ 0 & -a & 0 & 0 \\ 0 & 0 & \ddots & 0 \\ 0 & 0 & 0 & -a \end{pmatrix} \quad (3-75)$$

而 E 为 n 阶单位对角阵。这样式(3-73)可以改写为如下形式:

$$P^{\alpha\beta\gamma\varepsilon}(\boldsymbol{m}) = \|\boldsymbol{W}_{d_s}(\boldsymbol{A}_s(\boldsymbol{m}) - \boldsymbol{d}_s)\|^2 + \alpha\|\boldsymbol{W}_{d_g}(\boldsymbol{A}_g(\boldsymbol{m}) - \boldsymbol{d}_g)\|^2 + \tag{3-76}$$
$$\beta\|\boldsymbol{W}_{m1}(\boldsymbol{m} - \boldsymbol{m}_{\mathrm{apr}})\|^2 + \gamma\|\boldsymbol{W}_{m2}\boldsymbol{Rm}\|^2 + \varepsilon\|\boldsymbol{W}_{m3}(\boldsymbol{m} - \boldsymbol{b}_0)\|^2$$

这样就将目标函数转换成适用于共轭梯度求解的一般形式。$\boldsymbol{W}_{m3}$ 和 $\boldsymbol{W}_{m2}$ 一样是非对角阵,在求解过程中需要加以注意。

实际推导式(3-76)的共轭梯度求解步骤时,可以将其第一项和第二项,也即数据拟合的部分看成一个整体。加入地震数据为 M_s 个,而重力异常数据为 M_g 个,则可以用 $\|\boldsymbol{W}_{d_{sg}}(\boldsymbol{A}_{sg}(\boldsymbol{m}) - \boldsymbol{d}_{sg})\|^2$ 来表示式(3-76)中的前两项,其中式(3-76)中的前 M_s 项之和为 $\|\boldsymbol{W}_{d_s}(\boldsymbol{A}_s(\boldsymbol{m}) - \boldsymbol{d}_s)\|^2$,式(3-76)中的后 M_g 项之和为 $\|\sqrt{\alpha}\,\boldsymbol{W}_{d_g}(\boldsymbol{A}_g(\boldsymbol{m}) - \boldsymbol{d}_g)\|^2$,之所以这样做,是为了推导和实际应用共轭梯度法的方便。如此一来,式(3-76)可以转换为

$$P^{\beta\gamma\varepsilon}(\boldsymbol{m}) = \|\boldsymbol{W}_{d_{sg}}(\boldsymbol{A}_{sg}(\boldsymbol{m}) - \boldsymbol{d}_{sg})\|^2 + \beta\|\boldsymbol{W}_{m1}(\boldsymbol{m} - \boldsymbol{m}_{\mathrm{apr}})\|^2 + \tag{3-77}$$
$$\gamma\|\boldsymbol{W}_{m2}\boldsymbol{Rm}\|^2 + \varepsilon\|\boldsymbol{W}_{m3}(\boldsymbol{m} - \boldsymbol{b}_0)\|^2$$

由式(3-77)来推导其共轭梯度迭代步骤。

首先对式(3-77)求偏导数:

$$\delta P^{\beta\gamma\varepsilon}(\boldsymbol{m},\boldsymbol{d}) = 2(\boldsymbol{W}_{d_{sg}}\boldsymbol{F}_m\delta\boldsymbol{m})^{\mathrm{T}}(\boldsymbol{W}_{d_{sg}}\boldsymbol{A}_{sg}(\boldsymbol{m}) - \boldsymbol{W}_{d_{sg}}\boldsymbol{d}_{sg}) +$$
$$2\beta(\boldsymbol{W}_{m1}\delta\boldsymbol{m})^{\mathrm{T}}(\boldsymbol{W}_{m1}\boldsymbol{m} - \boldsymbol{W}_{m1}\boldsymbol{m}_{\mathrm{apr}}) + 2\gamma(\boldsymbol{W}_{m2}\boldsymbol{R}\delta\boldsymbol{m})^{\mathrm{T}}(\boldsymbol{W}_{m2}\boldsymbol{Rm}) +$$
$$2\varepsilon(\boldsymbol{W}_{m3}\delta\boldsymbol{m})^{\mathrm{T}}(\boldsymbol{W}_{m3}\boldsymbol{m} - \boldsymbol{W}_{m3}\boldsymbol{b}_0) \tag{3-78}$$

注意 $\boldsymbol{W}_{m3}$ 和 $\boldsymbol{W}_{m2}$ 为非对角阵,将式(3-78)整理,得到:

$$\delta P^{\beta\gamma\varepsilon}(\boldsymbol{m},\boldsymbol{d}) = 2(\delta\boldsymbol{m})^{\mathrm{T}}\boldsymbol{F}_m^{\mathrm{T}}\boldsymbol{W}_{d_{sg}}^2(\boldsymbol{A}_{sg}(\boldsymbol{m}) - \boldsymbol{d}_{sg}) + 2\beta(\delta\boldsymbol{m})^{\mathrm{T}}\boldsymbol{W}_{m1}^2(\boldsymbol{m} - \boldsymbol{m}_{\mathrm{apr}}) +$$
$$2\gamma(\delta\boldsymbol{m})^{\mathrm{T}}\boldsymbol{R}^{\mathrm{T}}\boldsymbol{W}_{m2}^2\boldsymbol{Rm} + 2\varepsilon(\delta\boldsymbol{m})^{\mathrm{T}}\boldsymbol{W}_{m3}^{\mathrm{T}}\boldsymbol{W}_{m3}(\boldsymbol{m} - \boldsymbol{b}_0)$$
$$\tag{3-79}$$

有了偏导数,再根据第二章推导共轭梯度算法的一般方法,得到适用于式(3-76)或式(3-77)的共轭梯度迭代步骤:

Step1:$\boldsymbol{r}_n = \boldsymbol{A}_{sg}(\boldsymbol{m}) - \boldsymbol{d}_{sg}$

Step2:$I_n^{\beta\gamma\varepsilon} = \boldsymbol{F}_{mn}^{\mathrm{T}}\boldsymbol{W}_{d_{sg}}^2\boldsymbol{r}_n + \beta\boldsymbol{W}_{m1}^2(\boldsymbol{m}_n - \boldsymbol{m}_{\mathrm{apr}}) + \gamma\boldsymbol{W}_{m2}^2\boldsymbol{R}\boldsymbol{m}_n + \varepsilon\boldsymbol{W}_{m3}^{\mathrm{T}}\boldsymbol{W}_{m3}(\boldsymbol{m} - \boldsymbol{b}_0)$

Step3:$\varepsilon_n^{\beta\gamma\varepsilon} = \dfrac{\|I_n^{\beta\gamma\varepsilon}\|^2}{\|I_{n-1}^{\beta\gamma\varepsilon}\|^2}$,$\widetilde{I}_n^{\beta\gamma\varepsilon} = I_n^{\beta\gamma\varepsilon} + \varepsilon_n^{\beta\gamma\varepsilon}\widetilde{I}_n^{\beta\gamma\varepsilon}$,$\widetilde{I}_0^{\beta\gamma\varepsilon} = I_0^{\beta\gamma\varepsilon}$

Step4:$\widetilde{k}_n^{\beta\gamma\varepsilon} = \dfrac{(\widetilde{I}_n^{\beta\gamma\varepsilon},\ I_n^{\beta\gamma\varepsilon})}{(\widetilde{I}_n^{\beta\gamma\varepsilon},\ (\boldsymbol{F}_{mn}^{\mathrm{T}}\boldsymbol{F}_{mn} + \beta\boldsymbol{W}_{m1}^2 + \gamma\boldsymbol{R}^{\mathrm{T}}\boldsymbol{W}_{m2}^2\boldsymbol{R} + \varepsilon\boldsymbol{W}_{m3}^{\mathrm{T}}\boldsymbol{W}_{m3})\widetilde{I}_n^{\beta\gamma\varepsilon})}$

Step5:$\boldsymbol{m}_{n+1} = \boldsymbol{m}_n - \widetilde{k}_n^{\beta\gamma\varepsilon}\widetilde{I}_n^{\beta\gamma\varepsilon}$

$$\tag{3-80}$$

式(3-80)即为物性与界面同时反演的同步联合反演的目标函数共轭梯度求解步骤。需要注意的是,式(3-79)中的数据残差 $\boldsymbol{r}_n$ 和数据对模型的偏导数矩阵 $\boldsymbol{F}_{mn}$ 均为由重力异常与 OBS 数据组合扩展得到的。其中 $\boldsymbol{F}_{mn}$ 为

$$\boldsymbol{F}_{nm} = \begin{bmatrix} \boldsymbol{F}_{tv} & \boldsymbol{F}_{th} & \boldsymbol{0} \\ \boldsymbol{0} & \boldsymbol{F}_{gh} & \boldsymbol{F}_{g\rho} \end{bmatrix} \qquad (3-81)$$

其中：

$$\boldsymbol{F}_{tv} = \begin{bmatrix} \dfrac{\partial t_1}{\partial v_1} & \dfrac{\partial t_1}{\partial v_2} & \cdots & \dfrac{\partial t_1}{\partial v_n} \\ \dfrac{\partial t_2}{\partial v_1} & \dfrac{\partial t_2}{\partial v_2} & \cdots & \dfrac{\partial t_2}{\partial v_n} \\ \vdots & \vdots & & \vdots \\ \dfrac{\partial t_{ms}}{\partial v_1} & \dfrac{\partial t_{ms}}{\partial v_2} & \cdots & \dfrac{\partial t_{ms}}{\partial v_n} \end{bmatrix}$$

$$\boldsymbol{F}_{th} = \begin{bmatrix} \dfrac{\partial t_1}{\partial h_1} & \dfrac{\partial t_1}{\partial h_2} & \cdots & \dfrac{\partial t_1}{\partial h_n} \\ \dfrac{\partial t_2}{\partial h_1} & \dfrac{\partial t_2}{\partial h_2} & \cdots & \dfrac{\partial t_2}{\partial h_n} \\ \vdots & \vdots & & \vdots \\ \dfrac{\partial t_{ms}}{\partial h_1} & \dfrac{\partial t_{ms}}{\partial h_2} & \cdots & \dfrac{\partial t_{ms}}{\partial h_n} \end{bmatrix}$$

$$\boldsymbol{F}_{gh} = \begin{bmatrix} \dfrac{\sqrt{\alpha}\partial \Delta g_1}{\partial h_1} & \dfrac{\sqrt{\alpha}\partial \Delta g_1}{\partial h_2} & \cdots & \dfrac{\sqrt{\alpha}\partial \Delta g_1}{\partial h_n} \\ \dfrac{\sqrt{\alpha}\partial \Delta g_2}{\partial h_1} & \dfrac{\sqrt{\alpha}\partial \Delta g_2}{\partial h_2} & \cdots & \dfrac{\sqrt{\alpha}\partial \Delta g_2}{\partial h_n} \\ \vdots & \vdots & & \vdots \\ \dfrac{\sqrt{\alpha}\partial \Delta g_{mg}}{\partial h_1} & \dfrac{\sqrt{\alpha}\partial \Delta g_{mg}}{\partial h_2} & \cdots & \dfrac{\sqrt{\alpha}\partial \Delta g_{mg}}{\partial h_n} \end{bmatrix}$$

$$\boldsymbol{F}_{g\rho} = \begin{bmatrix} \dfrac{\sqrt{\alpha}\partial \Delta g_1}{\partial \rho_1} & \dfrac{\sqrt{\alpha}\partial \Delta g_1}{\partial \rho_2} & \cdots & \sqrt{\alpha}\dfrac{\partial \Delta g_1}{\partial \rho_n} \\ \dfrac{\sqrt{\alpha}\partial \Delta g_2}{\partial \rho_1} & \dfrac{\sqrt{\alpha}\partial \Delta g_2}{\partial \rho_2} & \cdots & \dfrac{\sqrt{\alpha}\partial \Delta g_2}{\partial \rho_n} \\ \vdots & \vdots & & \vdots \\ \dfrac{\sqrt{\alpha}\partial \Delta g_{mg}}{\partial \rho_1} & \dfrac{\sqrt{\alpha}\partial \Delta g_{mg}}{\partial \rho_2} & \cdots & \dfrac{\sqrt{\alpha}\partial \Delta g_{mg}}{\partial \rho_n} \end{bmatrix}$$

而数据残差 $\boldsymbol{r}_n$ 为

$$(\Delta t_1, \Delta t_2, \cdots, \Delta t_n, \Delta g_1, \Delta g_2, \cdots, \Delta g_n)^{\mathrm{T}} \qquad (3-82)$$

同步联合反演中的反演参数有速度、密度以及界面深度，不同的参数其偏导数的量级差别可能较大，导致某一种反演参数得到过度体现，而其他反演参数则得不到体现。我们解决的办法是将矩阵 $\boldsymbol{F}_{nm}$ 纵向上分为三块，每块上列数相等，分别代表观测数据对速度、界面纵坐标、密度的偏导数。将每一块内部的所有元素求平方和的开平方，再除以元素个数，得到一个值 a_k。然后将三个值比较大小，用其中的最大值 A_0 除以各个 a_k，得到 A_k，然后用 A_k

乘以三部分的各元素,这样基本能保证各种模型参量对数据的响应程度大致在同一数量级上,从而有利于得到较准确的结果。设数据对于各种模型的偏导数矩阵均为 $M \times N$ 的矩阵,则三种模型参数的偏导数聚合在一起将是 $M \times 3N$ 的矩阵。因此:

$$a_k = (\sum_{i=1}^{M} \sum_{j=1}^{N} F_{i(j+(k-1)N)}^2)/(M \times N), \quad k = 1, 2, 3$$

$$A_0 = \mathrm{MAX}(a_k), \quad k = 1, 2, 3$$

$$A_k = A_0 / a_k, \quad k = 1, 2, 3$$

$$F_{i[j+(k-1)N]} = A_k \cdot F_{i[j+(k-1)N]}, k = 1, 2, 3, i = 1, 2, \cdots, M, j = 1, 2, \cdots, N$$

反演算法选用共轭梯度法,为此将地震走时反演参数的偏导数与重力异常关于反演参数的偏导数通过权衡因子组合成一个大的矩阵,相应的地震走时数据残差与重力异常数据残差也通过权衡因子组合成一个综合向量,我们记这个大的偏导数矩阵为 F,而记综合向量为 r,另外用 $E(m)$ 表示地震走时或重力异常的正演表达式,用 d 表示地震走时或重力异常的数据残差,则每一次计算步骤为:

第一步:$r_n = A(m_n) - d$

第二步:$I_n^{\alpha_n} = I^{\alpha_n} = F_{m_n}^T W_d^2 r_n + \alpha_n W_m^2 (m_n - m_{apr})$

第三步:$\beta_n^{\alpha_n} = \dfrac{\| I_n^{\alpha_n} \|^2}{\| I_{n-1}^{\alpha_{n-1}} \|^2}, I_{nl}^{\alpha_m} = I_n^{\alpha_n} + \beta_n^{\alpha_n} I_{nl-1}^{\alpha_{m-1}}, I_{00}^{\alpha_{00}} = I_0^{\alpha_0}$

第四步:$k_{nl}^{\alpha_m} = \dfrac{(I_{nl}^{\alpha_m \ T} I_n^{\alpha_n})}{\{ \| W_d F_{m_n} I_{nl}^{\alpha_m} \|^2 + \alpha \| W_m I_{nl}^{\alpha_m} \|^2 \}}$

第五步:$m_{n+1} = m_n - k_{nl}^{\alpha_m} I_{nl}^{\alpha_m}$

上式中,$I_n^{\alpha_n}$ 表示梯度方向,$I_{nl}^{\alpha_m}$ 为共轭方向,$k_{nl}^{\alpha_m}$ 为迭代步长。

2. 模型试验和分析

设计如图 3.61 和图 3.62 所示的层块状地下密度和速度模型用于联合反演。反演参数确定为最下面两个界面及最下两层物性。初始密度模型、初始速度模型以及初始界面模型见图 3.63 和图 3.64。

从图 3.61、3.62、3.63 和图 3.64 中可以看出,真实密度模型与真实速度模型的第四层为两个大的垂直面分割成三大块,虽然块体各层总数为 21 个。初始物性却是层内均匀的,初始界面也是水平的。用上节推导的三种参数同时且同步反演的策略对此模型进行反演,结果见图 3.65 和图 3.66。其中图 3.65 为密度反演结果,图 3.66 为速度反演结果。

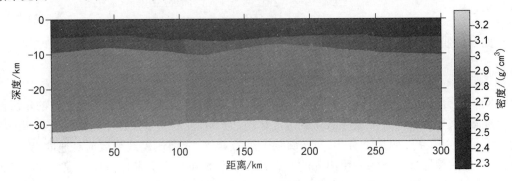

图 3.61　真实密度模型(密度单位:g/cm³)

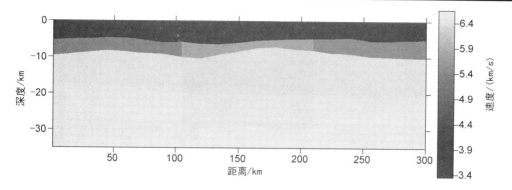

图 3.62　真实速度模型(速度单位:km/s)

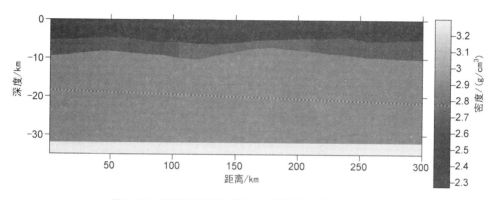

图 3.63　初始界面及初始密度模型(密度单位:g/cm³)

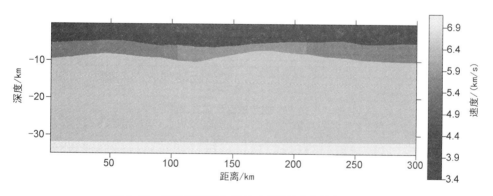

图 3.64　初始界面及初始速度模型(速度单位:km/s)

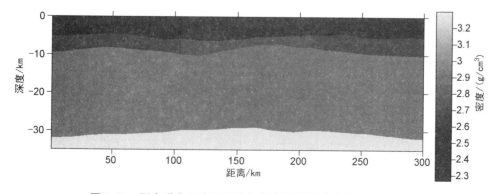

图 3.65　同步联合反演界面及密度反演结果(密度单位:g/cm³)

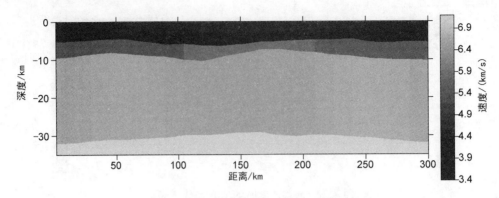

图 3.66　同步联合反演界面及速度反演结果(速度单位:km/s)

为更直观地显示界面及物性的反演结果,特将图 3.65 与图 3.66 进行转换。转换结果见图 3.67,图 3.68 为密度反演结果,图 3.69 为速度反演结果。图 3.70 和图 3.71 分别为同

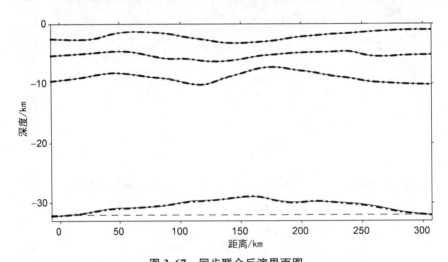

图 3.67　同步联合反演界面图

(实线为真实模型,短虚线为初始模型,长短虚线为同步联合反演结果)

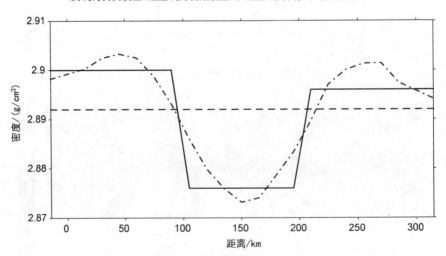

图 3.68　同步联合反演密度图

(实线为真实模型,短虚线为初始模型,长短虚线为同步联合反演结果)

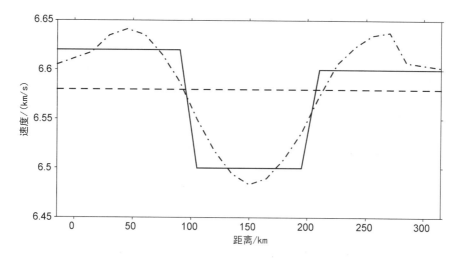

图 3.69　同步联合反演速度图
（实线为真实模型，短虚线为初始模型，长短虚线为同步联合反演结果）

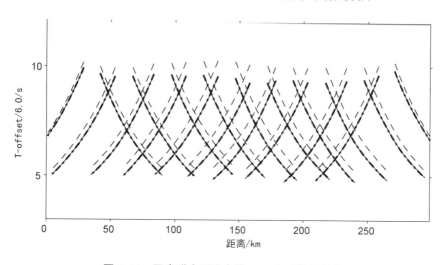

图 3.70　同步联合反演中的 OBS 走时数据拟合
（实线为观测值，短虚线为初始模型正演值，长短虚线为反演模型正演值）

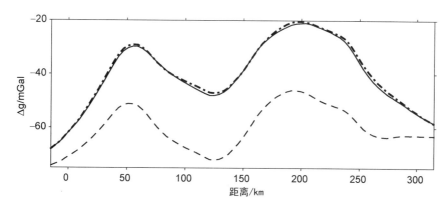

图 3.71　同步联合反演中的重力异常数据拟合
（实线为观测值，短虚线为初始模型正演值，长短虚线为反演模型正演值）

步联合反演中的 OBS 走时数据拟合、重力异常数据拟合结果,可以看出,无论是地震数据还是重力异常数据均能达到预期的拟合要求。从图 3.67 也可以看到,反演结果中界面的效果稍为不如单纯的界面反演结果。图 3.68 和图 3.69 是密度与速度横向变化模型的反演结果,反演结果基本上呈现出了物性的变化趋势。

3.4.5 层块状介质重力、地震(OBS 数据)顺序联合反演

顺序联合反演通常是指对两种地球物理观测数据,采用两种地球物理方法轮换进行,直到得出合理的解。这里基于多次反馈的地球物理综合研究思想,考虑到反演的结果是界面与物性,两者具有相互影响,因此探索反演中界面与物性单一反演的顺序联合反演。

顺序联合反演界面与物性,其顺序的方式是物性顺序,而数据却是同步,也就是说,可以先用地震数据和重力异常数据同步联合反演界面,以此界面为基础,然后用地震数据和重力异常数据同步联合反演物性,此处的物性指密度和速度,再以此物性为基础,用两种观测数据同步联合反演界面,如此循环使用,最终以某一终止条件停止循环,得出结果。

1. 方法原理

顺序联合反演界面与物性,主要分为两个模块,其一为同步联合反演界面,其二为同步联合反演物性。然后循环这两个模块,直到得出反演结果。关于界面同步联合反演的目标函数及其反演步骤,已经在前面有所阐述,此处不再赘述。所以此处重点讲述物性的同步联合反演,物性包括速度与密度。

密度与速度同步联合反演的目标函数与式(3-70)结构相同,均为

$$
\boldsymbol{P}^{\alpha\beta\gamma\varepsilon}(\boldsymbol{m}) = \|\boldsymbol{W}_{d_s}(\boldsymbol{A}_s(m) - \boldsymbol{d}_s)\|^2 + \alpha\|\boldsymbol{W}_{d_g}(\boldsymbol{A}_g(m) - \boldsymbol{d}_g)\|^2 +
$$
$$
\beta\|\boldsymbol{W}_{m1}(\boldsymbol{m} - \boldsymbol{m}_{\mathrm{apr}})\|^2 + \gamma\|\boldsymbol{W}_{m2}\boldsymbol{Rm}\|^2 + \varepsilon\|\boldsymbol{W}_{m3}(\boldsymbol{m} - \boldsymbol{b}_0)\|^2 \tag{3-83}
$$

等式右边的 $\boldsymbol{m}$ 是待反演的模型参数向量,包括块体速度、块体密度,这一点与式(3-70)有所不同。$\boldsymbol{b}_0$ 为关于密度-速度线性关系式中 $\boldsymbol{b}$ 的一个向量,而 $\boldsymbol{W}_{m3}$ 是根据等式左边表达式而写出的矩阵。三者写成矩阵或向量形式依次为

$$
\boldsymbol{m} = (v_1, v_2, \cdots, v_n, \rho_1, \rho_2, \cdots, \rho_n)^{\mathrm{T}} \tag{3-84}
$$

$$
\boldsymbol{b}_0 = (0, 0, \cdots 0_n, -b, -b, \cdots, -b_n)^{\mathrm{T}} \tag{3-85}
$$

$$
\boldsymbol{W}_{m3} = \begin{pmatrix} \boldsymbol{A}_0 & \boldsymbol{E} \\ \boldsymbol{0} & \boldsymbol{0} \end{pmatrix} \tag{3-86}
$$

其中,

$$
\boldsymbol{A}_0 = \begin{pmatrix} -a & 0 & 0 & 0 \\ 0 & -a & 0 & 0 \\ 0 & 0 & \ddots & 0 \\ 0 & 0 & 0 & -a_n \end{pmatrix} \tag{3-87}
$$

迭代偏导数矩阵为

$$
\boldsymbol{F}_{mn} = \begin{pmatrix} \boldsymbol{F}_{tv} & \boldsymbol{0} \\ \boldsymbol{0} & \boldsymbol{F}_{gp} \end{pmatrix} \tag{3-88}
$$

其中,

$$\boldsymbol{F}_{tv} = \begin{pmatrix} \dfrac{\partial t_1}{\partial v_1} & \dfrac{\partial t_1}{\partial v_2} & \cdots & \dfrac{\partial t_1}{\partial v_n} \\[2ex] \dfrac{\partial t_2}{\partial v_1} & \dfrac{\partial t_2}{\partial v_2} & \cdots & \dfrac{\partial t_2}{\partial v_n} \\[2ex] \vdots & \vdots & & \vdots \\[2ex] \dfrac{\partial t_{ms}}{\partial v_1} & \dfrac{\partial t_{ms}}{\partial v_2} & \cdots & \dfrac{\partial t_{ms}}{\partial v_n} \end{pmatrix}$$

$$\boldsymbol{F}_{g\rho} = \begin{pmatrix} \dfrac{\sqrt{\alpha}\,\partial \Delta g_1}{\partial \rho_1} & \dfrac{\sqrt{\alpha}\,\partial \Delta g_1}{\partial \rho_2} & \cdots & \sqrt{\alpha}\,\dfrac{\partial \Delta g_1}{\partial \rho_n} \\[2ex] \dfrac{\sqrt{\alpha}\,\partial \Delta g_2}{\partial \rho_1} & \dfrac{\sqrt{\alpha}\,\partial \Delta g_2}{\partial \rho_2} & \cdots & \dfrac{\sqrt{\alpha}\,\partial \Delta g_2}{\partial \rho_n} \\[2ex] \vdots & \vdots & & \vdots \\[2ex] \dfrac{\sqrt{\alpha}\,\partial \Delta g_{mg}}{\partial \rho_1} & \dfrac{\sqrt{\alpha}\,\partial \Delta g_{mg}}{\partial \rho_2} & \cdots & \dfrac{\sqrt{\alpha}\,\partial \Delta g_{mg}}{\partial \rho_n} \end{pmatrix}$$

反演迭代步骤和相应的公式见式(3-80),需要指出的是,物性与界面同时反演其多解性很强,为此,需要加大物性平滑因子 γ 。

2. 模型试验和分析

为与上节反演结果进行对比,本节的真实模型与上节一样,此处不再赘述。

从图 3.72—图 3.74 中可以看出,物性反演结果密度比速度好,另外图 3.75 和图 3.76

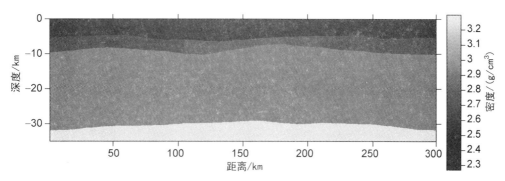

图 3.72 顺序联合反演界面及密度反演结果

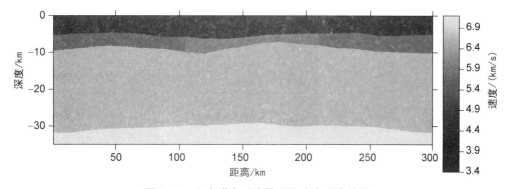

图 3.73 顺序联合反演界面及速度反演结果

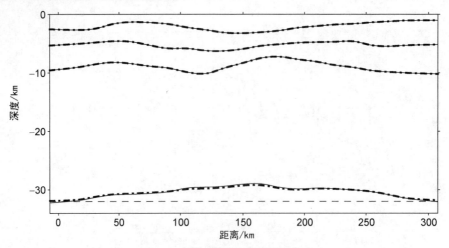

图 3.74　顺序联合反演的界面图
（实线为真实模型，短虚线为初始模型，长短虚线为顺序联合反演结果）

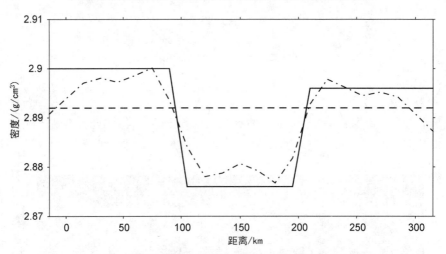

图 3.75　顺序联合反演的密度图
（实线为真实模型，短虚线为初始模型，长短虚线为顺序联合反演结果）

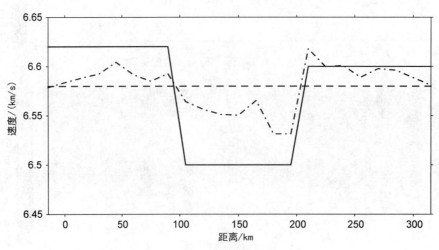

图 3.76　顺序联合反演的速度图
（实线为真实模型，短虚线为初始模型，长短虚线为顺序联合反演结果）

也说明了这一点。密度的横向跳动较平缓,而速度则较剧烈,一个可能的原因是射线追踪时射线路径采用的是各层块体速度的平均值,故速度的横向变化程度难以得到有效控制,即便加入平滑约束也无法保证得到与密度反演结果相似的平滑效果。顺序联合反演的地震走时拟合与重力异常拟合分别见图 3.77 和图 3.78。

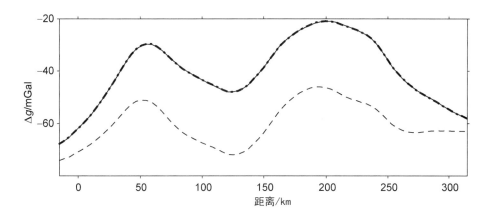

图 3.77　顺序联合反演中的重力异常数据拟合
(实线为观测值,短虚线为初始模型正演值,长短虚线为反演模型正演值)

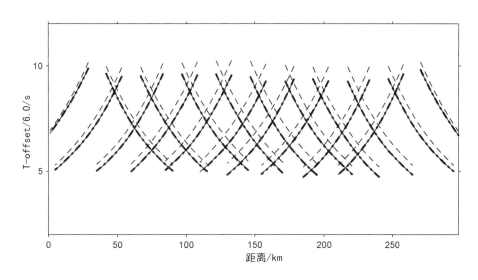

图 3.78　顺序联合反演中的地震走时数据拟合
(实线为观测值,短虚线为初始模型正演值,长短虚线为反演模型正演值)

　　将地震数据与重力异常数据加入随机噪声,以检验其抗噪能力。界面反演结果、密度反演结果以及速度反演结果依次见图 3.79、图 3.80 和图 3.81。从图中可以看出,界面反演结果与无噪声时差异并不大,这表明了界面反演的稳定性较好。但是物性,尤其是速度的横向变化十分平缓,减小平滑因子也很难从根本上改变这一状况,不过可以看到速度横向分布仍然体现出中间整体低,两端整体高的特点,对于地壳尺度的物性研究,仍然是有一定意义的。

　　为对比单层物性反演,也即界面为真实值情况下的单层密度和速度反演与单层界面和

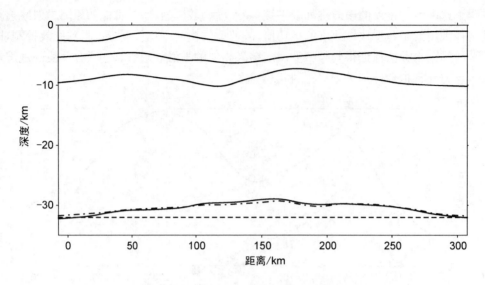

图 3.79　加噪后顺序联合反演的界面图
(实线为真实模型,短虚线为初始模型,长短虚线为顺序联合反演结果)

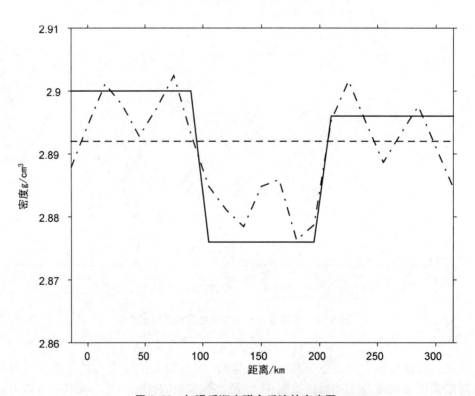

图 3.80　加噪后顺序联合反演的密度图
(实线为真实模型,短虚线为初始模型,长短虚线为顺序联合反演结果)

物性的同时反演结果的差异,特将单层物性反演、同步联合反演界面与物性、顺序联合反演界面与物性得到的物性结果放在以下两张图中。这里只显示无噪声数据的反演结果,有噪声数据反演结果与无噪声的规律相似。图 3.82 为密度结果,图 3.83 为速度结果。

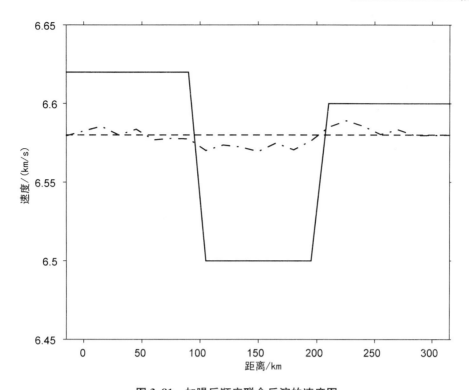

图 3.81　加噪后顺序联合反演的速度图

（实线为真实模型，短虚线为初始模型，长短虚线为顺序联合反演结果）

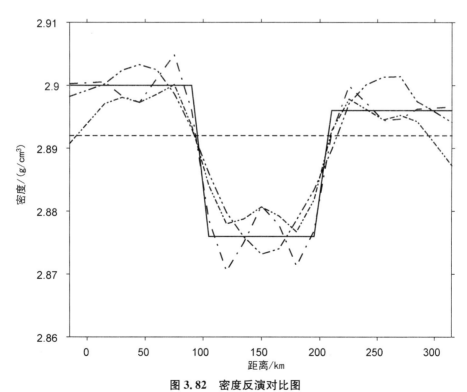

图 3.82　密度反演对比图

（实线为真实模型，短虚线为初始模型，长短虚线为单一物性反演结果，中长虚线为
同步联合反演结果，长虚线为顺序联合反演结果）

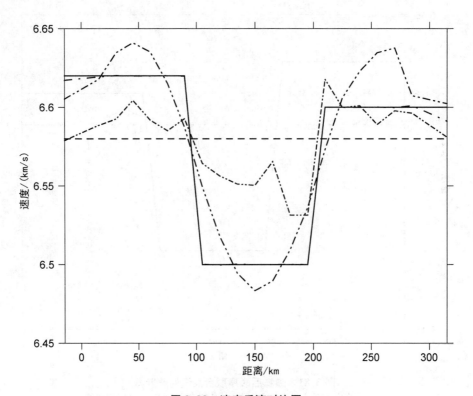

图 3.83　速度反演对比图
（实线为真实模型，短虚线为初始模型，长短虚线为单一物性反演结果，
中长虚线为同步联合反演结果，长虚线为顺序联合反演结果）

　　由模型试验可以看出，对于界面与物性均不确定的情况下，将界面与物性都作为需要反演的参数，分别采用同时反演界面与物性的方法和循环反演界面与物性的方法，最终都得到了比较可靠的反演结果，但是从图 3.82 和图 3.83 中可以看出，在有准确界面信息的条件下进行纯粹物性的反演，其结果明显好于界面与物性的同时反演或者界面与物性的循环反演结果。而界面的反演结果也有同样的规律。

4 重、磁、震联合反演系统的应用

4.1 东海陆架区的应用

4.1.1 基本概况

试验区是中国石油化工股份有限公司上海海洋油气分公司 2004 年完成的 1/20 万重、磁、地震综合调查区块,位于北纬 28°15′至北纬 30°20′,东经 122°50′至东经 125°05′范围内。该区为东海陆架区,水深 50～100 m,西浅东深,分布众多的北西—南东向沙脊。地质结构属于东海陆架盆地西部,覆盖了钱塘凹陷、海礁凸起南部及鱼山凸起西北部,西侧与浙闽隆起相邻,东侧与西湖凹陷相邻。

试验区空间重力异常见图 4.1,磁力 ΔT 异常图见图 4.2。

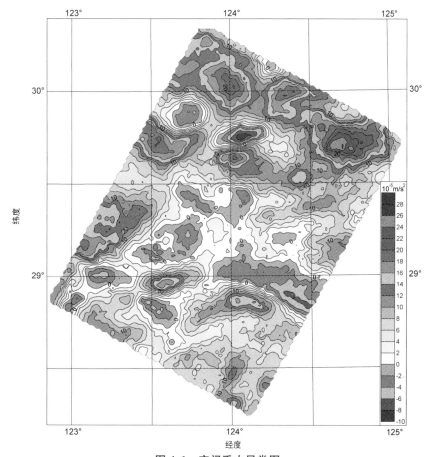

图 4.1 空间重力异常图

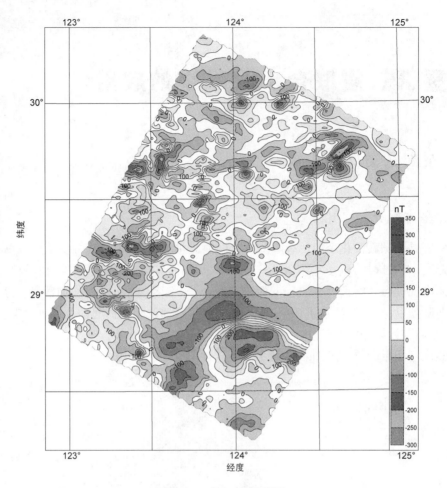

图 4.2　磁力 ΔT 异常图

以往工作表明：

（1）海礁凸起上覆有 1 500～1 800 m 的新生代沉积，自下而上为下中新统、中中新统、上新统及第四系，缺失古新统、始新统、渐新统和上中新统。

（2）海礁凸起新生界以下推测为侏罗纪、白垩纪的火山岩系。

（3）少量地震剖面，在上述火山岩系下有地震反射波组，推测为轻变质的上古生代沉积层。

（4）钱塘凹陷为中新生代沉积凹陷，最大沉积厚度超过 6 000 m，推测中生界厚度为 4 000 m 左右，古、始新统 1 200 m，中、上新统与第四系 1 000～1 800 m，存在中生代潜山披覆构造。

（5）具磁性的岩石主要为中酸性侵入岩与前古生代变质岩，以感应磁化为主，磁化强度前者为 400×10^{-3}～$1\,000 \times 10^{-3}$ A/m，后者为 0×10^{-3}～$1\,000 \times 10^{-3}$ A/m；中生代地层与上覆新生代地层之间具有 0.1×10^{3}～0.5×10^{3} kg/m^3 的密度差，与下伏前中生代地层之间则有 0.1×10^{3} kg/m^3 的密度差。

基于调查目的，开展了如下工作：重磁异常分离、目标界面异常提取、联合反演求目标界面的形态与埋深、D464 测线重磁震综合反演。

4.1.2　重、磁异常的分离与提取

依据地震资料揭示的 T_2^0，T_3^0，T_4^0，T_5^0 各构造界面埋深图，通过"重、磁、地震联合反演系统"三维重磁人机交互正演计算软件正演计算各层密度差异产生的总的重力效应(图4.3)。计算中将各构造界面埋深网格数据自然外推扩展成 255 km×255 km 的矩形网格区域，网格节点间距为 1 km。T_2^0 构造界面上下地层的密度差为 $0.2×10^3\,\mathrm{kg/m^3}$，其余各构造界面上下地层的密度差为 $0.1×10^3\,\mathrm{kg/m^3}$。

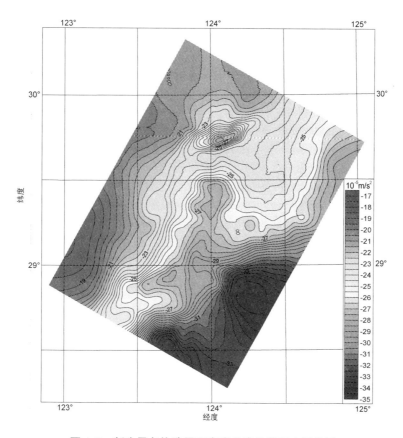

图 4.3　新生界各构造界面密度差产生的重力异常图

从实测空间重力异常中补偿上 T_2^0，T_3^0，T_4^0，T_5^0 各构造界面上下地层密度差异产生的重力效应，获得剩余重力异常(图4.4)。

对剩余重力异常进行小波分解，取二阶逼近场与四阶逼近场之差(图4.5，相当于三阶细节场与四阶细节场之和)作为中生界、古生界底和变质基底之间密度界面产生的重力异常。这时，在测区的北部低值重力异常分布区与地震资料揭示的中生界加厚区有较好对应。

同样，对磁力 ΔT 异常数据自然外推扩展成 255 km×255 km 的矩形网格区域，网格节点距为 1 km。然后通过"重、磁、地震联合反演系统"的变倾角总磁异常 ΔT 化极计算模块进行化极转换，求取化极处理后的磁力 $\Delta Z_\perp$ 异常(图4.6)。对磁力 $\Delta Z_\perp$ 异常进行小波分解，取三阶逼近场作为反演磁性基底的磁异常(图4.7)。

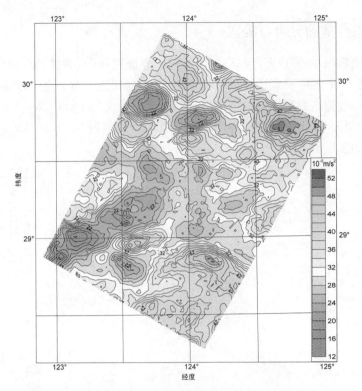

图 4.4　剩余重力异常图

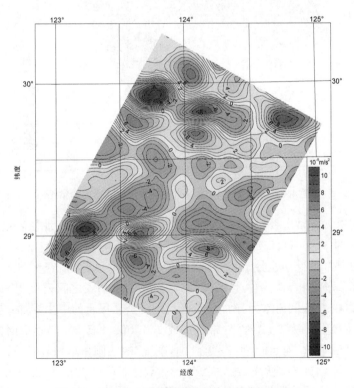

图 4.5　剩余重力异常小波分解三阶十四阶细节场

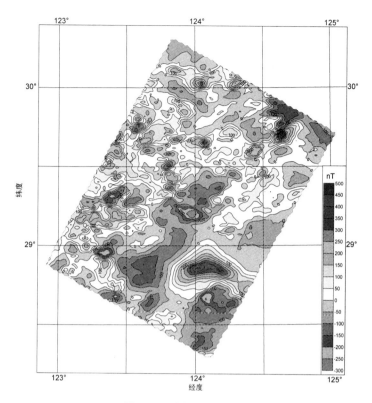

图 4.6 磁力 $\Delta Z_\perp$ 异常图

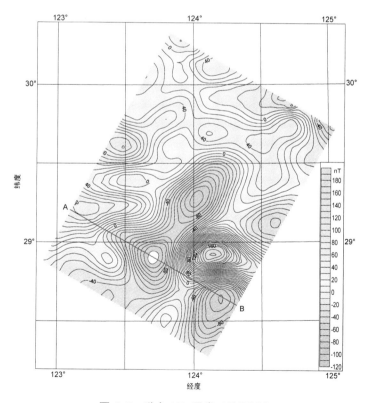

图 4.7 磁力 $\Delta Z_\perp$ 异常三阶逼近场

4.1.3 464 测线剖面重磁震综合反演

沿试验区地震 464 测线(图 4.7AB 测线所示位置)取间隔 1 km 的原始重、磁异常数据及经上述处理后提取的目标界面重、磁异常(剩余重力异常三阶细节场与四阶细节场之和,磁力 $\Delta Z_\perp$ 异常小波三阶逼近),如图 4.8a,b 所示。应用"重、磁、地震联合反演系统"的二维重、磁、地震联合反演模块对剖面重、磁异常和地震资料进行目标界面的联合反演。反演时,古生界与变质基底之间密度差取为 0.03×10^3 kg/m³,中生界与古生界之间密度差取为 0.05×10^3 kg/m³,具磁性的变质基底磁化率强度为 150×10^{-3} A/m。经过 30 次的叠代运算,在重力拟合均方差小于 0.3×10^{-5} m/s²,磁力拟合均方差小于 20 nT 时结束运算。

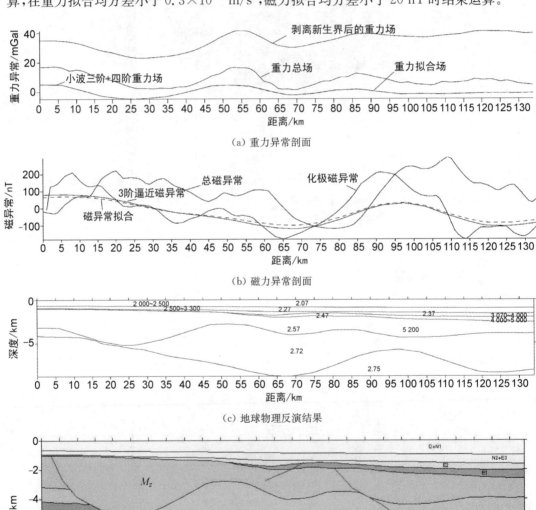

(a) 重力异常剖面

(b) 磁力异常剖面

(c) 地球物理反演结果

(d) 地质解释剖面

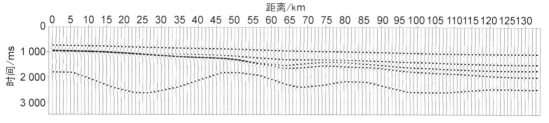

（e）计算的反射地震同相轴

图 4.8　地震 464 测线剖面重、磁、地震综合反演

重、磁、地震联合反演断面图如图 4.8c，d，e 所示。图 4.9 是实际的地震剖面，可看到在新生界之下，仍存在反射地震同相轴，但在有些地段并不清晰。在可识别的地段，基础层内计算的地震剖面同相轴的展布特征与实际地震剖面的反射特征有相似性。在剖面 70 km 处，地震剖面对基础层的反映十分模糊，重、磁、地震联合反演（主要以重、磁为主）揭示的中生界底界面埋深为 4.1 km，中生界厚度在 2.3 km 左右。在这里垂直剖面往北 4 km 左右是富阳一井，完钻井深 4 501.92 m，揭示新生界视厚 1 753 m，中生界已钻遇视厚 2 650.92 m。说明联合反演揭示的中生界底界面埋深与实际情况较吻合。

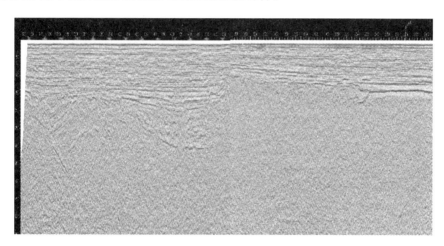

图 4.9　地震 464 测线实际的反射地震剖面

4.1.4　平面重磁数据的联合反演

对前述提取的重磁异常 1 km×1 km 的网格节点数据进行重采样，形成 5 km×5 km 的网格节点数据。应用"重、磁、地震联合反演系统"的变密度重磁界面联合反演模块对重采样后的重磁异常进行目标界面的联合反演。反演时，古生界与变质基底之间密度差取为 $0.03×10^3$ kg/m^3，中生界与古生界之间密度差取为 $0.05×10^3$ kg/m^3，具磁性的变质基底磁化率强度为 $1.5×10^3$ A/m。经过 34 次迭代，重力拟合均方差小于 $0.2×10^{-5}$ m/s^2，磁力拟合均方差小于 15nT。反演获得的中生界、古生界底界面形态如图 4.10、4.11 所示。

由反演获得的中生界、古生界底界面埋深和地震资料揭示的 T_8^0（新生界底界面）埋深，求差可获得海礁凸起、钱塘凹陷区块中生界、古生界的厚度分布如图 4.12、图 4.13 所示。显然，它们是试验区在前新生代地层中寻找油气资源的重要基础材料。

141

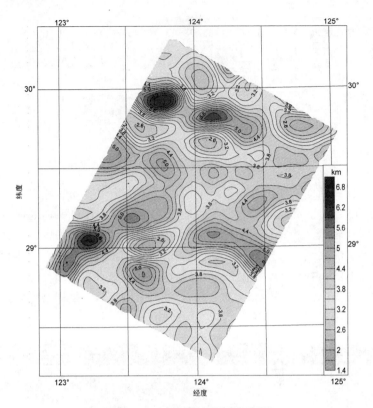

图 4.10　中生界底界面埋深图

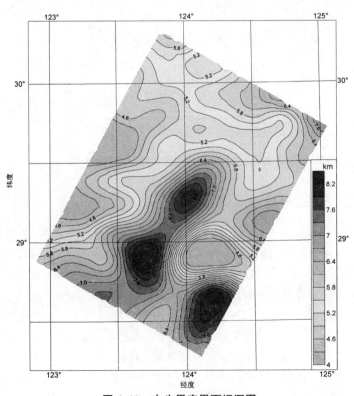

图 4.11　古生界底界面埋深图

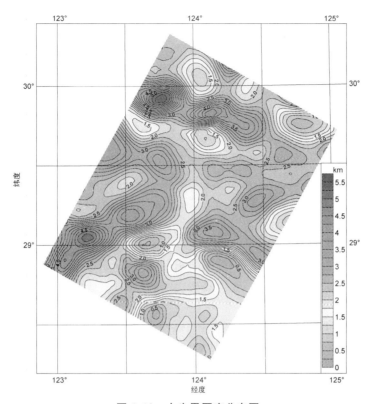

图 4.12 中生界厚度分布图

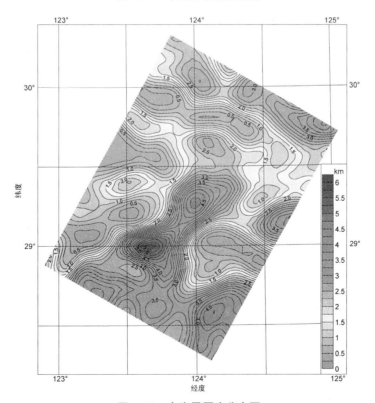

图 4.13 古生界厚度分布图

4.2 东海试验区的应用

4.2.1 基本概况

东海地区自西向东大致可分为大陆架、冲绳海槽、琉球群岛、古陆坡、琉球海沟和菲律宾海盆。

大陆架：南北长 1 300 km，东西宽 240～640 km，面积为 52.99 万 km²，平均水深 78 m，平均坡度 2′17.57″～51′41″。北宽南窄，北缓南陡。北部陆架边缘水深转折点水深为 165 m，南部陆架边缘水深转折点为 195 m。

冲绳海槽：为一向南东凸出的弧形舟状槽地，宽 100～270 km，长约 1 200 km。水深为北浅南深，南段水深大于 2 000 m、中段为 1 000～2 000 m、北段 800～600 m。

琉球群岛：从日本西南到台湾岛向南东凸出的弧线上，分布着数十个大小不一的岛屿，部分岛屿潜于水下，就像撒在东海与菲律宾海之间的一串白色珍珠（主要为珊瑚礁组成），成为上述两个海的自然分界。

琉球海沟：水深可达 6 000～7 000 m，其走向与冲绳海槽、琉球群岛一致，也为向南东凸出的弧形，是太平洋西缘海沟的一部分。

1994 年中科院海洋研究所采用海底地震仪（OBS）在海区开展工作，在东海陆架区得到 3.4 km/s，5.7 km/s，6.5 km/s 和 7.0 km/s 速度层，莫霍面埋深为 27～31 km，地壳厚度由西向东变薄。1994 年喻普之等在琉球群岛至琉球海沟得到了剖面地壳结构。日本学者使用海底地震仪，对冲绳海槽的地壳结构进行过折射地震勘探。

1976 年美国和台湾大学海洋研究所在冲绳海槽南段深水区完成了 5 条双船地震折射测线，获得深达莫霍面的地壳结构资料。

自 20 世纪 80 年代始，原地质矿产部上海海洋地质调查局在东海地区开展了以找油气为主的地球物理综合调查，方法以地震、重、磁为主。围绕油气勘探目标，开展了多项攻关研究及综合研究，布设了多口钻井，发现了多个油气田，例如西湖凹陷大型含油气盆地。以往这些工作主要围绕油气勘探进行，综合研究的深度一般小于 10 km，钻井深度一般为 3～4 km，最深为 5 km 左右。编制的 1∶100 万东海构造区划图，提出了东西分带、南北分块的构造格局，自西向东分为浙闽隆起、东海陆架盆地、钓鱼岛岩浆岩带、冲绳海槽盆地、琉球岛弧、弧前盆地、琉球海沟、菲律宾海盆等多个构造单元。

随着国际岩石圈计划的推进，1989—1990 年，上海海洋地质调查局在东海对长江口—琉球海沟的一条地学断面进行过研究。1991—1994 年，在东海又对大衢山岛—菲律宾海地学断面进行了研究，1996 年此成果在第 30 届地质大会上进行了展示。这些成果应用的地震成果纪录长度小于 7 s，研究深度仅限于地壳。

1985—1990 年，由刘光鼎院士主持，开展了中国海区及邻域地质地球物理系列图的编制工作，在地球物理场及地质成果研究的基础上，开展了莫霍面、构造演化、新生代盆地等方面的研究。

1996—2000 年，上海海洋石油局（原地质矿产部上海海洋地质调查局）主持承担了国家高技术研究发展（863）计划海洋领域设立的"海洋深部地壳结构探测技术"课题（编号 820-

01-03),通过在东海实施一条地震合成排列(SAP)、重、磁综合探测剖面及三条与其垂直的扩展排列(ESP)地震探测剖面,开发研制一套用于海洋深部地壳结构研究的方法技术与相应软件。在地震探测中采用双船折射、广角反射数据采集技术,建立了等距放炮技术,采用低频大容量气枪作为震源,记录长度达到 18 s,以保证接收点位的等距分布及地壳深部信息的获取。此课题下设的"地壳结构重磁地震综合反演技术"子课题(编号 820-01-03-02)则成功研制了"地壳结构重磁地震综合反演解释系统(GMSIS)",为运用重磁地震成果开展地壳结构研究提供了高新技术支撑。

2001 年 4 月至 2002 年 12 月,上海海洋石油局承担了"东海地区岩石圈三维结构研究"课题,研究范围为北纬 25°至 34°,东经 121°至 132°,覆盖了浙闽隆起、东海陆架盆地、钓鱼岛岩浆岩带、冲绳海槽大陆裂谷、琉球隆褶区至菲律宾板块。课题采用 820-01-03 课题提供的技术与软件完成了沉积基底面、莫霍面、岩石圈底界面形态、展布的研究,建立了沉积基底面、莫霍面、岩石圈底界面等三个地学界面;综合反演解释了二条重磁地震综合调查剖面(其中一条为 820-01-03 课题实施完成的重磁地震综合调查剖面,走向 118.68°,长度 725 km,跨越了浙闽隆起、东海陆架盆地、钓鱼岛岩浆岩带、冲绳海槽大陆裂谷、琉球隆褶区至菲律宾板块),制作了二条深达岩石圈底界面的地学断面,提交了"东海地区岩石圈三维结构研究报告"、一幅岩石圈三维结构分区图。

本次东海试验区范围:北纬 23°至 35°,东经 120°至 132°,海区覆盖了浙闽隆起、东海陆架盆地、钓鱼岛岩浆岩带、冲绳海槽大陆裂谷、琉球隆褶区至菲律宾板块(图 4.14)。采用覆盖全区的航空磁力 ΔT 异常研究居里面;采用不同于以往的覆盖全区的布格重力异常研究莫霍面。

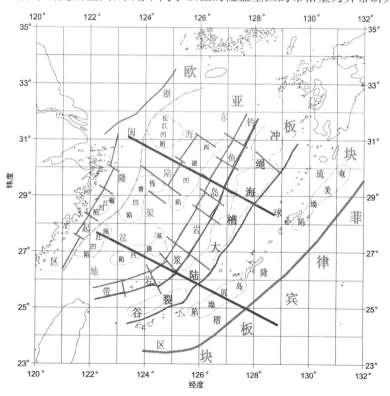

图 4.14 试验区范围及海区构造分区示意图

4.2.2 居里面研究

数据基础:全覆盖的航空磁力 ΔT 异常成果(图 4.15)。

等值线:实线>0,点划线=0,虚线<0;间隔(nT):±0,25,50,100,150,200,300,400。

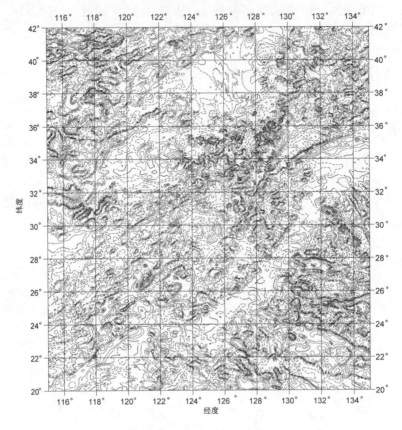

图 4.15 磁力 ΔT 异常图

方法技术:选用全磁纬变倾角化极技术,将磁力 ΔT 异常转换为垂直磁化磁场垂直分量,表示为磁力 $\Delta Z_{\perp}$ 异常(图 4.16,等值线:实线>0,点划线=0,虚线<0;间隔(nT):±0,50,100,150,200,300,400,500,+600)。选用小波分解技术对磁力 $\Delta Z_{\perp}$ 异常进行位场分解,对分解结果进行分析对比,认为三阶逼近场的结果(图 4.17,等值线:实线>0,点划线=0,虚线<0;间隔:20 nT)主要与居里面的埋深和起伏相关。在此认识的基础上,采用单一界面反演技术求取居里面的埋深和起伏。反演参数:平均深度 17 km,磁化强度 334×10^{-3} A/m。

居里面初析(图 4.18,等深线:实线<17 km,点划线=17 km,虚线>17 km;间隔:1 km):

(1) 居里面埋深 13~22 km,等深线圈闭的长轴方向、等深线密集带延伸方向表现为北北东向。

(2) 岩石圈三维结构二级单元的分区界线均与居里面等深线密集带对应,表明居里面对二级单元有一定的控制作用。

(3) 岩石圈三维结构各个分区单元与居里面的起伏对应:

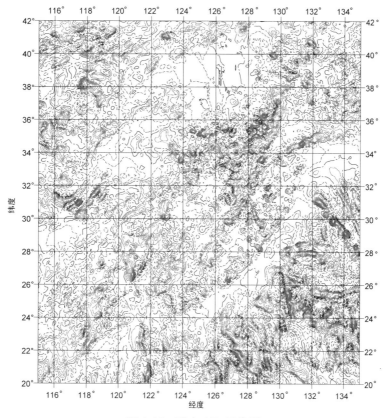

图 4.16 磁力 $\Delta Z_{\perp}$ 异常图

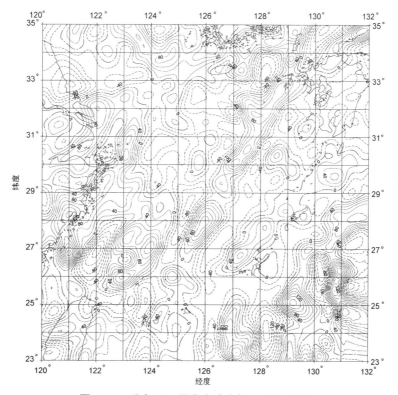

图 4.17 磁力 $\Delta Z_{\perp}$ 异常小波分解三阶逼近场图

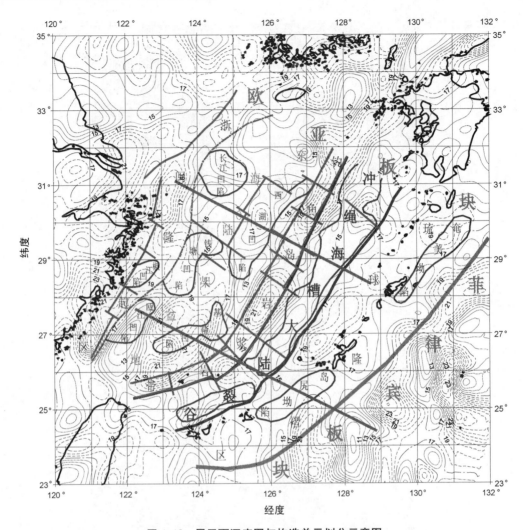

图 4.18　居里面深度图与构造单元划分示意图

　　浙闽隆起区、钓鱼岛岩浆岩带整体与居里面下凹对应,最深可达±22 km。表明这二个二级单元,磁性地层发育,地温梯度±3 ℃/100 m。

　　冲绳海槽大陆裂谷达部分区域与居里面上凸对应,最浅±15 km,表明此区地温梯度较大,达±4.3 ℃/100 m,佐证了对其大陆裂谷的命名。

　　东海陆架盆地南部,除瓯江凹陷与居里面上隆对应外,其余部分均与居里面下凹对应,瓯江凹陷处于地温较高的位置,有利于提高油气藏的成熟度。

　　东海陆架盆地北部,居里面起伏相对较小,埋深 13~18 km,地温梯度大于 3 ℃/100 m,有利于提高油气藏的成熟度,西湖凹陷油气开发的成功与此推测是一致的。

4.2.3　莫霍面研究

　　数据基础:海区采用卫星测高反演的空间重力异常进行海底地形改正得到布格重力异常,然后与陆地布格重力异常拼接得到全区的布格重力异常(图 4.19,等值线:实线>0,点划线=0,虚线<0;间隔(10^{-5}m/s^2):5)。

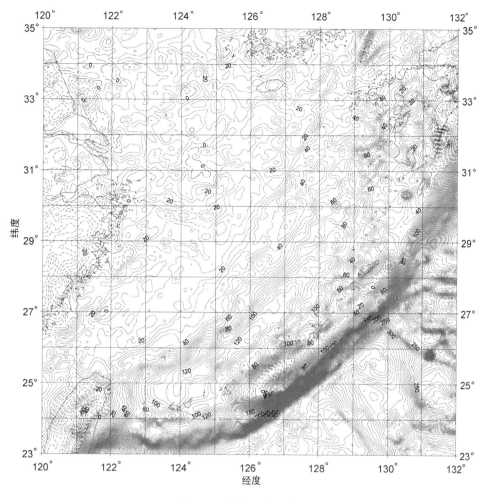

图 4.19　布格重力异常图

方法技术：选用小波分解技术对全区布格重力异常进行位场分解。依据已有的认识对分解结果进行分析对比，认为四阶逼近场的结果（图 4.20，等值线：实线＞0，点划线＝0，虚线＜0；间隔（10^{-5}m/s²）：5,2（−10～10））主要与莫霍面的埋深和起伏相关。在此认识的基础上，采用单一界面反演技术求取莫霍面的埋深和起伏。研究区自西向东，跨越了多个地质构造单元：浙闽隆起、东海陆架盆地、钓鱼岛岩浆岩带、冲绳海槽大陆裂谷、琉球隆褶区至菲律宾板块。依据所处的构造单元不同，选用不同的剩余密度进行全区莫霍面深度反演，每次反演仅保留相应构造单元位置的反演结果，然后进行全区反演结果的拼接融合，得到研究区的莫霍面深度图（图 4.21，等深线间隔：1 km）。

此次莫霍面求取：

基础数据——布格重力异常是采用海底地形改正得到，真实性得到较大提升；

重力异常数据全覆盖，没有缺失的区块；

采用地学断面的研究成果进行反演约束；

不同的构造单元采用不同的参数进行反演。

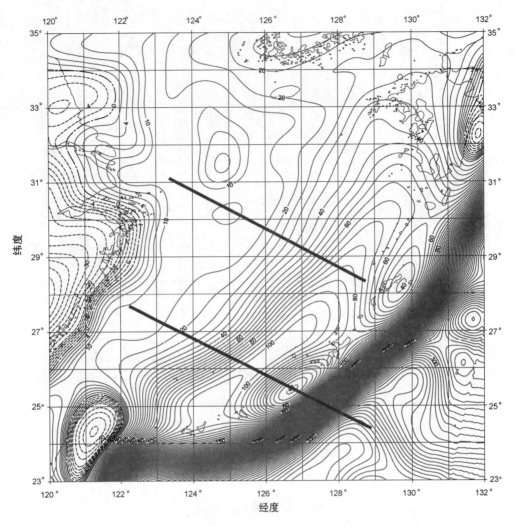

图 4.20　布格重力异常小波分解四阶逼近场与地学断面位置示意图

莫霍面特征：

(1) 莫霍面埋深,6～35 km,自西北向南东,呈现深—浅—深—浅格局。

江浙沿海及台湾,深(28～35 km);

冲绳海槽大陆裂谷,浅(22～16 km);

琉球隆褶区,深(19～24 km);

菲律宾板块地区,浅(6～10 km)。

(2) 琉球隆褶区莫霍面呈现两个下凹,埋深 22～24 km,与两个坳陷(奄美坳陷、岛尻坳陷)对应,表明莫霍面对它们有直接的控制作用。

(3) 东海陆架地区,莫霍面平缓,呈单斜向南东倾伏,埋深 22～28 km,与陆架区众多凹陷没有对应关系,表明莫霍面对它们没有直接的控制作用。

(4) 起伏剧烈程度,由西南向北东逐渐减弱,中间向两侧增强,菲律宾板块地区平缓。

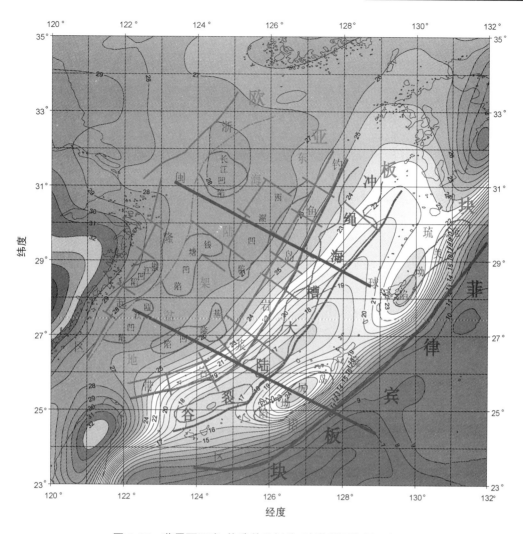

图 4.21 莫霍面深度、构造单元划分、地学断面位置示意图

4.3 渤海示范区的应用

渤海及其周边是我国油气资源最为丰富的地区之一,自 20 世纪 60 年代以来,相继发现并开发了包括辽河、冀东、大港、胜利以及渤海海域在内的一批大中型主力油田。这些油田直至现在仍是增储上产的生力军。经过几代地学工作者的辛勤劳动和努力,对渤海湾盆地的成因研究不断创新,认识不断提高,油气勘探连续取得突破。这里已成为我国盆地动力学研究、典型叠合盆地或残留盆地研究的重要创新基地之一(刘光鼎,1997,2001)。

近年来,随着潜山油气、深层油气勘探的迅猛发展,各大石油公司和科研院校积极探索将非震方法与地震技术相结合的技术路线,在现有地震和地质资料约束下,利用重磁等非震方法反演深层或前新生界界面,勾画前新生界残留盆地宏观分布,取得了一些可喜的进展。陆区地表露头的地质资料、盆区数量不多的能揭示深层地质结构的地震资料、勘探和开发以新生界为主体的油气资源时少量钻遇古生界的钻井成果,它们为重磁资料为主勾画中、古生

151

界残余厚度的宏观分布提供了重要的标定。

大量的研究表明,地壳深部结构和构造演化控制着盆地的形成,进而控制着盆地内油气的生成、运移和聚集。充分重视对沉积盆地地壳深部结构特征的调查研究,将沉积盆地的地壳深部结构信息与盖层特征分析有机结合,能对盆地油气资源做出正确的客观评估,提高油气资源的勘探效益。"十二五"期间,国家 863 重点项目"海陆联合深部地球物理探测关键技术研究与应用"在这一地区开展了 OBS 测量工作。结合 OBS 测量成果进行重、磁、震联合反演,加强了地震解释的约束,从而提高重、磁反演的精度;在此基础上建立渤海海域构造模型,对于基础研究、油气勘探和防灾减灾具有重要意义。

在渤海示范区,"重、磁、地震联合反演技术"旨在 OBS 成果和深、浅部地震资料约束下,利用重磁资料计算基底深度(包括重力基底与磁性基底),在岩石物性资料基础上,给出中生界底界深度(包括上古生界)及古生界(包括中、上元古界)的底界。研究技术路线如图 4.22 所示,重点加强了岩石物性和地质-物探模型建立。这两个环节体现了物探与地质结合、重磁电与地震结合、平面与剖面解释结合、正演与反演结合的原则以及区域控制局部,深层约束浅层的指导思想。

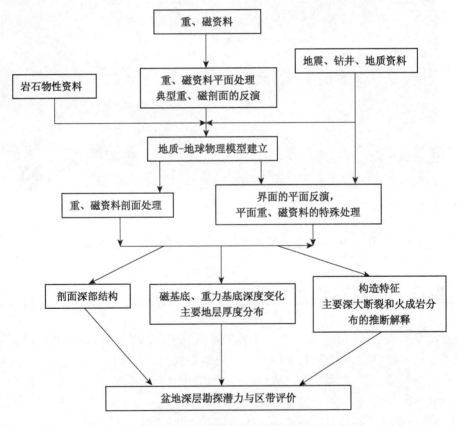

图 4.22　课题研究技术路线图

4.3.1　海底地震仪(OBS)布设

垂直测区构造走向,按 286°方向布设 OBS 观测站位测线,测线总长度 234 km。此次布设海底地震仪 55 台,布设站位见图 4.23。具体布设:

（1）10 m 水深线以浅区域布设两台。

（2）10 m 水深线至渤海海峡口布设 44 台，间距 6 km。站位：T00，T01，T03，T04、A01—A40。

（3）渤海中部在原 6 km 间距站位间加密布设 9 台，站位间距缩小到 3 km。站位：B01—B09。

观测完成后，回收 54 台，A4 站位仪器丢失，回收成功率 98%，详见图 4.24。在所有回收的 54 台仪器中，A2，A22，A32，A34 站位仪器无记录，A1，A20 站位仪器记录错误，损失了一部分数据，对测线的完整性造成了一定的影响。数据可利用率为 88%。

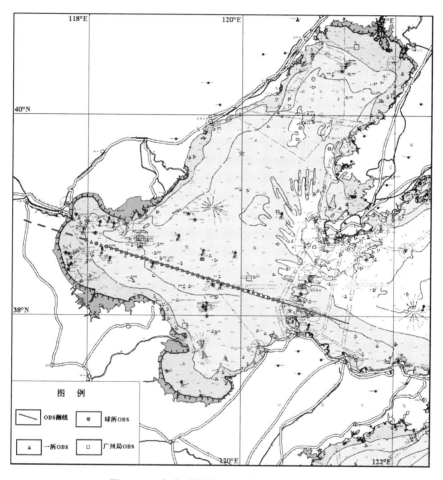

图 4.23　海底地震仪(OBS)布设位置示意图

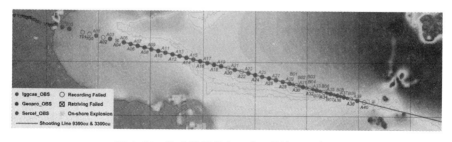

图 4.24　海底地震仪(OBS)回收情况示意图

4.3.2 海域资料处理解释

1. 震相识别(图 4.25)

借鉴陆域人工地震测深的成果,对各站位来自不同深度、不同属性的地震波组进行了识别对比,根据他们的运动学和动力学特征识别到的主要震相包括:Ps,Pg,PmP 和 Pn。

Ps 为沉积层内折射波,该波是近距离接收的初至波,能量强,视速度低,在 3 300 in³ (1 in³=1.638 71×10⁻⁵ m³)测线上特征明显,分布于站位两侧 0～10 km 内。Ps 震相在凹陷和凸起区特征明显不同,其中位于渤中凹陷区的 A14,A16 站位(图 4.25b,c)存在明显的速度突变,可将 Ps 进一步划分为 Ps1 和 Ps2,其中 Ps1 视速度约为 1.78～3.0 km/s,结合多道地震资料推测为新生代沙河街组沙三段以浅沉积层内折射波,Ps2 震相视速度 4.2～4.5 km/s,推测为沙三段以深沉积层内地层折射震相。在沙垒田凸起 A12 站位(图 4.25a)和渤南凸起 B02 站位(图 4.25e)只有 Ps1 震相。Ps 震相的走时特征清晰地展示了不同区域的沉积构造差异。

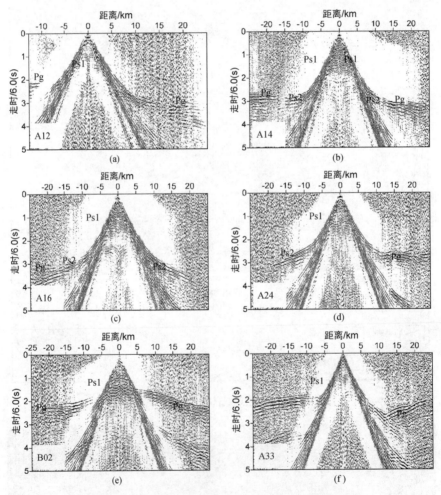

图 4.25 3 300 in³ 测线地震记录剖面图(水听器分量)

Pg 为上地壳上部基底的折射震相,紧随 Ps 波组出现,该震相表现为能量较强,不可连续追踪的特点。在沙垒田凸起区 A12 站位(图 4.25a),Pg 以视速度约 6.0 km/s 随炮间距增大视速度缓慢增加的走时曲线出现。在沙垒田凸起向渤中凹陷的过渡区 A14 站位(图 4.25b)与 A12 有相似特征,但是受沉积厚度影响折合走时变深,而位于渤中凹陷中的 A16 站位(图 4.25c),由于沉积层厚度的影响,以及渤海海域水深浅,工业渔业活动以及来往船只频繁等噪音影响,Pg 震相较弱,未能与 Ps 震相连续出现。郯庐断裂带内由于低速层和复杂的浅部断裂的影响,Pg 震相出现较大的视速度(图 4.25f),其走时曲线与断裂的空间展布有相似特征。结合已有的研究成果,华北平原坳陷区 Pg 震相受巨厚沉积层影响传播距离受限,因此此次试验中大部分站位的 Pg 震相呈现断续不连续的特征,但是个别站位如郯庐断裂东侧的 A36(图 4.26a)以及沙垒田凸起处的 T0(图 4.26b)较好地记录了 Pg 震相的连续传播特征,其可分别连续追踪 56 km,65 km,在折合剖面上的走时曲线基本反映了基底面的起伏特征。Pg 震相很好地体现了凸起和凹陷区的非均匀结构特征。

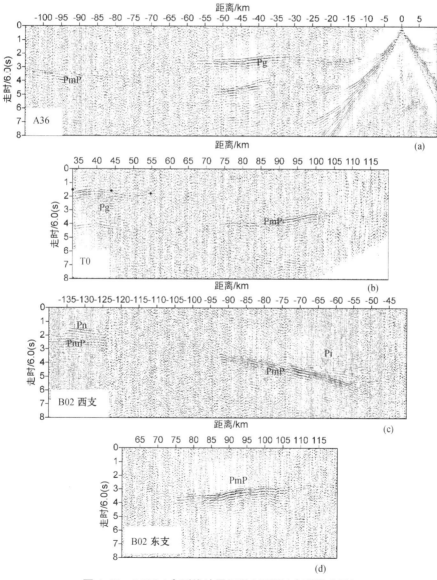

图 4.26 9 300 in³ 测线地震记录剖面图(水听器分量)

　　PmP 震相是来自莫霍界面的反射波,该震相总体上具有振幅能量强、较为连续可靠的优势波组特征,它在大部分站位均有反映。位于沙垒田凸起的 T0 站位(图 4.26b)PmP 震相可以从 73 km 处追踪到 105 km,反映了沙垒田凸起区稳定的壳幔边界结构。B02 站位西支(图4.26c)可从 50 km 处追踪到 95 km 对应于渤中凹陷东南侧向郯庐断裂带的过渡地带,而在 47～85 km 间 PmP 出现前存在相对较强的震相 Pi,在其他站位的渤中凹陷位置也有相似震相特征,这与冀中坳陷内人工地震测深剖面极为相似,推测为典型活动构造区"反射的下地壳"波组。B02 站位东支(图 4.26d)可从 74 km 处追踪到 115 km,反映了胶辽隆起区壳幔边界的结构特征。

　　Pn 震相是来自上地幔顶部的弱折射震相,只在个别站位能识别到,其中 B02 站位西支(图 4.26b)125～135 km 处出现视速度为 8 km/s,与 PmP 震相切关系以初至形式出现的波至,推测为 Pn 震相。

　　2. 初至层析成果

　　结合两种枪阵的探测数据,对所有 OBS 可识别的初至震相进行拾取(图 4.27),建立水层和地层两层模型进行初至层析,使用的软件为德国 Geopro 公司提供的 Warrpi 软件包(核心代码为 seis83 软件包),共使用的有效初至震相为 18 325 个,初至层析后的走时残差均方根 RMS 为 93 ms,截取其中 220 km 的初至层析结果见图 4.28。

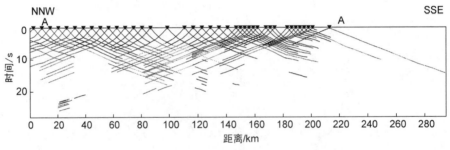

图 4.27　初值波拾取

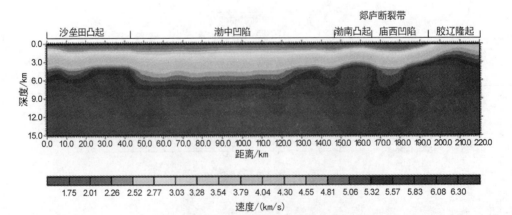

图 4.28　初值波层析成像剖面

　　从层析结果看,9 km 以浅深度射线密度多,结果可靠,基本上反映了盆地内构造单元的起伏趋势。以 4.2 km/s 作为新生代沉积盆地底界,新生代盆地基底起伏较大,渤中凹陷和庙西凹陷内沉积厚度大,其中渤中地区厚度可达 5～6 km,这对于渤海浅水海区 Pg 震相以及壳内折射震相的传播起到衰减作用。以 6 km/s 为结晶基底面的起伏,渤中凹陷区射线密度大,结晶基底埋深 9 km 左右。郯庐断裂带在庙西凹陷内 5 km 以深存在一"U"形下凹的相对低速体,并且宽度有向深部减小的趋势。胶辽隆起区沉积厚度很薄。

3. 地层结构

首先综合两种枪阵的浅部震相,沿剖面获得新生代沉积基底厚度。新生代沉积层可以分为两层:1.7~4.2 km/s 之间为新生代沙河街组沙三段以浅地层,界面起伏较大;4.2~4.5 km/s 地层主要分布在渤中凹陷与庙西坳陷内,盖层底界面即为新生代沉积基底,渤中凹陷处埋深 5.6 km,渤南凸起与沙垒田凸起处 2~3 km。

其次拾取莫霍界面反射震相(图 4.29),反演获得地壳内速度分布和莫霍面起伏(图 4.30),渤中处莫霍面埋深最浅 26 km。

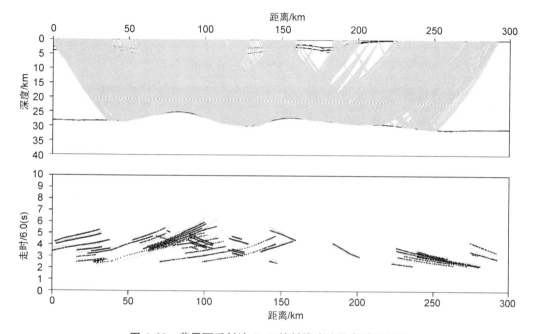

图 4.29 莫霍面反射波 PmP 的射线追踪及走时对比图

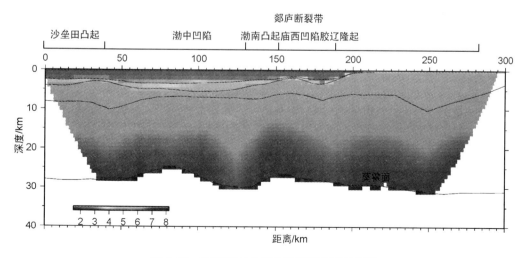

图 4.30 海域剖面 P 波速度模型莫霍面起伏

　　综合海洋和陆地深地震探测的成果,可以获得横穿渤海的速度剖面(图 4.31),剖面位置见图 4.32,各层界面埋深见表 4.1。

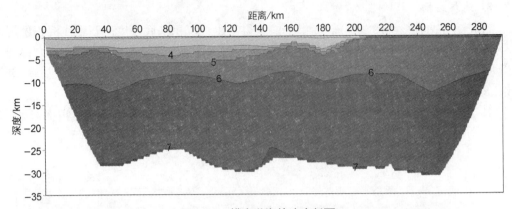

图 4.31　横穿渤海的速度剖面

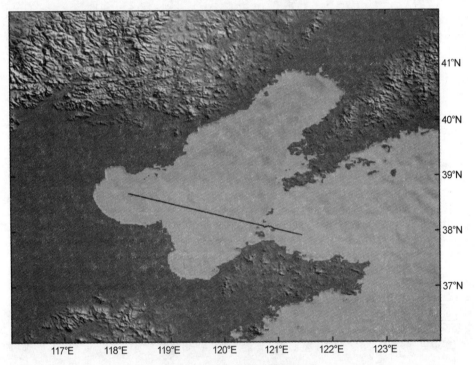

图 4.32　模型剖面位置示意图

表 4.1　各层界面埋深

横坐标/km	新生代盆地底界/km	结晶基底面/km	莫霍面/km
0	2.63	3.8	27.99
10	2.78	4.02	28.28
20	2.46	3.96	28.31
30	2.31	2.93	28.07
40	2.36	3.05	28.34

横坐标/km	新生代盆地底界/km	结晶基底面/km	莫霍面/km
50	3.24	4.5	28.47
60	3.34	5.45	27.12
70	3.81	5.69	25.9
80	4.29	5.67	24.77
90	3.91	5.54	25.18
100	3.28	5.67	27.02
110	3.28	5.52	28.92
120	3.03	5.28	29.56
130	2.72	4.51	30.09
140	2.76	3.97	29.73
150	2.15	2.82	27.07
160	1.44	2.31	26.88
167.92	1.6	2.95	27.87
174.53	2.5	4.24	28.23
177.87	3.02	3.03	28.87
181.38	3.06	0.77	29.33
186.85	2.12	0.37	29.2
195.25	0.82	0.24	29.4
207.36	0.29	0.14	30.13
217.56	0.08	0.09	30.67
250	0.03	0.1	31.17
260	0.03	0.11	31.39
270	0.03	0.11	31.12
280	0.03	0.11	31.05
300	0.03	0.11	31

4.3.3 重磁数据的收集整理与基础资料库建立

1. 实测数据

国家海洋局第一海洋研究所：

2005 年完成的 DW01 区块海洋重力、海洋磁力测量数据 7 810.3 km；

2008 年完成的 DW02 区块海洋重力测量数据 10 207.6 km，海洋磁力测量数据 9 684.3 km。

国家海洋局第二海洋研究所：

2008 年完成的 DW03 区块海洋重力测量数据 10 308 km，海洋磁力测量数据 10 380 km。

图 4.33 为渤海实测重磁采样点分布示意图。

通过平差，得到渤海实测海洋重磁网格数据和平面图件，图 4.34 为渤海海区实测空间重力异常图，图 4.35 为渤海海区实测磁力 ΔT 异常图。

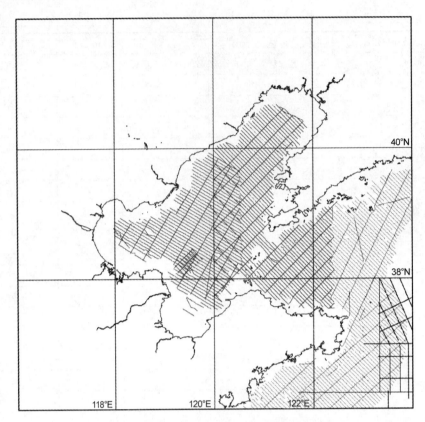

图 4.33　已收集渤海实测重磁采样点分布示意图

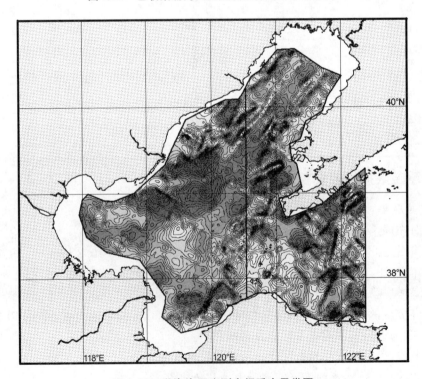

图 4.34　渤海海区实测空间重力异常图

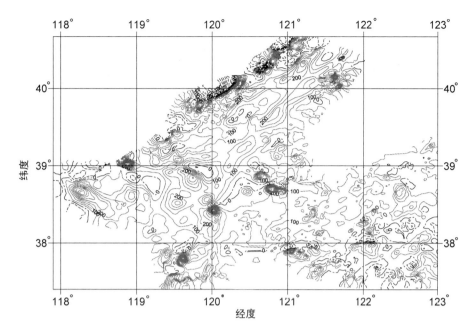

图 4.35　渤海海区实测磁力 ΔT 异常图

2. 网络下载网格化数据

NGDC 全球 $1'$ 网格节点的地磁数据；

NGDC 全球 $1'$ 网格节点的重力数据；

日本东亚磁力异常图网格化数据。

3. 数据融合

下载的网格化重力数据与实测重力数据相比，具有覆盖范围大，不受地形限制的特点，但数据点相对稀少，数据精度相对较低。使用下载的网格化重力数据可以填补实测重力数据的空白，数据同化方法采用"网格化同化"和"位场数据拼接融合"的方法技术。

在渤海海域取 $1°×1°$ 的区域（N38°～39°，E119.3°～120.3°），使用实测重力数据和下载的网格化重力数据，用相同的网格化方法各作一个等值线图（图 4.36）。从图 4.36 可以看出，实测数据与下载的网格化数据相比具有更丰富的细节和更高的分辨率。

由于两组数据使用相同的范围和形同网格化方法，可以保证在相同的网格节点处都有数据。统计两组数据在相同节点处的误差值，可以评价它们的系统误差。两组数据共有 10 201 个节点，节点处误差的平均值为 $1.77×10^{-5}\,\mathrm{m/s^2}$，误差的均方差为 $±2.51×10^{-5}$ $\mathrm{m/s^2}$。将收集到的渤海周边的重力数据整体上抬 $1.77×10^{-5}\,\mathrm{m/s^2}$ 后，与实测重力数据进行整合，形成统一的渤海及周边空间重力异常数据。由此数据集得到的渤海海域空间重力异常图，覆盖了整个区域（图 4.37）。

采用同样的方法，我们也得到覆盖整个渤海海域的磁力 ΔT 异常图（图 4.38）。

在渤海海域的船载重力数据，共有交点 743 个，其中误差值小于 $±10×10^{-5}\,\mathrm{m/s^2}$ 的交点共有 704 个，占交点总数的 94.7%。交点误差的平均值为 $0.028×10^{-5}\,\mathrm{m/s^2}$，均方差为 $±1.77×10^{-5}\,\mathrm{m/s^2}$（误差分布情况见图 4.39）。

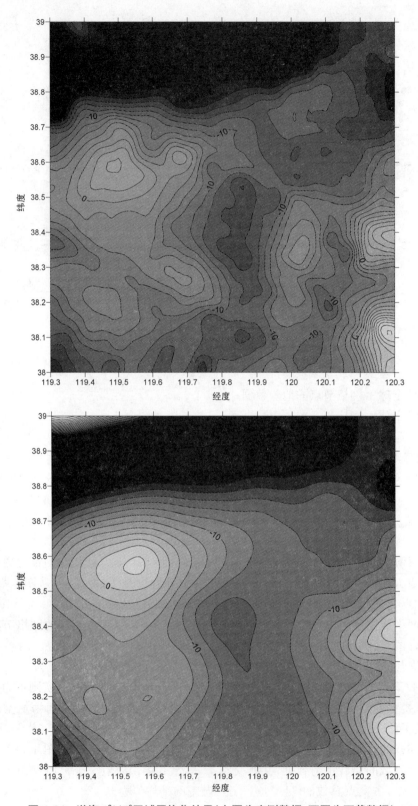

图 4.36　渤海 $1° \times 1°$ 区域网格化结果(上图为实测数据,下图为下载数据)

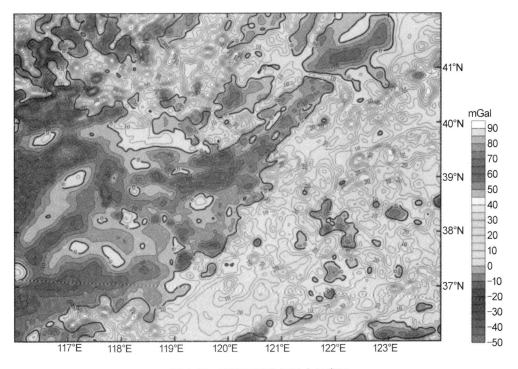

图 4.37　研究区域空间重力异常图

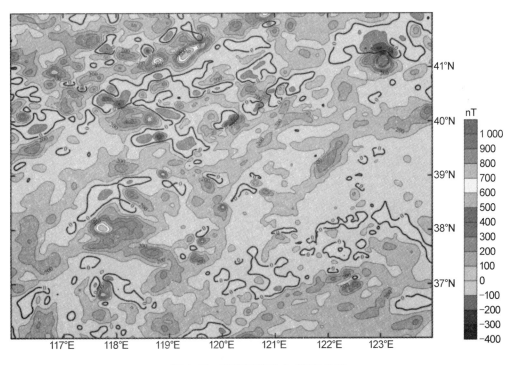

图 4.38　研究区域磁力 ΔT 异常图

渤海海域的磁力数据,共有 623 个交点差值小于 ±20 nT,交点误差的平均值为 −0.006 nT,均方差为 ±2.73 nT(误差分布情况见图 4.40)。

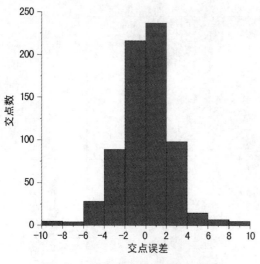

图 4.39 渤海海域重力误差分布图

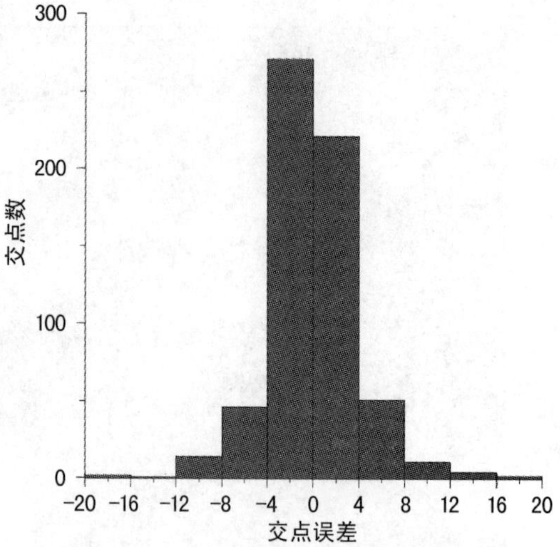

图 4.40 渤海海域磁力误差分布图

4. 重、磁、地震基础资料库的建立

依据 OBS 联测位置制作了地理底图(图 4.41)。经纬度范围:经度 115°~123°,纬度 37°~42°,采用墨卡托投影体系(中央经线 119°,地球椭球体为西安 80,比例尺为 1/100 万)。地理地标由国家 1/50 万地质图库导出。墨卡托投影方厘网范围:X:-267.030~267.03,Y:3 528.970~3 985.470(单位:km)。

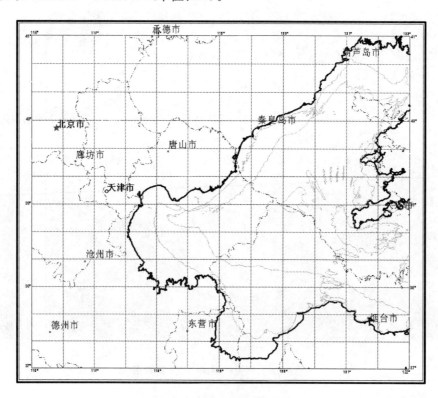

图 4.41 研究区域地理底图

将前述融合的重磁数据(位置信息为经纬度)通过坐标投影,网格化,由此获得的网格数据建立了重、磁基础资料库。

图 4.42 为渤海及周边地区布格重力异常图,图 4.43 为渤海及周边地区磁力 ΔT 异常图。

渤海及周边的重力异常表现为东高西低,以 NNE 向的郯庐断裂带为界,其东侧为胶辽隆起带,以大面积升高的正异常为主;郯庐断裂带以西,空间重力异常以负异常为主,分布有相对孤立正异常圈闭,由 NW 向 SE 重力异常的幅值逐渐升高;在渤海的西北部,有一条NE—SW 走向的高重力异常带,是燕山隆起带重力场上的反映。渤海及周边地区的磁场特征总体上以负异常为主,异常走向以 NE 向为主。在渤海 NE 向轴线附近存在一明显的升高磁异常带,异常带走向 NE 向,该异常带在渤中附近被一 NW 向负异常所截切,同时以此NW 向异常为界将渤海磁场分为南北两个部分,两部分磁力异常特征明显不同,上延 16 km后异常也非常明显(裴彦良,2007)。南部在 NE 走向的背景上,NW 向的串珠状异常十分发育,一定程度上掩盖了 NE 走向特征;北部则主要表现为 NE 向线性异常梯级带,在梯级带中正负串珠状异常带平行展布,十分明显地反映了线性构造的特点。这种异常特征的不同充分反映了渤海南北构造的差异。

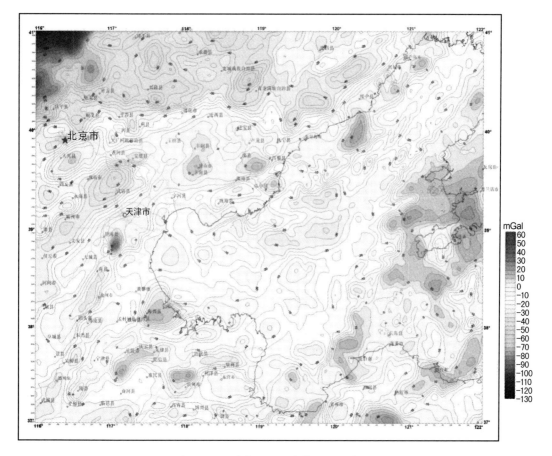

图 4.42 渤海及周边布格重力异常图

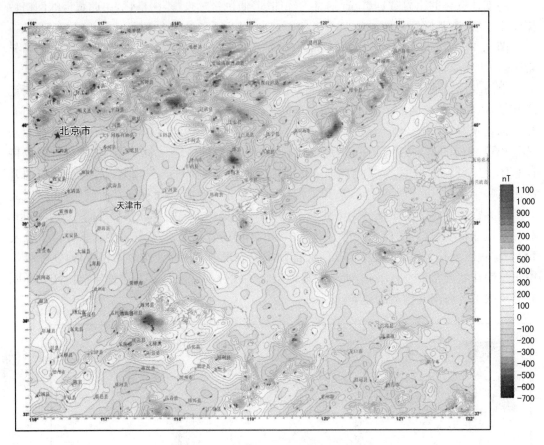

图 4.43　渤海及周边地区磁力 ΔT 异常图

4.3.4　区域地质概况与岩石物性特征

1. 区域地质概况

环渤海湾地区包括冀东、辽西、鲁西、胶东以及渤海湾等地区。区域构造隶属华北断块区,经历了太古宙和古元古代陆块基底形成、中—新元古代和古生代(包括早—中三叠世)稳定盖层发育,以及中、新生代伸展裂陷改造三大阶段。在中生代裂陷旋回中,拉张-挤压作用交替出现,发育火山活动和断陷沉积,同时伴有不同程度的剪切作用,相应形成一些区域性的,如郯庐、沧东、聊城—兰考、太行山山前、宁河—昌黎和陵县—阳信等北北东至北东东向的断裂(带)和如秦皇岛—旅顺、张家口—蓬莱和隆尧—高唐等北西至近东西向的断裂(带)。此后,经晚白垩世约 30 Ma 的长期风化剥蚀,形成了辽阔的"华北准平原"。古新世时,新生代裂陷作用使地壳拉张开裂,准平原解体,伴以玄武岩浆喷溢。随即在辽河、冀中、临清、济阳和黄骅等坳陷地区,沿上述一些北北东至北东东向断裂拉张滑脱,形成一系列断陷盆地(凹陷),其中堆积以陆相碎屑岩为主的地层。渐新世是环渤海湾地区裂陷作用最盛时期,除始新世凹陷仍有不同强度的继续发育外,于北京—蓬莱断裂带延经的冀中坳陷东北部、黄骅坳陷中和北部及渤海地区强烈断陷,新形成武清、歧口和渤中等一些凹陷,渤中坳陷亦就此诞生。这时期环渤海湾地区全境盆—岭化,形成多凹多凸、多坳多隆和多层次倾斜的复式盆—岭构造系统。形成四个主要沉降带:郯庐沉降带,渤海—济阳沉降带,冀中沉降带,黄骅—东濮沉降带。凹陷接受了以陆相杂色砂、泥岩为主的渐新统沉积,其中以武清、歧口和渤中凹陷最厚。末期裂陷作用消失,环渤海湾地区一度相对挤压,反转隆升,并遭受剥蚀。

1)地层

大致可分为三个构造层:结晶基底构造层、盆地基础构造层和盆地盖层构造层。

(1)结晶基底构造层

太古界和下元古界,这套变质岩系在盆地内广泛分布,岩性复杂,变质程度深,多为混合花岗岩、混合岩、变粒岩、斜长角闪岩、片岩、片麻岩等。片麻岩原岩成分为砂、砾岩,变粒岩原岩为泥、页岩。经过中高级区域变质作用,普遍经受强烈的混合岩化及花岗岩化作用。厚度可达12 km。

(2)盆地基础构造层

盆地基础构造层系指去掉新生界的地台型沉积盖层,包括中上元古界、古生界、中生界,厚度可达7 000余米。

① 中上元古界,黄骅坳陷的探井资料揭露中上元古界厚度最大可达1 065 m。

长城系,岩性为硅质白云岩,夹薄层泥质白云岩及泥岩。

蓟县系,岩性以白云岩及泥质白云岩、硅质白云岩为主,夹薄层泥质粉砂岩。

青白口系,岩性为含砾砂岩,粉砂质泥岩夹泥岩,石英砂岩,页岩,含泥灰岩及白云质灰岩。

② 下古生界,厚度最大可达1 400 m。

寒武系,岩性为含泥灰岩,页岩,白云质砂岩,黏土岩夹薄层石灰岩,石灰岩。

下奥陶统,岩性为石灰岩,白云质石灰岩夹钙质页岩。

③ 上古生界,为一套海陆交互相沉积,以碎屑岩和煤系地层为主,厚度可达600 m。

④ 中生界,岩性以红色砂、泥质为主,含中性火山岩和煤系地层,厚度可达3 600 m。

侏罗统,岩性下部为火山角砾岩,泥质粉砂岩,厚层状石灰岩夹泥灰岩,英安岩,英安质凝灰岩,晶屑凝灰岩,安山岩,流纹岩,玄武岩;上部为泥岩,页岩,油页岩夹薄层泥灰岩,石灰岩和鲕灰岩。

白垩统,岩性为砂砾岩、砾岩、砂岩为主的夹泥岩。

(3)盆地盖层构造层

由新生界构成,与下伏地层呈区域不整合接触。新生界沉积包括古近系、新近系及第四系沉积,由古近系孔店组、沙河街组、东营组、馆陶组、明化镇组和平原组组成(图4.44、表4.2)。

坳陷区内经历了早第三纪的断陷发育阶段和晚第三纪的坳陷发育阶段,沉积厚度可达8 000 m。第四纪接受了海陆过渡相沉积。

由于早、晚第三纪明显属于两种完全不同的构造环境。据此,将盆地盖层构造层分为下盖层构造层及上盖层构造层两部分。

① 下盖层构造层,由古近系构成,以湖泊、河流沉积为主。

② 上盖层构造层,由新近系及第四系平原组构成,以曲流河、辫状河及泛滥平原沉积为主。

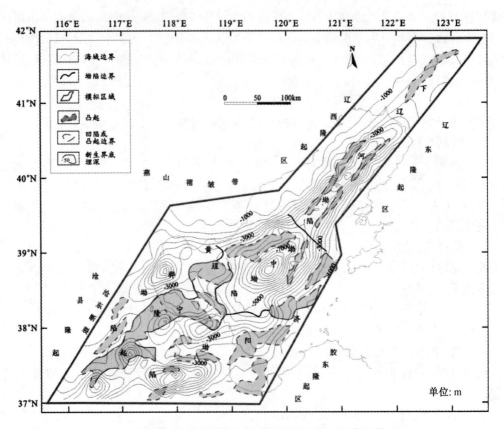

图 4.44 渤海及邻区新生界底埋深等值线图(改自马寅生等,2007)

表 4.2 渤海海域盖层地层及主要岩性(据《中国石油地质》)

层位			主 要 岩 性
界	系	统	
新生界	第四系	平原组	灰黄色黏土层与浅灰绿色粉细砂层互层
	新近系	明化镇组	砂砾岩、砂岩与灰绿色、棕红色泥岩互层
		馆陶组	粗碎屑岩夹些紫红色、灰绿色泥岩
	古近系	东营组	上部砂泥岩互层,下部深灰色泥岩为主
		沙一段	页岩、泥岩、白云岩互层
		沙二段	粗碎屑岩夹泥岩
		沙三段	深灰色泥岩夹油页岩、生物灰岩
		沙四段	灰褐色泥巴岩夹砂岩
中生界	白垩系	下统	东部为安山岩夹凝灰质泥岩,其他地区为砂岩、泥灰岩
	侏罗系		石臼坨地区见玄武岩、安山岩和凝灰岩,其他地区砂砾岩、褐色泥岩
	二叠系		深色泥岩夹砂岩
	石炭系		灰岩夹砂岩、泥岩及煤层

层位			主 要 岩 性
界	系	统	
古生界	奥陶系		灰岩及白云岩
	寒武系	上统	白云岩夹灰岩
		中统	石灰岩、泥岩夹白云岩
		下统	石灰岩、白云岩夹泥岩
上元古界	辽南系		泥巴晶灰岩夹白云岩
	青白口系		灰白色石英砂岩

2) 主要断裂带和结晶基底的构造单元划分

(1) 主要断裂带特征

对整个环渤海湾地区的形成构造影响较大且规模也较大的区域断裂带主要有4条,自东而西分别是:郯庐断裂带、燕山—聊城—兰考断裂带、沧东断裂带及太行山山前断裂带。

① 郯庐断裂带。郯庐断裂带南起安徽庐江南部至山东郯城,向NE延伸穿过渤海,进入辽宁后,在沈阳附近分为2支,一支为依兰—舒兰断裂带,另一支为敦化—密山断裂带。位于环渤海湾地区的为断裂带的中段,它从山东境内通过,伸入渤海湾,直至沈阳一带。

在辽河盆地中,地震剖面显示,郯庐断裂位于东部凹陷中间;大地电磁探测表明,西侧为太古片麻岩或混合岩组成的中央凸起,东侧为古生界或元古界。断裂东侧有较厚的中生界形成了与断裂平行的凹陷,断裂西侧只残存不厚的中生界;断裂对前中生代的地层也起分割作用,东部中上元古界为辽东型,无长城群;西部为辽西型,发育长城群、蓟县群及清白口系,造成两侧的岩性也有较大的差异。往南至辽东湾海域,有一组北东向断裂分别向东或向西倾控制辽东凹陷、辽东凸起及辽中凹陷的分布与发育程度,断层落差一般达2 000～4 000 m。辽东凸起有花岗岩侵入,往往缺失下第三系,向南延伸和渤东凸起相接。在辽河—辽东坳陷中由地球物理揭示出2条主干断裂,均为断面西倾的正断层,东侧一条称为佟二堡—营口断裂,其东侧因上盘下落形成了西部凹陷,它们共同的下盘则抬升,在盘山东侧形成了中央凸起,在凸起顶部缺失中生代地层。

郯庐断裂带从山东潍坊入海,向北延伸切穿渤海凸起,沿渤东低凸起伸入下辽河坳陷。它对渤中坳陷地质构造发育有巨大影响。郯庐断裂带在渤海海域内存在着明显的分段性,而且郯庐断裂带在渤中坳陷平面展布的另一个重要特点是北北东向断裂常与北东向或近东西向伸展断裂相连,构成弧形断裂。

② 盐山—聊城—兰考断裂带,是渤海—鲁西(简称渤鲁)断块与中央华北地块(或太行山地块)的分界断裂。在辽河坳陷内断裂控制了中新生界分布,在中生代断裂西侧沉降,有多个中生代沉积洼陷,第三纪早期火山岩分布广泛,局部厚度相当大。

根据地质、地球物理资料和第三纪以来的构造分界,也可将聊城—兰考断裂分为北、中、南3段。自第三纪以来,断裂总的表现为西北盘断陷下降,东南盘(下盘)相对隆起,但各个段落在不同时段的差异活动幅度则大有不同。聊城—兰考断裂北延为盐山—歧口—新港隐状断裂带,为前三纪产生的深大断裂带。最近,利用三维深地震测深资料,发现盐山—埕西断裂为一切割 Moho 面的断层,存在 3.6～4.1 km 的落差,它分割华北中央地块与渤鲁地块,是两种不同类型结晶基底的重大分界线。

③ 沧东断裂带,是沧东断裂带的主干断层,它位于华北平原的东北部,是华北地区的一条规模较大的隐伏断裂。它北起河北宁河,向南经沧州、南皮、吴桥和山东德州,直至临清附近,总体走向 NE 30°左右,全长约 350 km。沧东断裂为沧县隆起与黄骅坳陷的边界断层,且对东濮坳陷和邢台—衡水(简称邢衡)隆起的有关部分起分割作用。

④ 太行山山前断裂带,又称太行山东麓断裂带。位于太行山脉与华北平原的过渡地带,是我国华北活动部地区的一条重要的构造带,构造上为太行山隆起与环渤海湾地区的构造分界线,总体 NE-NNE 向展布,全长约 620 km。

(2)结晶基底的构造单元划分

渤海湾盆地结晶基底主要由太古界地层和下元古界地层组成(图 4.45)。太古界的地层包括:泰山群、迁西群、集宁群、单塔子群、乌拉山群、阜平群和鞍山群等。属于下元古界的地层有:二道洼群、朱仗子群、滹沱群、马店群(郭绪杰,2002)。

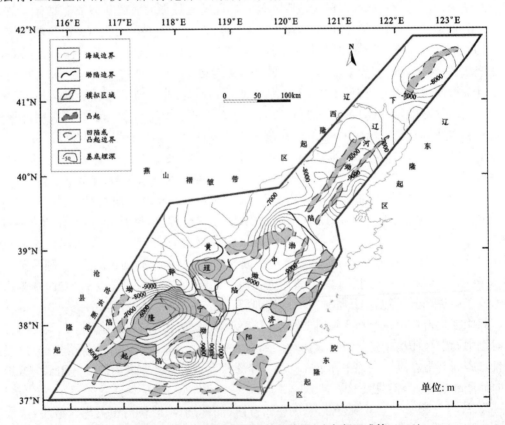

图 4.45 渤海及邻区结晶基底埋深等值线图(改自郝天珧等,2008)

渤海地区的结晶基底与相邻陆域组成基本一致(中国科学院海洋研究所,1985)。根据磁异常场推断,渤海西部(以郯庐断裂为界)基底可能和陆区黄骅坳陷相同,主要由太古界阜平群、五台群和古元古代滹沱群;南部基底则属泰山群花岗片麻岩和混合岩。张云慧等(2001)通过锆石 U-Pb 同位素年龄测定,得到了沙垒田凸起变质花岗岩的成岩年龄为

2 047～2 483 Ma,属新太古代—古元古代五台期—吕梁期的产物。

对华北板块结晶基底构造单元的划分,目前仍有很大的分歧。李江海等(2000)则依据区域构造分析及同位素年代学数据库,将华北克拉通变质基底划分为以下构造单元:①鄂尔多斯陆块新太古代被动大陆边缘;②恒山—承德太古代末期构造带;③太古代末期五台—登峰岛弧带杂岩及缝合带;④鲁西—冀中—辽吉新太古代活动大陆边缘岩浆杂岩带;⑤胶辽地块;⑥冀北—固阳古元古代初造山带及内蒙古—冀中再造麻粒岩带;⑦吕梁—中条中元古代裂谷带;⑧辽南古元古代裂谷带。

3)深部构造特征

地震成像提供了环渤海地区地壳上地幔不同深度的P波速度扰动图像(李志伟等,2006)。从4 km深度的速度扰动图上可以表现地壳上部的构造特征,华北西部太行山、华北北部燕山一带为大范围的高速异常,与隆起带结晶基底埋深较浅有关;京津唐地区及华北盆地、延怀盆地等均为低速异常,辽东半岛及辽河流域均为高速异常,辽东半岛的结晶基底主要由太古代和上、下元古代地层组成,局部地区有寒武—奥陶纪地层,区内普遍出露太古代、元古代和印支—燕山期岩浆侵入岩,这些古老的地层和固结的侵入岩一般波速偏高。在山东地区,胶州湾南面为低速异常,向南一直延伸到日照,分隔了鲁西地区的高速异常和胶东半岛的高速异常,烟台、蓬莱经渤海海峡至辽东半岛由低速异常相连。深地震测深的结果表明(嘉世旭等,2001),鲁西隆起为稳定的高速块体结构,其高速异常特征一直延续到莫霍面附近,而结晶基底的埋深只有1～2 km(嘉世旭等,2005),主要为太古代和寒武—奥陶纪地层,而胶东半岛的结晶基底由上元古、中元古和下元古代地层构成,这些古老的基岩明显提高了地壳浅表层的地震波速度。在13 km深度上的速度扰动图像与4 km深度相比变化不大,说明地壳中部与地壳浅表层的构造有一定的相关性。

深地震测深结果表明(赵俊猛等,1998),该地区上地壳厚度为13～14 km,底部的波速可达6.3 km/s,所以大部表现为高速异常,大凌河以南的锦州至秦皇岛、唐山、天津一带的环渤海地区为低速异常,渤海内部波速异常略微偏高;从23 km深度的速度扰动图上可以分析地壳中下部的结构,华北地区普遍出现低速异常,这与华北地区地壳中下部广泛分布的电性高导层相对应;华北西部的高速异常范围相应缩小并汇聚于太行山地区,辽东半岛大凌河以南和环渤海地区多为低速异常,局部地区出现高速异常,以海城附近为中心的低速异常与海城至析木一带20 km深度附近存在的低速高导层一致;渤海湾内仍然存在高速异常,胶州湾以南为低速异常并向南延伸,分隔了鲁西地区和胶东半岛南部的高速异常。根据深地震测深的结果,京津唐地区莫霍面的深度由东向西逐渐变深,在渤海湾内最浅处仅28～29 km,宝坻—香河一带为32～34 km,向西北至遵化—三河—北京一带增加到35～36 km,太行山以西地区增加到40 km以上(张成科等,2002)。华北地区上地幔顶部的Pn波平均速度为7.9 km/s左右,在冀中坳陷达到8.05 km/s(汪素云等,2003),可见环渤海地区的高速异常代表了上地幔顶部的波速,说明地壳厚度小于34 km,而低速异常表明实际波速小于上地幔顶部的速度,说明地壳厚度可能大于34 km;山东地区的地壳厚度为33～34 km,鲁西地区出现的高速异常说明地壳厚度可能略小于这一数值;渤海湾内部的地壳厚度仅为28 km左右,因此出现高速异常。在77 km的上地幔顶部,高速异常和低速异常交替出现。渤海及辽东湾、华北盆地南部、张家口一带、鲁西及辽东部分地区为低速异常,华北盆地北部、辽西、太行山南部、胶州湾南部等地为高速异常。从波速分布来看,这一深度的速度扰动与浅表层构造的联系较弱,主要反映了岩石层底部的岩石物性和热状态的不均一性。根据大地电磁测深推测的上地幔高导层深度,渤海内部的岩石层厚度为50～60 km,京津唐地区为60～70 km,胶东和鲁西地区为70～80 km左右,辽东地区为70～110 km,辽西地区在80～120 km之间变化,据此推测渤海湾及周缘地区出现的高速异常具有上地幔岩石层底界面的性质,而低速异常则有可能是上地幔顶部热流物质向上侵入所致。在120 km深度上,华北盆地、渤海内部、太行山及其胶东半岛出现大范围的低速异常,燕山北部、下辽河、辽东半岛则以高速异常为主,另外鲁西地区也有高速异常出现,这一深度上的波速分布规律表明,渤海及华北地区大范围的低速异常与中国东部裂谷拉张及地幔上涌的动力背景有关,反映出构造活动区域热流值偏高的特点,说明这一地区上地幔深部的热活动比较强烈(胡圣标等,1999),且主要作用于燕山以南的华北盆地、渤海湾和胶东地区,而对燕山以北地区的影响较小。

利用重力资料反演的地壳厚度结果表明(图4.46),在渤海海域存在有四个地壳最薄的地区,分别为渤中25 km、渤海湾27 km、辽东湾28 km以及渤南的29～30 km(刘光夏,1996b)。卢造勋(1999)利用深地震测深剖面获取的地壳厚度为标准,去除浅部地质体所产生重力异常的影响,通过计算得到胶辽渤海地区的地壳厚度,渤海及周边的地壳特征同刘光夏结果相近,总体厚度偏大,但都是渤中地壳最薄,辽东湾和渤海湾地壳厚度次薄。

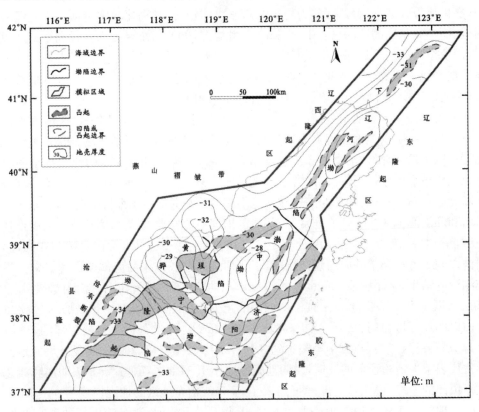

图4.46 渤海及邻区地壳厚度图(改自卢造勋,1999)

2. 岩石物性特征

本区物性资料的认识主要在收集前人的工作成果加以分析,同时结合我们前几年在完成本区邻域的地球物理资料解释课题中对该区岩石物性研究,对本区物性参数提出粗浅认识。

1) 岩石密度

密度资料主要来源于华北块体的物性统计资料和环渤海湾地区相关的研究成果(表4.3—表4.7)。渤海地区的沉积与华北地区基本相似,通过对华北密度资料的收集结合环渤海湾地区地质等资料给出研究区的密度参数。

表4.3 环渤海湾地区火山岩密度统计表　　　　单位:10^3 kg/m^3

性质	项目	时代	岩性	华北平原	下辽河平原	辽宁西部地区	辽宁东部地区	大港探区埕宁隆起岩芯
酸性	深成	前中生代	花岗岩	2.18~3.85	2.57			
	浅成	前古生代	石英粗面斑岩		2.49			
		中生代	石英斑岩		2.47			
	喷发	中生代	流纹岩		2.53		2.63	
中性	深成	太古代	闪长岩		2.63			
			粗面岩		2.31			
	喷发	中生代	安山岩	2.23~2.61	2.42(西部) 2.60(东部)	2.50	2.63	
			凝灰岩	2.20~2.72		2.47~2.59	2.63	
基性	深成	?	辉长岩		2.99			
	喷发	中生代	玄武岩		2.78	2.50		2.20~2.22
		新生代		1.7~2.63	2.70(西部)		2.40~2.56	

表4.4 渤海湾周边地区地层岩石密度统计表　　　　单位:10^3 kg/m^3

界	系	主要岩性	华北平原		下辽河平原	辽宁西部地区	辽宁东部地区	大港探区埕宁隆起		
								岩芯	标本	
			范围	均值	均值	均值	均值	均值	范围	均值
新生界	Q	黏土 玄武岩	1.50~2.63	1.95			2.05~2.56			
	N	泥岩 砾岩	1.76~2.95	2.38	2.19		2.4	2.10~2.23	2.05~2.30	2.15
	E	玄武岩 砂岩						2.33~2.45	2.20~2.55	2.35
中生界	K	砾岩、砂岩、火山角砾岩、安山岩、凝灰岩	2.20~2.80	2.42	2.54	2.33~2.50	2.43~2.63		2.40~2.60	2.5

(续 表)

界	系	主要岩性	华北平原		下辽河平原	辽宁西部地区	辽宁东部地区	大港探区埕宁隆起		
								岩芯	标本	
			范围	均值	均值	均值	均值	均值	范围	均值
中生界	J	砂岩 页岩 凝灰岩	2.37～3.13	2.66	2.55	2.45～2.60	2.48～2.65		2.40～2.60	2.5
	T	砂岩	2.53～2.75	2.69						
上古生界	P	砂岩、页岩、砾岩	2.00～3.2	2.61		2.62	2.65～2.75	2.60	1.60～2.60	2.50
	C	砂岩、页岩、灰岩	1.80～3.12	2.61		2.76	2.32～2.62			
	D		地层缺失							
	S									
下古生界	O	灰岩、云岩、片麻岩	2.30～3.55	2.71	2.74	2.64～2.68	2.68～2.71	2.66	2.50～2.70	2.65
	€	灰岩、砾岩、页岩	2.16～2.81	2.66	2.62	2.65～2.80	2.52～2.72			
前古生界	Z	灰岩、砂岩、页岩	1.40～2.89	2.72	2.65		2.21～2.75			
	AnZ	花岗岩、片麻岩、千枚岩、片岩、砂岩、云岩、角闪岩	2.18～3.85	2.61	2.66	2.52～2.81	2.54～3.18		2.65～2.85	2.72

表 4.5 天津地区地层密度表

地层				岩性	平均密度/(10^3 kg/m^3)
界	系	（组）	代号		
新生界	第四系	平原组	Qp	黏土夹薄层砂岩	2.05
	第三系	明化镇组	Nm	砂岩、泥岩、砂质泥岩	2.11
		东营组	Ed	砂岩	2.2～2.3
		沙河街组	Es	砂泥页互层夹油页岩、油砂岩	2.45
中生界	白垩系		K	砂岩、泥岩夹少量火山岩	2.45
	侏罗系		J	砂岩、泥岩	2.60

（续　表）

地层				岩性	平均密度/ $(10^3\ kg/m^3)$
界	系	（组）	代号		
古生界	二叠系		P	砂岩、砂质泥岩	2.61
	石炭系		C	细砂岩、泥岩夹煤层	2.61
	奥陶系		O	泥灰岩、灰岩	2.71
	寒武系		∈	泥岩、灰岩、页岩	2.66
	震旦系		Z	灰岩、白云岩	2.72

注：天津地区1∶10万重力编图研究成果报告。

表4.6　大港探区地层密度表

地层				岩性	密度参数/ $(10^3\ kg/m^3)$	密度界面/ $(10^3\ kg/m^3)$
界	系	（组）	代号			
新生界	第四系	平原组	Op	黏土夹薄层砂岩	2.0～2.05	2.02
	第三系	明化镇组	Nm	砂岩、泥岩、砂质泥岩	2.11	2.18
		馆陶组	Ng	砂岩、泥岩、砂质泥岩	2.19	
		东营组	Ed	砂岩	2.2～2.3	
		沙河街组	Es	砂泥页互层夹油页岩、油砂岩	2.4～2.5	
		孔店组	Ek	泥岩夹薄层参砂岩	2.45	2.45
中生界	白垩系		K	砂岩、泥岩夹少量火山岩	2.45	
	侏罗系		J	砂岩、泥岩	2.58	
	三叠系		T	砂岩、泥岩	2.56	2.60
古生界	二叠系		P	砂岩、砂质泥岩	2.60	
	石炭系		C	细砂岩、泥岩夹煤层	2.60	
	奥陶系		O	泥灰岩、灰岩	2.70	2.70
	寒武系		∈	泥岩、灰岩、页岩	2.66	
	震旦系		Z	灰岩、白云岩	2.72	

注：来自港西—汉沽地区重力测量资料连片处理解释报告。

表4.7　股参3井取芯密度统计

层位	井段/m	岩性	取样块数	密度/ $(10^3\ kg/m^3)$		
				极小值	极大值	平均值
K_1	620.04～1 622.74	安山岩	5	2.60	2.69	2.63
J_3	1 677.0～1 683.0	粉细砂岩	9	2.56	2.65	2.61
	2 088.0～2 091.0	泥岩、凝灰岩	5	2.52	2.66	2.59
	2 322.0～2 326.0	粉细砂岩	6	2.62	2.67	2.65
	2 545.0～2 548.0	粉细砂岩	5	2.52	2.65	2.61
胶东群	2 666.0～2 669.07	千枚岩、片麻岩	4	2.60	2.72	2.67

华北块体岩石密度资料的统计结果显示可以得到第四系的为 $1.95\sim2.0(10^3 \text{ kg/m}^3)$，第三系的为 $2.3\sim2.38(10^3 \text{ kg/m}^3)$。

新生界以下的地层，主要存在以下密度界面：白垩系与侏罗系之间存在约 $0.15(10^3 \text{ kg/m}^3)$ 的密度差，上古生界与下古生界之间存在约 $0.1(10^3 \text{ kg/m}^3)$ 的密度差。

在环渤海湾地区，中生界和上古生界受燕山期及海西期构造运动影响，地层发育不全，厚薄不等，密度介于新生界和下古生界，对本区重力异常的影响处次要地位。在有些地方中生界缺失，新生界地层可直接覆盖于下古生界之上。由上述物性列表各分析出，渤海地区主要存在 4 个密度界面：第四系与新近系，新生界与中生界，中生界—上古生界与下古生界，Moho 面。主要是这 4 个界面决定该地区布格异常。

2）岩石磁性（量纲为一）

环渤海湾地区的磁异常场主要是太古界及下元古界深变质中基性火山杂岩引起的（表4.8，表4.9，表4.10），叠加有零星中新生代中基性火山岩局部异常。

表 4.8　环渤海湾地区岩石磁化率统计表（量纲为一）

岩性 \ 磁化率		冀东、鲁西及胶东地区			渤海海域（钻井岩芯）			辽东湾东部地区			辽东湾西部地区		
		极大值	极小值	平均值	极大值	极小值	平均值	极大值	极小值	平均值	极大值	极小值	平均值
沉积岩	砂岩	900	0	64	200	0	115				480	0	60
	页岩	40	0	11							30	10	18
	泥岩	270	0	41	45	0	12						
	灰岩	25	0	5	30	0	11				30	10	20
变质岩	角闪片麻岩	10 000	20	1 667	1 200	200	1 100						
	正长斑岩	1 500	0	107							4 500	2 000	3 200
	含磁铁片麻岩	6 000	10	1 669									
	混合岩	3 000	0	201				2 000	300	760	500	0	62
								50	0	10			
	片麻岩	10 000	0	549							980	3	309
	石英岩	20	0	4	40	5	26	30	0	3			
	磁铁石英岩										9 000	4 800	5 865
	花岗片麻岩	10 000	0	115	45	15	24						
	黑云母片麻岩	400	0	30									
	片岩	45	0	14									
	千枚岩							20	0	10			
	角闪斜长辉石岩							3 200	500	1 000			
	角闪黑云斜长片麻岩							8 500	320	2 345			
	变质角砾岩										68	30	50

（续　表）

岩性 \ 磁化率	冀东、鲁西及胶东地区			渤海海域（钻井岩芯）			辽东湾东部地区			辽东湾西部地区		
	极大值	极小值	平均值	极大值	极小值	平均值	极大值	极小值	平均值	极大值	极小值	平均值
火山岩	3 000	10	775	5 000	30	592						
安山岩	25 000	35	2 351	1 500	60	520				2 500	1 100	2 634
花岗岩	3 000	0	404	75	0	21				1 500	0	93
										1 800	300	1 100
										900	5	319
混合花岗岩	10 000	0	151	40	0	16				1 800	0	167
										1 000	0	130
玄武岩	4 500	100	1 131	5 200	50	1 220						
基性岩	8 000	1 472	3 474									
花岗斑岩	4 000	20	1 002							2 100	20	542
凝灰岩	1 000	0	316							500	80	106
花岗闪长岩	3 000	0	1 803							3 000	1 000	2 099
辉长岩	45 000	360	4 963									
闪长岩										250	0	76
辉绿岩										11 000	1 000	5 625
火山角砾岩										1 500	1 000	1 155

（岩浆岩为左侧纵列标题）

注：表中磁化率数据在 SI 单位制下需乘以 $10^{-6}4\pi$.

表 4.9　黄海前第三系岩石磁化率

地层	磁化率（量纲为一）
白垩系	无磁,弱磁
侏罗系	无磁,弱磁
三叠系—古生界	无磁,弱磁
元古界	<100
太古界	500～3 000（混合岩和花岗岩化）

表 4.10　黄骅及邻区钻井岩心磁化率

地层	岩性	磁性率（量纲为一）	所测钻井
Q	松散堆积物	14	徐1
N	岩屑、砂岩、泥岩	71	徐12、羊1、枣19
E	辉绿岩、玄武岩、安山岩	90～196	扣12、1、14、张7、13、庄古2、沧8、桥参1、乌参1、灯参1、枣37、官101、185
	砂岩、泥岩等	50～100	

地层	岩性	磁性率（量纲为一）	所测钻井
K	玄武岩	2 200	太9
J	玄武岩、安山岩	1 650	太5、10、14、扣9、14、灯参1
	凝灰岩、泥岩、砂岩	<50	
C-P	页岩、泥岩	83	徐12、泊古1
O	灰岩	<100	徐12、泊古1、徐1
Z	泥质灰岩	15	增4
Ar	花岗岩、角闪岩、泥质灰岩等	27～155	南15、16、18、60

注：航遥中心测试结果

中、上元古界、古生界、中生界、新生界的绝大部分沉积岩石基本无磁性或磁性很弱，可视为无磁性层。

太古界—下元古界基本上可认为是本区结晶基底（磁性基底），其顶界面反映的是该地区结晶基底面，决定着该区磁场区域形态。磁性变化较大。

（1）强磁性基底：以片麻岩为代表，包括角闪片麻岩、黑云角闪片麻岩、斜长角闪片麻岩、花岗片麻岩、含磁铁矿花岗片麻岩和磁铁石英岩等。磁化率均在1 000以上，平均磁化率为3 500。构成研究区升高的正区域背景磁场。

（2）中等磁性基底：主要为角闪花岗片麻岩和混合花岗岩，广泛分布，磁化率200～1 000，平均450。

（3）弱磁性基底：由混合花岗岩和花岗片麻岩组成，磁化率小于200，平均50。

根据北黄海岛屿元古界浅变质岩的调查发现其磁化率一般在0～100，属于无磁性。哈仙岛的绢云母石英片岩变质程度也不深，但由于其含有少量磁铁矿，就显示出弱磁性，磁化率达250。辽东半岛岩石磁性特征为：元古界石英片岩无磁性；太古界鞍山群没有强烈混合岩化与花岗岩化时是无磁性到弱磁性，而经历强烈混合岩化时，则一般具有磁性，个别磁性较强。而山东半岛的岩石磁性特征为：胶东群变质岩一般磁性不强，大都显示为中—弱磁性，磁化率大多为数百至千余单位；当其遭到不同程度混合岩化或花岗岩化作用时，则磁化率值有所增大，可达500～3 000，具有中等到较强磁性。南黄海QC—2孔岩芯磁化率变化范围在4～100，底部个别样品略大于100。

据黄海邻区实测磁化率资料判断，本区前第三系存在明显的磁性界面。实测密度资料表明，最明显的磁性界面位于古生界与太古界或元古界与太古界之间，古生界和元古界之间磁化率的差异很小。

综上所述，参与地球物理正反演的岩石物性参数如下：

（1）密度。

第四系与上第三系，平均密度为 2.20×10^3 kg/m³；

下第三系平均密度为 2.40×10^3 kg/m³；

中生界—上古生界密度取 2.48×10^3 kg/m³；

前上古生界的密度取 2.69×10^3 kg/m³

地壳和地幔之间的密度差取 0.42×10^3 kg/m³。

（2）磁性。

新生界磁化强度取 0；

中生界—上古生界磁化强度取 0；

下古生界—中元古界磁化强度取 0；

下元古界磁化强度取 $250 \times 10^{-3} \sim 450 \times 10^{-3} A/m$。

4.3.5　重力基底和磁性基底深度反演

从重力异常中正确提取基底的重力效应，这是反演重力基底的关键。我们采用剥离法消除浅层和深层的重力效应，研究思路流程图如图 4.47 所示。

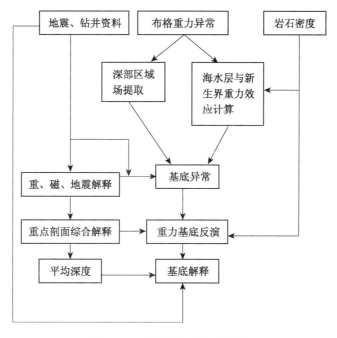

图 4.47　重力基底求取流程图

1. 浅层重力效应的计算

浅层重力效应包括海水层、新生界，采用长方形组合模型三维重力正演公式计算它们各层的重力效应。海水层密度为 1.03×10^3 kg/m³，第四系和新近系的平均密度 2.20×10^3 kg/m³，古近系的平均密度 2.40×10^3 kg/m³。图 4.48、图 4.49 分别给出了研究区域新近系和第四系厚度及补偿质量亏损产生的重力异常；图 4.50、图 4.51 分别为古近系底界面深度及补偿质量亏损产生的重力异常。

2. 深部区域场的提取

图 4.52 为研究区莫霍面深度图，采用长方形组合模型三维重力正演公式计算莫霍面起伏引起的重力效应（密度差为 0.43×10^3 kg/m³），如图 4.53 所示，求得区域背景场。

3. 重力基底深度反演

从布格重力异常场剥离区域背景场与浅层重力效应，得到研究区剩余重力异常：

$$\Delta g_{剩} = \Delta g_{布} - \Delta g_{浅} - \Delta g_{区}$$

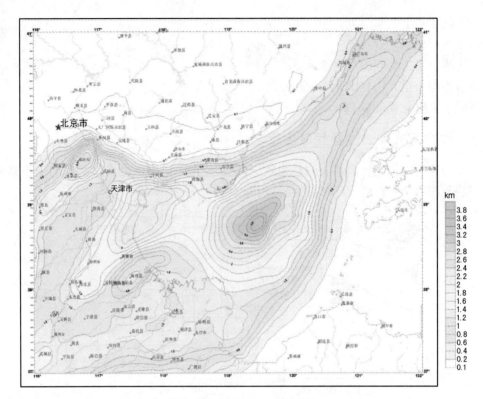

图 4.48　渤海及邻近地区新近系和第四系厚度图

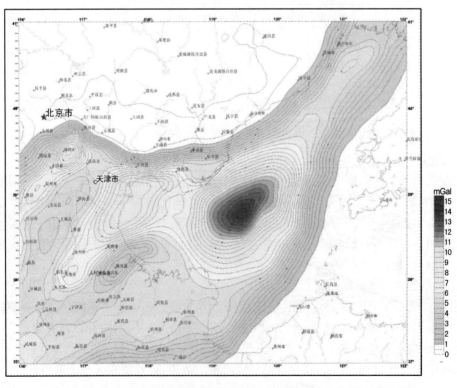

图 4.49　渤海及邻近地区新近系和第四系补偿质量亏损产生的重力异常图

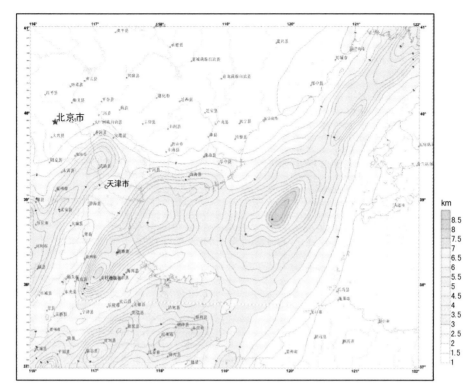

图 4.50 渤海及邻近地区古近系底界面深度图

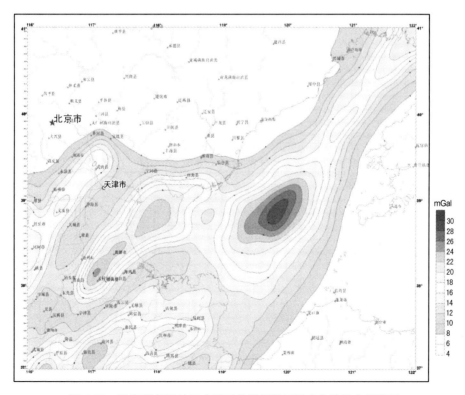

图 4.51 渤海及邻近地区古近系补偿质量亏损产生的重力异常图

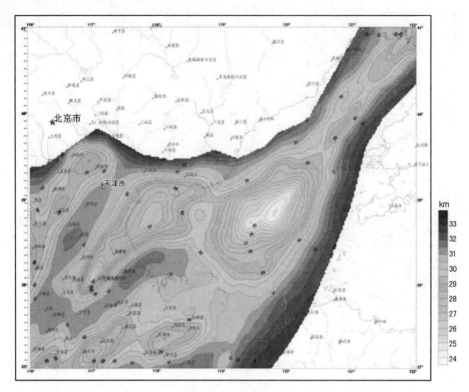

图 4.52 渤海及邻近地区莫霍面深度图

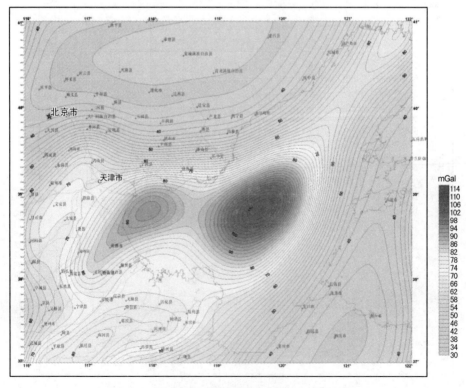

图 4.53 渤海及邻近地区莫霍面起伏产生的重力异常图

　　依据剩余重力异常小波分解三阶逼近的结果(图 4.54)，利用带约束的单一密度界面的重力反演方法进行反演，求取本区域重力基底深度(图 4.55)、古近系底界面至重力基底面厚度(图 4.56)。

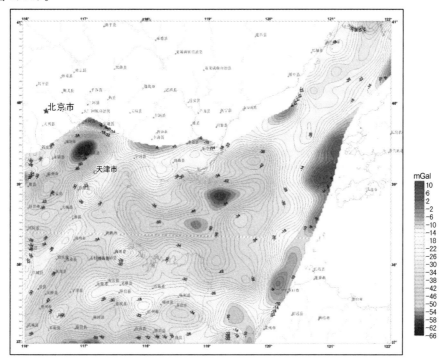

图 4.54　渤海及邻近地区剩余重力异常三阶逼近场图

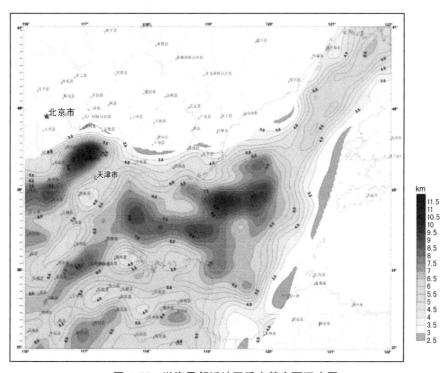

图 4.55　渤海及邻近地区重力基底面深度图

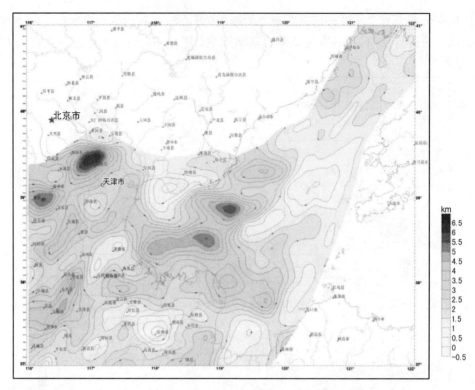

图 4.56 渤海及邻近地区古近系底界至重力基底的厚度图

4. 磁性基底深度反演

研究区中、新生代具有一定的岩浆活动,盖层中侵入岩、火山岩也较发育。火成岩具有一定的磁性,也会产生相应的磁异常,所以有必要对实测的磁力异常进行一系列数据处理,去掉由于浅部磁性体的影响而引起的短波长异常,突出反映磁性基底的磁力异常。

首先把斜磁化的磁力 ΔT 异常转换成化磁极的磁力异常(图 4.57),然后采用了磁力 ΔT 异常化极上延 5 km 和 8 km,小波变换以及匹配滤波等方法,来消除浅层磁性体产生的异常。通过分析、对比,选择化极磁异常小波分解的三阶逼近场作为近似的磁性基底相应磁异常(图 4.58)。在已有的先验信息约束下,利用单层磁性起伏界面反演的快速方法和空间域迭代反演方法进行计算,结合矩谱法反演结果,求取磁性基底深度(图 4.59)。

依据研究区岩石物性资料,这样求取的重力基底面深度主要是中生界底界深度(包括上古生界),而获得的磁力基底面深度主要是变质结晶基底界面深度。由重力基底面深度减去古近系底界深度,得到的厚度图主要是反映中生界(包括上古生界)残余厚度的分布。由磁性基底埋深减去重力基底埋深,得到的厚度图主要是反映古生界(包括中、上元古界)残余厚度的分布,如图 4.60 所示。如前所述,由于已知资料很少,因此,依据重磁资料为主勾画出的宏观分布,特别是古生代残留盆地的分布还带有很大的推测性质。

结合国家 863 重点项目"海陆联合深部地球物理探测关键技术研究与应用"在研究区的探测,我们选取了与北西向测线重合的重磁剖面(图 4.61)进行了构造模型的建立,结合 OBS 测量成果进行重、磁、震联合反演,结果如图 4.62 所示。揭示了研究区前新生界地层的分布特征和在渤中地区火成岩对基础层的改造和郯庐断裂东侧块体火成活动的发育。

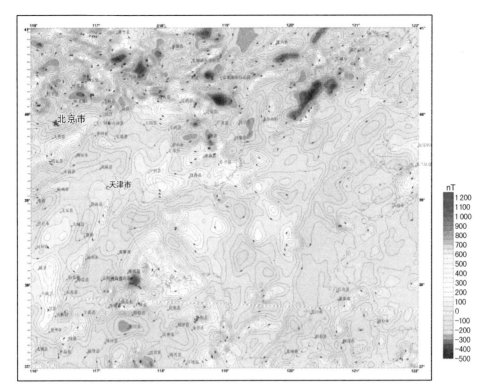

图 4.57   渤海及邻近地区化极磁异常图

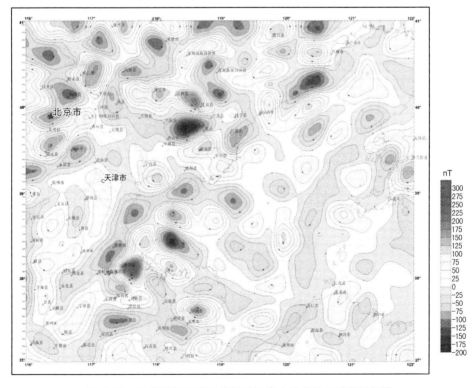

图 4.58   渤海及邻近地区化极磁异常小波分解三阶逼近场图

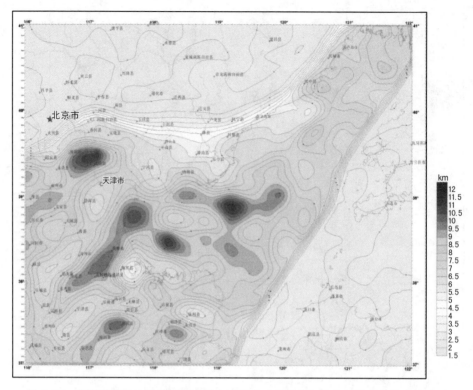

图 4.59　渤海及邻近地区化极磁异常小波分解三阶逼近场迭代反演磁性界面深度图

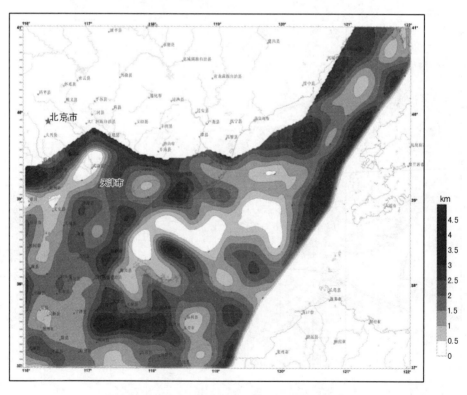

图 4.60　渤海及邻近地区重力基底至磁性基底厚度图

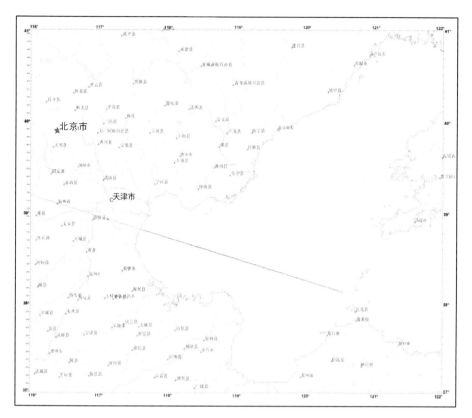

图 4.61 A 测线重磁剖面

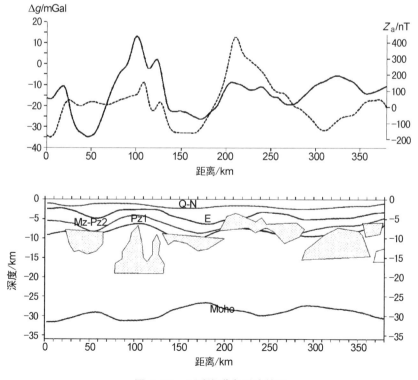

图 4.62 A 测线联合反演结果

187

4.4 南海东北部中生界研究的应用

4.4.1 研究背景和思路

南海北部陆缘的地球物理调查和研究开始于 20 世纪 60 年代,地矿部、石油部、中科院和国家海洋局等系统均单独或与国外研究机构、石油公司合作开展大量的地球物理调查工作,积累了丰富的基础资料并取得丰硕研究成果(刘光鼎,1993;何廉声等,1987;王家林等,1997),成为研究南海的重要基础资料。"十五"期间国家设立"973"专项"中国边缘海形成演化及重大资源的关键问题",结合专项二级课题(G2000046702—02)"南海东北部新生代沉积盆地基底特征及其构造格局研究",王家林等(1997)搜集、整理并编制了南海东北部重、磁异常图和新生代沉积盆地基底深度图。其中,重、磁异常图件主体包含了 1979 年中国海洋石油总公司和莫比尔、埃克森、德士古、菲利浦等 33 家石油公司合作在南海东经 108°~118°,北纬 17°~23°30′范围进行以珠江口盆地为调查重点的 1∶50 万重力、磁力资料。

地质上,南海东北部紧邻华南大陆,晚三叠世以来,华南大陆南缘处于特提斯构造域与太平洋构造域共同作用、相互影响的转型大陆边缘构造环境,形成以 NE 向为主的构造格局。晚三叠世—早侏罗世,发生第一次海侵,海水自东南向西北侵入至闽、粤、湘、赣等地区,在陆区形成一套浅(滨)海相、海陆交互相、陆相陆源碎屑沉积岩系,以明显的角度不整合覆于下伏地层之上,而侏罗纪地层则整合在晚三叠世地层之上。中、晚侏罗世至白垩纪,大陆南缘遭受抬升、剥蚀,形成众多陆相断陷,发育的地层以断陷盆地形式展布,主要为一套陆相红色碎屑沉积岩系,此外还有少量陆相火山岩系和陆相灰色碎屑沉积岩系。晚白垩世至新生代的南中国海受 NEE 向扩张的影响,南中国海北移,形成新的被动大陆边缘构造格局,叠加在中生代北东向构造上,才呈现了 NE-NEE 向展布的构造格局(陈冰等,2005)。对南海东北部中生代地层的认识,较多学者认为新生界基底的地质特征应与广东沿海地区的地质特征相似,在凹陷深部会存在着上白垩统,是裂谷早期产物(金庆焕,1989)。处于由大陆架到大陆坡的过渡地带的潮汕坳陷,地震剖面揭示存在上、下两个构造层的反射结构(姚伯初等,1995;苏乃容等,1995):上部构造层序地震反射特征为密集、高频、连续性好、振幅中-强、水平状平行反射结构,是海相第三纪沉积;下部构造层地震反射特征为强振幅、低频、连续、大倾角反射,与上覆第三系呈角度不整合,削蚀相接,应属于前第三系。苏乃容等(1995)认为大倾角反射层属于海相中生界。近期在同一海区的科探井钻遇了中生代地层,自下而上分别为:燕山期花岗岩和花岗闪长岩侵入体、中晚侏罗世浅海半深海相沉积、晚侏罗世至早白垩世深海沉积、晚白垩世河流-湖泊沉积(邵磊等,2007)。首次证实了南海北部中生界海相地层的存在,也奠定了南海北部中生界作为油气勘探新领域的地位。

作为正在探索的油气勘探新领域,迫切需要从区域上来认识南海东北部中生界的分布。早期地震资料的采集,无论是采集时间还是采集参数的设置,多是针对新生代地层展开,在一些剖面上可以识别出中生界(郝沪军等,2004)。但大多数地震剖面很难对中生代地层有很好的反映。陈冰(2004)利用地震资料约束重力反演的处理手段得到潮汕坳陷小区块的中生代沉积厚度图,对南海北部中生界的研究具有积极的作用。

我们在前人工作基础上,结合钻井和地震资料的约束和控制,应用"重、磁、地震联合反演与数据处理系统"对重磁资料进行了处理和联合反演,重点开展了变倾角、适应低磁纬度地区的化极计算,垂向变密度的沉积层重力效应的正演计算和2代小波为基础的小波位场分离分解等特殊处理,利用基于地震资料约束下重磁资料的联合反演来弥补地震资料的不足,通过井和重点剖面的约束,重磁震联合反演求取中生界厚度的分布。具体研究思路如图4.63所示。

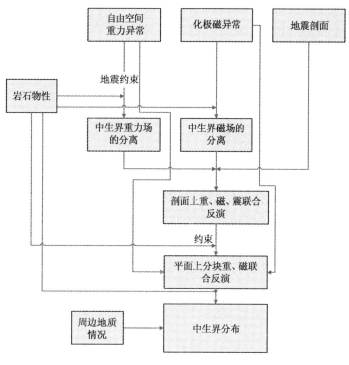

图 4.63　研究思路

这一研究思路发挥了重、磁、地震探测各自的优势,取长补短。地震资料对新生界基底反映能力较强,在一些剖面上对中生界有反映,可作为重磁资料反演解释的约束。重力资料的密度界面与主要波阻抗界面对应关系较好,缺点是场叠加性太强,不易区分。磁力资料对火成岩及磁性基底有良好的反映。三者可以互补,尤其是重力资料,可以利用地震资料消除新生界的重力效应,较好地获得与中生界基底面有关的重力异常。在基底界面重、磁反演中,虽然只有少数钻井资料可作标定或控制,但由于有部分地震剖面对中生界有反映,从中选择若干个基底反射资料较好的地段或点作为反演重、磁力基底的控制点,减少了多解性,显著地提高了反演精度。

4.4.2　岩石物性特征

1. 岩石密度

国土资源部广州海洋地质调查局从20世纪70年代以来对南海北部陆缘进行了大量的地球物理勘探工作,对这一地区地层、岩石密度也进行了研究(表4.11)。80年代末同济大学对珠江口盆地45口井706块标本的密度和磁性数据进行测定及统计,对58口井的密度测井资料,按10～20 m采样间隔读取了4 802个测井密度数据。这中间有32个钻孔既有实测密度又有测井密度资料,其中6口井有相同深度的测井、实测密度资料。对上述密度资料按分区、分层的统计,归纳成表(表4.12,表4.13)。

表 4.11 南海北部沿海陆地、岛屿岩石密度(引自陈冰,2004) 单位:$10^3\,kg/m^3$

时代＼地区	北部湾东北部沿岸	雷琼地区	茂名盆地	恩开地区	惠阳地区	三水盆地	河源地区	珠江口外岛屿	福建省	台湾省
N	2.11	2.81	2.44							2.20—2.30
E	2.25	2.37	2.42	2.35	2.44	2.49	2.41			2.57
K	2.60	2.51	2.49			2.55	2.50		2.61	
J				2.43	2.50	2.59	2.41	2.70	2.60	2.5—2.8
T									2.62	
P	2.53—2.70	2.64—2.91		2.62	2.59	2.62	2.56—2.70		2.64	
C							2.55—2.71		2.65	
D							2.57—2.75		2.62	
S				2.50	2.56		2.71	2.74		
O									2.62	
€									2.63	
Z									2.65	

根据表中岩石密度资料,结合前人的成果(王家林等,1997),研究区岩石密度具有如下特征:

(1) 在南海北部陆缘中新生代沉积盆地中,普遍存在三个较为明显的密度界面。一个是上、下第三系之间的密度界面,密度差为 $0.14\sim0.27\times10^3\,kg/m^3$,一个是新生界与中生界之间的密度界面,密度差为 $0.10\sim0.30\times10^3\,kg/m^3$;还有一个是中生界与前中生界之间的密度,密度差为 $0.10\sim0.20\times10^3\,kg/m^3$ 左右;

(2) 组成珠江口盆地基底的岩石有前古生界、古生界、中古生界沉积岩、变质岩以及中生代侵入岩及喷出岩。各种岩石的密度归纳如下:

① 燕山晚期花岗岩密度为 $2.54\sim2.71\times10^3\,kg/m^3$,平均值为 $2.62\times10^3\,kg/m^3$,其中 PY21-3-1 的黑云母花岗岩密度最大,为 $2.71\times10^3\,kg/m^3$;中性侵入岩中的石英二长岩密度为 $2.54\times10^3\,kg/m^3$,闪长岩密度为 $2.68\sim2.70\times10^3\,kg/m^3$。

② 变质岩密度较大,混合岩为 $2.70\times10^3\,kg/m^3$,斜长片麻岩为 $2.71\sim2.83\times10^3\,kg/m^3$,平均为 $2.77\times10^3\,kg/m^3$,角闪岩密度为 $2.71\sim3.01\times10^3\,kg/m^3$,平均为 $2.86\times10^3\,kg/m^3$,变质粉砂岩为 $2.74\times10^3\,kg/m^3$。

③ 中生代沉积岩为 $2.4\sim2.5\times10^3\,kg/m^3$,早古生代沉积岩为 $2.52\sim2.80\times10^3\,kg/m^3$,一般为 $2.71\times10^3\,kg/m^3$,晚古生代沉积岩为 $2.34\sim2.79\times10^3\,kg/m^3$,一般为 $2.5\sim2.6\times10^3\,kg/m^3$,其中灰岩、白云岩、砂砾岩较大,为 $2.69\sim2.83\times10^3\,kg/m^3$,而砂页岩较小,为 $2.39\sim2.67\times10^3\,kg/m^3$;前寒武纪至早生代的岩石密度变化很大,斜长片麻岩、石英岩密度最大,而片麻状花岗岩最小,一般变化范围为 $2.08\sim3.10\times10^3\,kg/m^3$。

表 4.12 珠江口盆地岩石测井密度统计表

单位：密度 $\sigma/(\times 10^3 \text{ kg/m}^3)$，深度 h/km

地区	韩江组及其上				珠江组				珠海组				恩平-神狐组			
	块数	变化范围	$\sigma-h$ 关系	平均值	块数	变化范围	$\sigma-h$ 关系	平均值	块数	变化范围	$\sigma-h$ 关系	平均值	块数	变化范围	$\sigma-h$ 关系	平均值
珠一西南区	362	2.02~2.54	$2.14+0.12(h-0.57)$ $0.5<h<2.23$	2.24	631	2.07~2.87	$2.26+0.11(h-1.28)$ $1.28<h<3.32$	2.38	499	2.16~2.65	$2.25+0.13(h-2.00)$ $2.0<h<3.76$	2.39	436	1.95~2.82	$2.45+0.03(h-2.73)$ $2.73<h<4.80$	2.40
珠一东北区	18	1.90~2.38	$2.15+0.23(h-1.04)$ $1.04<h<1.44$	2.20	106	2.00~2.63	$2.23+0.14(h-0.96)$ $0.96<h<2.29$	2.31	35	2.12~2.52	$2.24+0.08(h-1.40)$ $1.40<h<2.55$	2.30	209	2.07~2.65	$2.27+0.11(h-1.29)$ $1.29<h<3.80$	2.42
番禺低隆区	229	2.0~2.5	$2.11+0.18(h-0.5)$ $0.5<h<2.27$	2.26	143	2.14~2.60	$2.35+0.077(h-1.68)$ $1.68<h<2.98$	2.39	59	2.25~2.58	$2.24<h<3.65$	2.41	21	2.40~2.66	$2.05<h<3.07$	2.54
东沙隆起区	370	2.02~2.47	$2.17+.012(h-0.78)$ $0.78<h<2.1$	2.24	750	1.08~2.72	$2.32+0.074(h-1.02)$ $1.02<h<2.95$	2.40	263	2.04~2.65	$2.29+0.07(h-1.52)$ $1.52<h<3.17$	2.35	60	2.30~2.69	$2.16<h<2.57$	2.48
其他地区	72	1.8~2.62	$2.13+0.16(h-0.62)$ $0.62<h<2.61$	2.29	239	1.95~2.74	$2.16+0.14(h-0.71)$ $0.71<h<3.52$	2.32	96	2.14~2.73	$2.30+0.04(h-1.07)$ $1.07<h<4.0$	2.45	145	2.07~2.65	$2.39+0.009(h-1.35)$ $1.35<h<4.22$	2.40
珠江口盆地	1049	1.8~2.62	$2.12+0.14(h-0.5)$ $0.5<h<2.61$	2.25	1869	1.80~2.87	$2.23+0.10(h-0.71)$ $0.71<h<3.52$	2.30	952	2.04~2.73	$2.27+0.06(h-1.07)$ $1.07<h<4.0$	2.38	871	1.95~2.82	$2.37+0.04(h-1.29)$ $1.29<h<4.80$	2.46

表 4.13　珠江口盆地实测岩石密度统计表

单位：密度 σ/($\times 10^3$ kg/m³)，深度 h/km

	韩江组及其上				珠江组				珠海组				恩平-神狐组			
	块数	变化范围	σ-h 关系	平均值	块数	变化范围	σ-h 关系	平均值	块数	变化范围	σ-h 关系	平均值	块数	变化范围	σ-h 关系	平均值
珠一西南区	2	2.19~2.22	$1.356\ 5 < h < 1.357\ 4$	2.21	94	1.95~2.79	$2.23+0.14(h-1.72)$ $1.72 < h < 2.93$	2.34	139	2.06~2.73	$2.29+0.11(h-2.20)$ $2.2 < h < 4.09$	2.37	90	2.22~2.72	$2.40+0.11(h-2.91)$ $2.91 < h < 4.84$	2.50
珠一东北区					6	2.20~2.41	$1.21 < h$ 1.22	2.32	10	2.10~2.56	$1.54 < h$ 1.55	2.23	17	2.35~2.69	$3.28 < h$ 3.45	2.53
番禺低隆区	9	2.07~2.33	$2.105 < h$ 2.113	2.19					63	2.17~2.70	$2.29+0.18(h-2.77)$ $2.77 < h < 4.15$	2.38	17	2.40~2.69	$2.47+0.12(h-4.14)$ $4.14 < h < 4.63$	2.50
东沙隆起区					149	1.95~2.74	$2.31+0.07(h-1.19)$ $1.19 < h < 2.43$	2.34	36	1.95~2.73	$1.58 < h$ 2.48	2.35				
其他地区									10	2.34~2.65	$*\,2.45+0.32$ $(h-3.43)$ $3.43 < h < 3.82$	2.50	16	2.46~2.90	$4.29 < h$ 5.09	2.62
珠江口盆地	11	2.07~2.33	$1.36 < h$ 2.11	2.20	249	1.95~2.79	$2.31+0.03(h-1.19)$ $1.19 < h < 2.93$	2.34	258	1.95~2.73	$2.26+0.08(h-1.54)$ $1.54 < h < 4.15$	2.38	140	2.22~2.90	$2.45+0.07(h-2.91)$ $2.91 < h < 5.09$	2.52

注：★ 表示线性方程的相关系数较小。

④ 喷发岩密度一般由酸性向基性、超基性,岩石密度逐渐增大,喷出岩的孔隙度大,其密度比相同成分的侵入岩小,并且相同类型岩石密度变化范围大,流纹斑岩为 2.60×10^3 kg/m³,中性喷发岩为 $2.18 \sim 2.62 \times 10^3$ kg/m³,平均为 2.50×10^3 kg/m³,新生代玄武岩为 $2.47 \sim 2.79 \times 10^3$ kg/m³。

(3) 围区中新生代地层的密度,由西向东有逐渐增大的趋势。从雷琼地区至台湾,下第三系岩石密度由 2.37×10^3 kg/m³ 增至 2.57×10^3 kg/m³。珠外岛屿各时代的岩石密度值比陆地上相应时代岩石密度值普遍大 $0.05 \sim 0.15 \times 10^3$ kg/m³;

(4) 各构造区的各层平均密度随地层时代变老(或埋深加大)密度逐渐增大,并且该增大趋势趋于线性或指数关系(图 4.64)。随着埋深加大,密度随深度的变化率逐渐降低,最终趋于常数。新生代地层该规律更为明显。

(5) 各组密度值随着海水深度增加,而密度减小,分析原因是由于远离物源供给区,岩性在横向上发生变化,地层中砂质成分减少,而黏土成分增加。

2. 岩石磁性

对珠江口盆地中 45 口井岩石标本测定磁化率和 9 口井的磁化强度(包括剩磁和感磁)进行测定,结合前人的成果(王家林等,1997),本区岩石磁性有以下特征:

(1) 从寒武纪到第四纪沉积(不包括火山碎屑岩),或碳酸盐岩均为无磁性,盆地中第三系沉积岩磁化率一般在 $0 \sim 50$。

(2) 前寒武纪至中生代浅变质岩均为无磁性,磁化率多在 $0 \sim 40$。

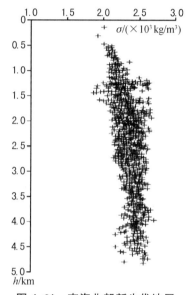

图 4.64 南海北部新生代地层测井密度与深度关系曲线

(3) 火山岩磁性由酸性到基性,铁磁性矿物含量逐渐增加,磁性逐渐由弱到强。酸性火山岩磁性较弱,如 YJ26-1-1 流纹斑岩和 YJ21-1-1 流纹质斑岩,其磁化率一般小于 100;中基性火山岩具有中—强磁性,如安山岩为 $200 \sim 700$,钠质粗面岩为 $2700 \sim 3000$,玄武岩磁化率为 $500 \sim 3900$;玄武岩除具有很强的感磁外,还有很强的剩磁,一般剩余磁化强度为 500×10^{-3} A/m,有时可达 $2000 \times 10^{-3} \sim 4000 \times 10^{-3}$ A/m。根据周边资料,粤东地区东南部广泛出落侏罗纪中酸性火山岩,酸性火山岩一般无磁性,中性火山岩为中等—较强磁性,磁化率 $90 \sim 650$,最强达 $1207 \sim 2100$。

(4) 区域侵入岩分布广泛,而各时代岩浆岩磁性不均匀:印支期花岗岩的磁性较弱,闪长岩、二云母花岗岩具有较强磁性,但不会引起区域性异常;燕山期花岗岩在珠江口盆地及周边分布广,规模大,是引起磁异常的主要因素。新生代沉积盖层中的中、基性火山岩(主要为玄武岩)所引起的异常,叠加在区域异常背景之上。

3. 地层速度

姚伯初等(1995)利用中、美联合调查南海地质项目所采集的双船地震扩展排列剖面资料,测得在陆架地区新生代沉积地震波速为 $1.8 \sim 4.8$ km/s,下伏的中生代沉积层速度为 $5.0 \sim 5.5$ km/s;东沙群岛地区新生代沉积地震波速度为 $1.7 \sim 4.7$ km/s,中生代地震波速为 $5.3 \sim 5.6$ km/s;陆坡新生代沉积为 $1.6 \sim 4.5$ km/s,中生代为 $4.9 \sim 5.4$ km/s。

苏乃容等(1995)对珠一坳陷 8 口深井的层速度统计表明:在埋深 500 ms 处速度为 $1.9\sim2.1$ km/s;1 000 ms 处是 2.5 km/s;1 500 ms 处是 3.0 km/s;2 000 ms 处是 3.5 km/s;2 500 ms 处是 $4.0\sim$ 4.1 km/s;3 000 ms 处是 4.5 km/s;而中生界地震波层速度埋深在 $300\sim700$ ms 就高达 $3.8\sim5.5$ m/s,两者差别悬殊。

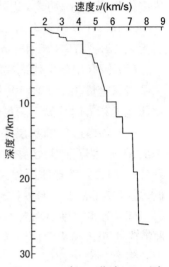

图 4.65 珠江口盆地 ESP9 测线所示速度结构(姚伯初等,1995)

另外,还有许多文章中零零散散地提及对南海海区中新生代地层速度的描述,例如郝沪军(2001)将 Tg 以下构造层分为三个层序,速度由上至下分别为 4.0 km/s、$4.0\sim$ 5.0 km/s、大于 5.0 km/s(文章中的 Tg 指的是新生界与中生界的分界面);陈隽等(2002)认为海底—Tg 层速度为 $2.0\sim$ 2.5 km/s,Tg 以下层速度一般大于 4.0 km/s;杨少坤等(2002)将 Tg 以下层速度定为 $4.2\sim5.4$ km/s。

综合以上资料,可以得出在第三系与中生界的层速度一个明显特点就是新生代层速度随深度的增加呈有规律的递增,而新生代与中生代叠合的凹陷层速度的变化呈突变,有一个明显的台阶,其差值约 $1\,500\sim2\,100$ m/s,台阶面就是新生界和中生界的分界面(图 4.65 和图 4.66)。

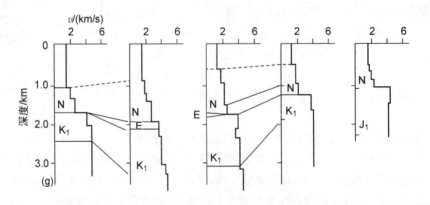

图 4.66 潮汕坳陷中、新生界层速度曲线(苏乃容等,1995)

4.4.3 中生界目标界面重力异常的提取

南海北部中、新生带沉积盆地中,除莫霍面外,普遍存在三个较为明显的密度界面(上、下第三系之间的密度界面,新生界与中生界之间的密度界面和中生界与前中生界之间的密度界面),密度差为别为 $0.14\sim0.27\times10^3$ kg/m³,$0.10\sim0.30\times10^3$ kg/m³ 和 $0.10\sim0.20\times10^3$ kg/m³。中生界底界面作为一个密度界面是可以利用重力资料来研究的。关键是中生界底界这一目标界面重力异常的提取。

对实测的自由空间重力异常,根据海底水深和莫霍面资料,通过正演去除海底界面和莫霍面这两个重要密度界面起伏产生的重力影响。

南海东北部中生代地层通常覆盖着新生代地层,如何从重力异常中将其产生的重力效应较好地消除掉,是一个重点。据收集的南海北部陆缘新生界 58 口钻井的密度测井资料制作的测井密度与深度关系曲线,明显表现出南海北部陆缘新生界密度随着深度逐渐加大。这种密度随深度的变化可以用线性或者指数变化的规律加以描述。考虑密度遵循线性变化规律 $\sigma(z) = \sigma_0 + \sigma_1 z$,利用棱柱体建模的波数域变密度重力正演公式来计算新生界的重力异常(王家林等,1991)见式 2-15:

上述密度变化公式的起始点为 $z = 0$(在海洋上即为海平面)。然而在本工区,新生界的上面覆盖着很厚的海水层,所以要利用上述公式来进行正演计算,必须对密度变化公式进行改造。

由于采用棱柱体建模,所以每个棱柱对应着一个 z_{Ti}(新生界顶的深度)。假设新生界顶处密度为 σ_0,新生界底部密度为 σ_B;新生界底最大的深度为 z_B ,这样密度满足的条件为

$$\begin{cases} 当 z = z_{Ti} 时,\sigma(z) = \sigma_0 \\ 当 z = z_B 时,\sigma(z) = \sigma_B \end{cases}$$

所以,密度随深度的变化公式应改写成 $\sigma(z) = \sigma_a + \sigma_b(z - z_{Ti})$,其中

$$\begin{cases} \sigma_a = \sigma_0 - \sigma_b z_{Ti} \\ \sigma_b = \dfrac{\sigma_B - \sigma_0}{z_B - z_{Ti}} \end{cases}$$

利用上述的密度变化公式以及棱柱建模的波数域变密度重力正演公式,取新生界密度变化范围为 $2.15 \sim 2.45 \times 10^3$ kg/m³,中生界密度值为 $2.43 \sim 2.55 \times 10^3$ kg/m³,计算出新生界低密度体质量亏损所产生的重力异常(图 4.67),补充到已消除海底界面和莫霍面影响的重力数据上,获得消除海水层、新生代地层以及莫霍面影响后的剩余重力异常图(图 4.68)。

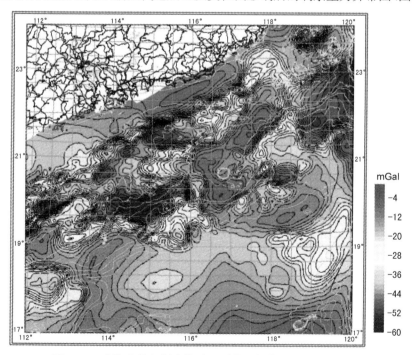

图 4.67 南海东北部新生代地层质量亏损产生的重力异常图

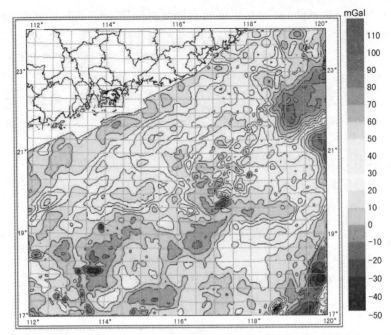

图 4.68　南海东北部消除海水层、新生代地层以及莫霍面影响后的剩余重力异常图

在此基础上,对剩余重力异常进行 2 代小波分解。对比分析认为 1～3 阶细节异常是由浅部密度异常体(如火成岩等)所产生的,提取小波三阶逼近(图 4.69)作为中生代地层产生的重力异常。图上,异常总的走向以 NE 向为主,东部边缘大体呈现 SN 走向,局部地区呈现 EW 走向,且该走向的异常以负值异常为主。北部陆架区域异常呈正值条带状,而进入洋壳区后出现大片负值异常,夹杂着一些小的正值圈闭。

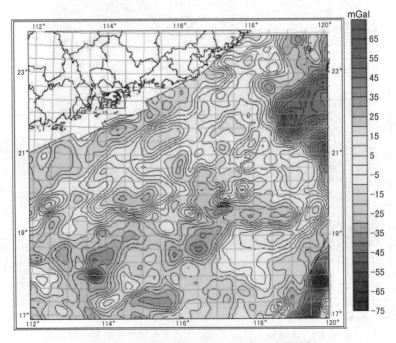

图 4.69　南海东北部剩余重力异常三阶逼近场

4.4.4　重、磁界面的联合反演

以往研究中(王家林等,1997)也反演求取了南海北部陆架重、磁基底。两者在某些部位具有很高的一致性,但在另一些部位相关性则较差。其原因之一是重磁反演是单一方法单一界面的反演。因此,有必要开展重、磁界面的联合反演并考虑一种双层界面的模型:两层界面均存在密度差,并且下层界面还存在磁化强度差。在此模型基础上,对重、磁数据进行联合反演,以得到中生界界面深度与磁性基底深度。设定一个阀值,如果两者深度在某一范围之内,则认为两者一致。假设地面与第一层界面 s_1 之间密度为 ρ_1 ,第一层界面 s_1 与第二层界面 s_2 之间密度为 ρ_2 ,第二层界面 s_2 之下密度为 ρ_0 ,且只在 s_2 之下地层具有磁性,磁化强度为 J 。这时,地面上可以观测到由 s_1 和 s_2 两个密度界面产生的重力异常值以及 s_2 界面产生的磁异常值。根据第3章的知识,在给定密度、磁化强度,以及平均界面深度,得到如下方程组:

$$\begin{cases} F(\Delta g)=-2\pi G\Delta\rho_1 e^{-sz_1}\sum_{n=1}^{\infty}\frac{(-s)^{n-1}}{n!}F[H_1^n]-2\pi G\Delta\rho_2 e^{-sz_2}\sum_{n=1}^{\infty}\frac{(-s)^{n-1}}{n!}F[H_2^n] \\ F(\Delta Z_a)=2\pi J e^{-sz_2}\sum_{n=1}^{\infty}\frac{(-s)^n}{n!}F[H_2^n] \end{cases}$$
(4-2)

其中, $F[\ ]$ 表示二维傅氏变换, $\Delta g,\Delta Z_a$ 分别为重力异常值与化极异常值, G,J 分别为重力常数与磁化强度, $\Delta\rho_1,\Delta\rho_2$ 分别为第一层、第二层的密度差, s 为径向圆波数, $s=2\pi\sqrt{\left(\frac{m_x}{M\delta_x}\right)^2+\left(\frac{m_y}{N\delta_y}\right)^2}$ (δ_x 和 δ_y 分别为 x 和 y 方向的网格间距, m_x 和 m_y 分别为 x 和 y 方向的网格点数, M 和 N 分别是 x 和 y 方向的测点数); z_1,z_2 分别表示界面 s_1 和 s_2 的平均界面深度; $H_1(x,y)$ 和 $H_2(x,y)$ 为两界面的深度值。将方程组线性化,得到:

$$\begin{pmatrix} G_1 & G_2 \\ 0 & M \end{pmatrix}\begin{pmatrix} H_1 \\ H_2 \end{pmatrix}=\begin{pmatrix} \Delta g \\ \Delta Z_a \end{pmatrix}$$
(4-3)

其中, $\begin{cases} G_1=E^*\Gamma_1 E, \\ G_2=E^*\Gamma_2 E \\ M=E^*\Lambda E, \end{cases}$, E,E^* 分别表示傅立叶正、反变换, Γ_1 , Γ_2 , Λ 为对角阵,其元素为

$\begin{cases} \Gamma_{1i}=-2\pi G_1\Delta\rho_1 e^{-s_i z_1} \\ \Gamma_{2i}=-2\pi G_2\Delta\rho_2 e^{-s_i z_2} \\ \Lambda_i=2\pi J s e^{-s_i z_2}\,。 \end{cases}$

设

$$\begin{cases} a_{11}=[\Gamma_1^2+\theta I-\Gamma_1^2\Gamma_2^2(\Gamma_2^2+\omega^2\Lambda^2+\theta I)^{-1}]^{-1} \\ a_{22}=[\Gamma_2^2+\omega^2\Lambda^2+\theta I-\Gamma_1^2\Gamma_2^2(\Gamma_1^2+\theta I)^{-1}]^{-1} \\ a_{12}=-(\Gamma_1^2+\theta I)^{-1}\Gamma_1\Gamma_2 a_{22} \\ a_{21}=-(\Gamma_2^2+\omega^2\Lambda^2+\theta I)^{-1}\Gamma_1\Gamma_2 a_{11} \end{cases}$$

其中, θ,ω 分别为阻尼系数和调节重、磁数据具有不同单位及数量级影响的权重因子。根据阻尼最小二乘法,可构造两层界面重、磁联合反演迭代公式如下:

$$\begin{pmatrix} H_1^{n+1} \\ H_2^{n+1} \end{pmatrix}=\begin{pmatrix} H_1^n \\ H_2^n \end{pmatrix}+E^*\begin{pmatrix} a_{11}\Gamma_1+a_{12}\omega\Lambda & a_{12}\omega\Lambda \\ a_{21}\Gamma_1+a_{22}\Gamma_2 & a_{22}\omega\Lambda \end{pmatrix}E\begin{pmatrix} \Delta g_{cal}^n-\Delta g_{obs} \\ \omega(\Delta Z_{a\,cal}^n-\Delta Z_{a\,obs}) \end{pmatrix}$$
(4-4)

其中，H_1^n，H_2^n 为第 n 次迭代的界面深度值，Δg_{cal}^n，$\Delta Z_{a\ cal}^n$ 为第 n 次计算得到的重、磁异常值，Δg_{obs}，$\Delta Z_{a\ obs}$ 为用于反演的实际资料，在这里重力数据取消除海水层、新生代地层以及莫霍面影响后的剩余重力异常小波三阶逼近场，磁力数据则是 ΔT 异常经变倾角、低磁纬度化极处理和小波分解后的三阶细节场(图 4.70)。

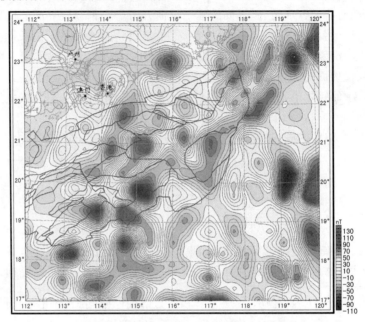

图 4.70　南海东北部化极磁异常三阶细节场

在反演过程中，可以利用在某些地震剖面上识别出来的中生界底作为反演的约束。图 4.71 为经联合反演获得的南海东北部中生界底界面深度分布。

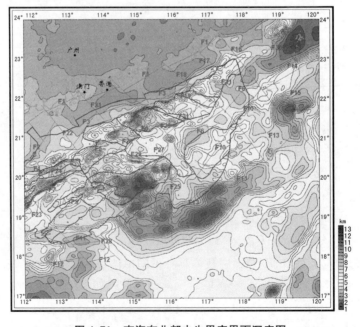

图 4.71　南海东北部中生界底界面深度图

4.4.5 中生界展布特征分析

利用地震资料揭示的新生界深度,制作了研究区新生界深度图,将上述反演获得的中生界底面深度减去新生界深度,就得到研究区中生界的厚度分布(图 4.72)。由图可见,研究区中生界厚度展布与中生界底界面深度分布有着较大的不同。研究区东北部中生界底界面深度浅,相应的中生界厚度薄;在珠江口盆地的主体部位,包括中部的番禺低隆起及南部的白云凹陷,虽然都有着较深的中生界底界面,但中生界的厚度却非常薄,计算结果表示西江凹陷、番禺低隆起以及白云凹陷的大部,其中生界的厚度几乎接近于零值,说明该区域中生代与新生代的地层分布并不具备继承性。在中央隆起带,由西向东,表现出厚—薄—厚的趋势,厚度值大约在 2.0~4.0 km。备受关注的潮汕坳陷,存在着相当厚的中生代地层,地层大体是北部薄南部厚,厚度值在 3~6 km 之间。

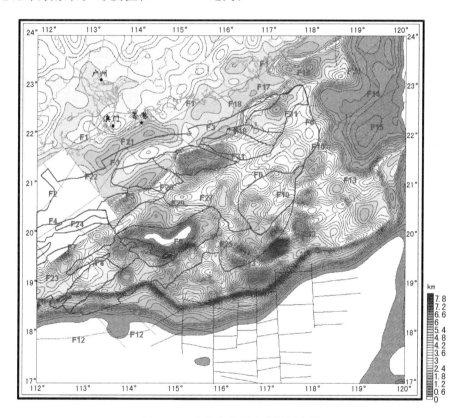

图 4.72 南海东北部中生界厚度图

取通过钻遇中生界的 MZ-1-1 井的地震剖面来检验中生界厚度反演结果的可靠性。图 4.73 是长 62 km 的过井地震剖面,Tg 界面为新生界底界面,其下部的反射层组为中生界的反映。中生代地层表现出背斜构造特征,上部中生代地层遭受剥蚀、缺失。因此,从东沙隆起到潮汕坳陷中生界厚度呈现由厚到薄、再逐渐变厚的趋势。图 4.74 的中生代地层厚度分布来自于平面的反演结果,其厚度分布的变化特征与地震剖面显示的中生代地层厚度的变化是较吻合的。在井位处,钻井资料揭示这是一套厚约 1 500 m 的中侏罗世到晚白垩世地层(吴国瑄等,2007)。而图 4.72 的厚度图中,在井位置厚度为 2.1 km。由于钻井未达中生界的底,所以本文计算的中生界厚度大于钻井已揭示的中生界厚度是合理的。

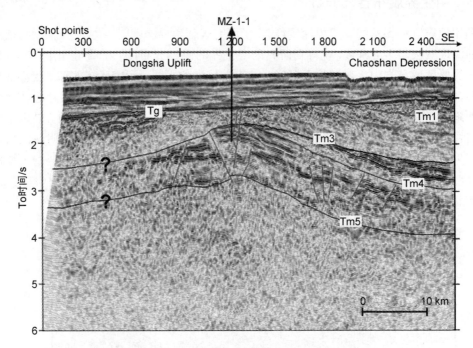

图 4.73　过 MZ-1-1 井地震剖面(吴国瑄等,2007)

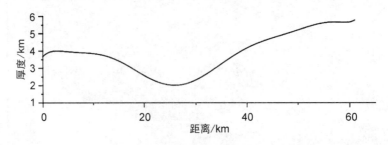

图 4.74　沿过井地震剖面的中生界厚度分布断面

根据海区中生界厚薄分布,可分成南部缺失区、海南隆起和珠三坳陷北缘缺失区(阳江——一统暗沙断裂以西)、饶平—台西南断裂以东的较小厚度区、阳江——一统暗沙断裂以东以潮汕坳陷为中心的加厚分布区以及阳江——一统暗沙断裂以西以神狐—统暗沙隆起处为中心的较厚分布区。

4.4.6　剖面的地质-地球物理综合解释

在南海东北部陆缘西部和东部各选择一条测线进行区域剖面的建模与解释(图 4.75),西部测线(A 剖面)由北向南经过北部断阶带、西江凹陷、恩平凹陷、番禺低隆起、白云凹陷及其南部地区六个构造单元。东部测线(B 剖面)由北向南经过北部断阶、陆丰凹陷、东沙隆起、潮汕坳陷及其以南地区五个构造单元。在两条剖面的地质地球物理模型建立时,根据地震资料,结合岩石物性和钻井资料,给出了新生界地层的形态和物性特征;根据重力反演得到的区域中生界底界面深度资料,给出了中生界地层的分布和形态;根据本文计算的磁性基底的深度,给出了磁性基底的分布和形态。结合重力基底和磁性基底可以进一步地认识基底深度,深入认识基底的岩性。

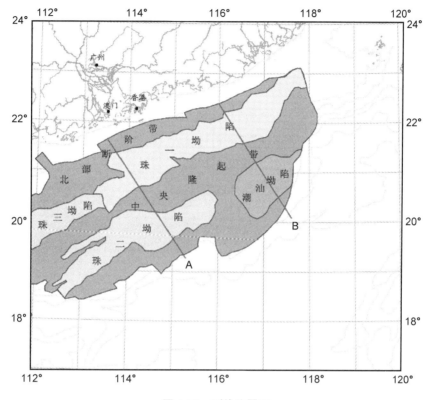

图 4.75　测线位置图

1. 剖面 A 综合解释

剖面A(图4.76)位于研究区西部,全长300 km,为北西—南东向测线,依次经过北部断阶带、西江凹陷、恩平凹陷、番禺低隆起、白云凹陷及其南部地区。海水层深度由北向南增大至剖面南端达 2 km。

剖面的自由空间重力异常幅值为−35~30 mGal,存在两个低值凹和两个高值凸,在200 km 处存在重力梯度带,对应了白云凹陷的中心。剖面磁异常幅值为−50~300nT。0~150 km 为宽缓正负异常区,局部异常值较高,幅值 50nT;150~230 km 为一宽缓的高磁异常,幅值 300nT;230 km 以南为一北负南正的高值异常。

新近系地层贯穿整条测线,厚度在1~2 km,由北部断阶带向南变厚至白云凹陷处达到2 km,往南又减薄为 1 km。古近系厚度变化较大,以白云凹陷为中心最大,厚度超过 6 km。中生界底界面深度由北向南逐渐加深,至白云凹陷处达到 13 km,然而中生界地层的厚度在西江凹陷、番禺低隆起以及白云凹陷却比较薄。

白云凹陷以南中生界地层比较厚。基底断裂十分发育,近东西向断裂使地下呈现倾斜断块状,在剖面南部,以南断北超为主,在剖面北部,表现为北断南超。根据重、磁剖面拟合处理,对前中生界基底岩性进行推断。北部断阶带和西江凹陷基底存在中、酸性侵入岩,密度为 2.64×10^3 kg/m³,与附近声纳浮标速度推算的密度 $2.64\sim2.65\times10^3$ kg/m³ 接近,磁

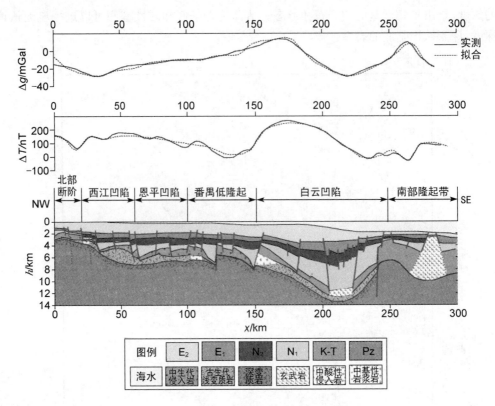

图 4.76　剖面 A 地质-地球物理综合解释剖面

化强度为 $450 \times 10^{-3} \mathrm{A/m}$。恩平凹陷和番禺低隆起北段为古生代变质岩以及较大密度的花岗岩,番禺低隆起南段为无磁性花岗岩区,密度为 $2.65 \times 10^{3} \mathrm{kg/m^3}$。白云凹陷北段为中基性岩,密度为 $2.65 \sim 2.85 \times 10^{3} \mathrm{kg/m^3}$,磁化强度达 $800 \times 10^{-3} \mathrm{A/m}$。白云凹陷南段及其以南,磁化强度高达 $1\,200 \times 10^{-3} \mathrm{A/m}$,推断为玄武岩,为陆壳和洋壳的过渡壳基底。

2. 剖面 B 综合解释

剖面 B(图 4.77)位于研究区东部,全长 320 km,为北西—南东向测线,依次经过北部断阶、陆丰凹陷、东沙隆起、潮汕坳陷及其以南地区。海水层深度由北向南增大至 2.7 km。

剖面的自由空间重力异常幅值为 $-20 \sim 40$ mGal,存在五个低值凹和五个高值凸。剖面磁异常幅值为 $-50 \sim 350$nT。$0 \sim 80$ km 为宽缓正异常区,异常幅度较小,幅值 120nT;$80 \sim 120$ km 为一高磁异常,幅值 300nT;120 km 以南为一北陡南缓的宽缓异常,叠加三个局部尖峰正异常。

新近系在北部断阶带和陆丰凹陷比较发育,最厚达 2 km,往南减薄,潮汕坳陷及其以南新近系较薄。中生界基底界面深度在陆丰凹陷和潮汕坳陷处较深,形成两个低凹。中生界地层的厚度在潮汕坳陷比较厚。重、磁异常在 $0 \sim 80$ km 处的北部断阶带和陆丰凹陷北部为低缓的变化区,异常幅度、宽度较小。经重、磁剖面拟合处理推断,$0 \sim 40$ km 为花岗岩,密度为 $2.62 \times 10^{3} \mathrm{kg/m^3}$,磁化强度为 $300 \times 10^{-3} \mathrm{A/m}$;$40 \sim 80$ km 处为中生代变质岩区;60 km 处发育密度为 $2.73 \times 10^{3} \mathrm{kg/m^3}$,磁化强度 $800 \times 10^{-3} \mathrm{A/m}$ 的中基性岩浆岩。$80 \sim 120$ km 处的陆丰凹陷南侧和东沙隆起北部存在一个完整的高磁异常,对应的重力异常也比

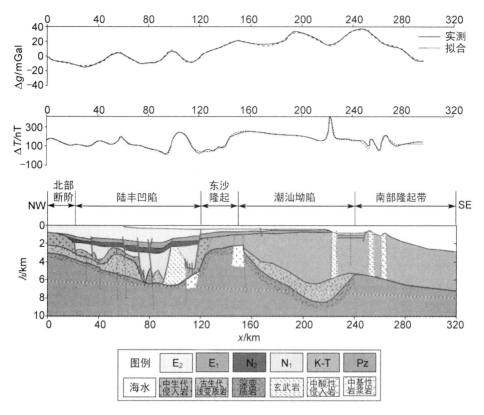

图 4.77　剖面 B 地质-地球物理综合解释剖面

较高,推断为玄武岩,附近 LF15-1-1 井钻遇玄武岩。130 km 以南为一北陡南缓的宽缓异常,叠加了三个尖峰状异常。120~150 km 处的东沙南段密度为 $2.67×10^3$ kg/m³,磁化强度为 $600×10^{-3}$ A/m,推断为中基性岩浆岩。150 km 以南推断存在巨厚的中生代沉积区,密度为 $2.55×10^3$ kg/m³,最深处可能超过 6 km。200 km 以南尖峰状异常处推断为玄武岩,由于喷至海底,密度较小。250 km 以南推断为陆壳和洋壳的过渡壳基底。

　　因此,南海东北部陆缘中生界的厚度分布与新生代地层的展布没有继承性也没有“镜像”关系。台西南盆地西段及其南部区域、东沙隆起、潮汕坳陷及其以南区域、白云凹陷东段及其东南部区域,是全区中生界厚度分布较厚的地区,是中生界勘探重点区域。

　　区域的北西向和北东向断裂对中生界厚度的分布都有控制作用,同一断裂在不同地段对中生界厚度的分布也有着影响。

　　潮汕坳陷南部中生界的分布并没有完全终止在珠江口东南缘断裂带上,往南可能还延伸到海盆北缘(海盆出现磁条带的北边界)。在这里,中生界上覆在具有磁性的极薄的地壳之上。

参考文献

［1］Aleseev A S. 联合反演问题解的定量描述及其一般特性［C］//SEG 61 届年会论文集. 北京：石油工业出版社,1993:595-596.

［2］白玉洪,余造. 东海海礁凸起礁一井完井地质报告［R］. 上海：中国石化股份公司上海海洋油气分公司,2003.

［3］Barton P J,武传真. 大陆地壳中地震波速度和密度的关系——一种有用的约束吗［J］. 地球物理学进展,1988(1):40-50.

［4］长春地质学院重力教研室. 重力勘探［M］. 北京：地质出版社,1980.

［5］成都地质学院,武汉地质学院. 应用地球物理学——磁法教程［M］. 北京：地质出版社,1980.

［6］Chui K C. 小波分析导论［R］. 程正兴,译. 西安：西安交通大学出版社,1992.

［7］柴玉璞. 位场 DFT 方法研究［J］. 地球物理学报, 1988,31:211-223.

［8］陈冰. 南海东北部新生代沉积盆地基底的地球物理特征及其地质解释［D］. 上海：同济大学,2004.

［9］陈冰,王家林,钟慧智,等. 南海潮汕坳陷前第三纪盆地结构地球物理研究［J］. 同济大学学报：自然科学版,2005,33(9):1274-1280.

［10］陈冰,王家林. 剥离法与综合模型法的地球物理综合反演［M］//王家林,吴健生. 中国典型含油气盆地综合地球物理研究. 上海：同济大学出版社,1995:125-135.

［11］陈隽,郝沪军,林鹤鸣. 潮汕坳陷地震资料的改善及中生界构造的新发现［J］. 中国海上油气·地质,2002(4):54-61.

［12］陈军,王家林,吴健生,等. 应用改进的遗传算法反演多层密度界面［J］. 地球科学,2000,25(6):651-655.

［13］董良国,马在田,曹景忠,等. 一阶弹性波方程交错网格高阶差分解法［J］. 地球物理学报,2000,40(3):411-419.

［14］杜建军,马寅生,谭成轩. 京津地区区域地壳稳定性评价［J］. 地球学报,2008,29(4):502-509.

［15］范兴才,王家林. 松辽盆地北部杏山地区典型的地质地球物理模型及综合解释［M］//王家林,吴健生. 中国典型含油气盆地综合地球物理研究. 上海：同济大学出版社,1995:112-124.

［16］冯锐,陶裕录. 地震—重力联合反演中的非块状一致性模型［J］. 地球物理学报, 1993, 36(4):463-475.

［17］高德章,唐建,薄玉玲,等. 地壳结构重磁地震综合反演技术研究报告［R］. 上海海洋石油局、广州海洋地质调查局,国家 863 计划 820-01-03-02 课题报告,2000.

［18］高德章,侯遵泽,唐建. 东海及邻区重力异常多尺度分解［J］. 地球物理学报,2000,43(6):85-95.

［19］高德章. 东海陆架盆地岩石密度与磁性［J］. 上海地质,1995,54(2):38-45.

［20］高德章,赵金海,薄玉玲,等. 东海重磁地震综合探测剖面研究［J］. 地球物理学报,2004,47(5):853-861.

［21］高德章,赵金海,薄玉玲,等. 东海及邻近地区岩石圈三维结构研究［J］. 地质科学,2006,41(1):10-26.

［22］高尔根,徐果明,赵燚. 一种任意界面的逐段迭代射线追踪方法［J］. 石油地球物理勘探. 1998,33(1):54-60.

204

[23] 关小平,黄嘉正,罗孝宽. 重力、地震资料联合反演实例[J]. 石油地球物理勘探,1995,30(3):379-385.

[24] 管志宁. 欧拉法与总梯度模法研究报告[R]. 北京:中国地质大学西部中高山区航磁数据特殊处理与解释方法技术研究组,2003.

[25] 管志宁,张昌达,程方道,等. 磁法勘探重要问题理论分析与应用[M]. 北京:地质出版社,1993.

[26] 郭绪杰,焦贵浩. 华北古生界石油地质[M]. 北京:地质出版社,2002.

[27] 郝沪军,汪瑞良,张向涛,等. 珠江口盆地东部海相中生界识别及分布[J]. 中国海上油气,2004,16(2):84-88.

[28] 郝天珧,吴健生,徐亚,等. 综合地球物理方法在环渤海残留盆地分布研究中的应用[J]. 石油天然气地质,2008,29(5):639-647.

[29] 何委徽. 重力、地震和电法联合反演方法研究及其在下扬子地区中的应用[D]. 上海:同济大学,2009.

[30] 何廉声,陈邦彦. 南海地质地球物理图集[M]. 广州:广东省地图出版社,1987.

[31] 贺日政,高锐,李秋生. 新疆天山(独山子)—西昆仑(泉水沟)地学断面地震与重力联合反演地壳构造特征[J]. 地球物理学报,2001,22(6):553-558.

[32] 侯遵泽,杨文采. 小波分析应用研究[J]. 物化探计算技术,1995,17(3):1-9.

[33] 侯遵泽,杨文采,刘家琦. 中国大陆地壳密度差异多尺度反演[J]. 地球物理学报,1998,41(5):642-651.

[34] 黄谟涛,翟国君,欧阳永忠,等. 利用多代卫星测高数据反演海洋重力场[J]. 测绘科学,2006,31(6):37-39.

[35] 黄建明,陆学林,张铖,等. 东海海礁凸起、钱塘凹陷重磁调查项目磁力测量外业采集报告[D]. 上海:上海海洋石油局第一海洋地质调查大队,2003.

[36] 敬荣中,鲍光淑,陈绍裘. 地球物理联合反演研究综述[J]. 地球物理学进展,2003(3):535-540.

[37] 金庆焕,南海地质与油气资源[M]. 北京:地质出版社,1989.

[38] 李红星,刘财,陶春辉. 图像边缘检测方法在地震剖面同相轴自动检测中的应用研究[J]. 地球物理学进展,2007,22(5):1607-1610.

[39] 李家彪. 中国边缘海形成演化与资源效应[M]. 北京:海洋出版社,2008:134-147.

[40] 李世雄. 小波变换及其应用[M]. 北京:高等教育出版社,1997.

[41] 李爽,许才军,王新洲. 论多种数据联合反演的模式及算法[J]. 大地测量与地球动力学,2002,22(3):78-82.

[42] 刘能超. OBS 数据的 P 波、PS 波速度反演及软件开发[D]. 北京:中国地质大学,2009.

[43] 刘光鼎. 中国海区及邻域地质地球物理图集[M]. 北京:科学出版社,1993.

[44] 刘光鼎,肖一鸣. 油气沉积盆地的综合地球物理研究[J]. 石油地球物理勘探,1985,20(5):445-454.

[45] 刘光鼎. 论综合地球物理解释——原则与实例[M]. 北京:学术书刊出版社,1989.

[46] 刘光鼎,冯福闿,王庭斌,等. 中国油气盆地研究及其评价[J]. 石油与天然气地质,1989,10(4):323-336.

[47] 刘光鼎,郝天珧,刘伊克. 重磁研究对认识盆地的意义[M]. 地球物理学进展,1996,11(2):1-15.

[48] 刘光鼎. 试论残留盆地[J]. 勘探家,1997,2(3):1-4.

[49] 刘光鼎,宋海斌,张福勤. 中国近海前新生代残留盆地初探[J]. 地球物理学进展,1999,14(3):1-8.

[50] 刘光夏,张先,贺为民,等. 渤海及其邻区居里等温面的研究[J]. 地震地质,1996a,18(4):398-402.

[51] 刘申叔,李上卿. 东海油气地球物理勘探[M]. 北京:地质出版社,2001.

[52] 刘天佑. 重磁异常反演理论与方法[M]. 北京:中国地质大学出版社,1992:95-113.

[53] 刘天佑,朱文孝,方晓梅. 一种连续模型的居里面反演方法[J]. 地球科学,1987,(6):647-656.

[54] 刘昭蜀,赵焕庭,范时清,等.南海地质[M].北京:科学出版社,2002.

[55] 陆克政,漆家福,戴俊生,等.渤海湾新生代含油气盆地构造模式[M].北京:地质出版社,1997.

[56] 卢造勋,蒋秀琴,白云,等.胶辽渤海地区地壳上地幔结构特征与介质的横向非均匀性[J].华北地震科学,1999,17(2):43-51.

[57] 穆石敏,申宁华,孙运生,等.区域地球物理数据处理方法及应用[M].长春:吉林科学技术出版社,1991.

[58] 潘军,刘保华,华清峰,等.基于OBS的正演模拟与初至识别研究[J].地球物理学进展,2012,27(6):2437-2443.

[59] 秦前清,杨宗凯.实用小波分析[M].西安:西安电子科技大学出版社,1998.

[60] 邵磊,尤洪庆,郝沪军,等.南海东北部中生界岩石学特征及沉积环境[J].地质论评,2007,53(2):164-169.

[61] 邵景钟,张家茹,殷秀华.油气勘探与地壳深部构造研究[J].石油勘探与开发,1999,26(2):11-14.

[62] 申宁华.用航磁数据计算居里点深度的原理及方法[J].物化探计算技术,1985,02:89-98.

[63] 苏乃容,曾麟,李平鲁,等.珠江口盆地东部中生代凹陷地质特征[J].中国海上油气(地质),1995(9):228-236.

[64] 唐建,高德章,薄玉玲,等.东海陆架盆地小网度重力调查成果的处理技术[C]// 中国地球物理学会.中国地球物理(2003)——中国地球物理学会第十九届年会论文集.南京:中国地球物理学会,2003.

[65] 王赟,王妙月,彭苏萍.地球物理随机联合反演[J].地球物理学报,1999,42(Suppl):141-151.

[66] 王德成,栾锡武.东海海礁凸起、钱塘凹陷重磁调查项目重力测量外业采集报告[R].上海海洋石油局第一海洋地质调查大队,2003.

[67] 王慧燕.图像边缘检测和图像匹配研究及应用[D].杭州:浙江大学,2003.

[68] 王家林,吴健生,陈冰.珠江口盆地和东海陆架盆地基底结构的综合地球物理研究[M].上海:同济大学出版社,1997.

[69] 王家林,王一新,万明浩.石油重磁解释[M].北京:石油工业出版社,1991.

[70] 王家林,张新兵,吴健生,等.珠江口盆地基底结构的综合地球物理研究[J].热带海洋学报,2002,21(2):13-22.

[71] 王家林,王一新,林桂康,等.利用场变换的分离场法反演多层密度界面[J].石油物探,1986,25(2):69-80.

[72] 王家林,王一新,万明浩,等.用重力归一化总梯度法确定密度界面[J].石油地球物理勘探,1987,22(6):684-692.

[73] 王家林,吴健生.中国典型含油气盆地综合地球物理研究[M].上海:同济大学出版社,1995.

[74] 王万银,邱之云,杨永,等.位场边缘识别方法研究进展[J].地球物理学进展,2010,25(1):196-210.

[75] 王一新,王家林,张曙明.研究多层密度界面的正则化非线性反演方法[J].石油物探,1987,26(1):78-90.

[76] 王植,贺赛先.一种基于Canny理论的自适应边缘检测方法[J].中国图像图形学报,2004,9(8):956-962.

[77] 吴国瑄,王汝建,郝沪军,等.南海北部海相中生界发育的微体化石证据[J].海洋地质与第四纪地质,2007(01):79-85.

[78] 吴健生,刘苗.基于小波的位场数据融合[J].同济大学学报:自然科学版.2008,36(8):1133-1137.

[79] 吴健生,王家林.用高阻方向滤波器提高低磁纬度地区磁异常化极效果[J].石油地球物理勘探,1992,27(5):670-677.

[80] 吴健生,王家林,陈冰,等.东海海礁—西湖区重力基底面的反演和综合解释[M]//李家彪,高抒.中国边缘海海盆演化与资源效应.北京:海洋出版社,2003:63-67.

[81] 胥颐,刘福田,郝天珧,等.中国东部海域及邻区岩石层地幔的P波速度结构与构造分析[J].地球物理学报,2006,49(4):1053-1061.

[82] 夏常亮.OBS地震数据关键处理环节研究[D].北京:中国地质大学,2009.

[83] 肖锋.重力数据处理方法的研究及其在钾盐矿勘探中的应用[D].长春:吉林大学,2009.

[84] 谢靖,张卿,姜佩仁.多个密度分界面重力观测数据的反演问题[J].地球物理学报,1986,29(1):103-106.

[85] 徐果明,卫山,高尔根,等.二维复杂介质的块状建模及射线追踪[J].石油地球物理勘探,2001,36(2):213-219.

[86] 许惠平,周云轩,孙运生,等.小波与球面小波技术及在位场分析中的应用[M].北京:科学出版社,2004.

[87] 徐世浙.迭代法与FFT法位场向下延拓效果的比较[J].地球物理学报,2007,50(1):285-289.

[88] 严良俊,胡文宝,姚长利.重磁资料面积处理中的滤波增强技术与应用[J].勘探地球物理进展,2006,29(2):102-103.

[89] 杨长福.用脊回归法反演重力异常的多层密度及其界面[J].西北地震学报,2004,26(4):293-297.

[90] 杨辉.重力.地震联合反演基岩密度及综合解释[J].石油地球物理勘探,1998,33(4):496-502.

[91] 杨辉,戴世坤,宋海斌,等.综合地球物理联合反演综述[J].地球物理学进展,2002,17(2):262-271.

[92] 杨辉,王家林,吴健生,等.大地电磁与地震资料仿真退火约束联合反演[J].地球物理学报,2002,45(5):723-734.

[93] 杨少坤,林鹤鸣,郝沪军.珠江口盆地东部中生界海相油气勘探前景[J].石油学报,2002(5):28-33.

[94] 姚伯初,曾维军,陈艺中,等.南海北部陆缘东部中生代的地震反射特征[J].海洋地质与第四纪地质,1995,15(1):81-89.

[95] 姚利利.平面重磁异常实时正反演建模系统使用说明[R].北京:中国地质大学地球物理学院,2002.

[96] 姚长利,管志宁,高德章,等.低纬度磁异常化极方法——压制因子法[J].地球物理学报,2003,46(5):690-696.

[97] 姚长利,管志宁.克服低纬度化极困难的有效方法[J].长春地质学院学报,1997,27:178-181.

[98] 于鹏,王家林,吴健生,等.重力与地震资料的模拟退火约束联合反演[J].地球物理学报,2007,50(2):529-538.

[99] 于鹏,王家林,吴健生,等.地球物理联合反演的研究现状和分析[J].勘探地球物理进展,2006,29(2):87-93.

[100] 于鹏,王家林,吴健生.MT、地震与重磁资料联合反演黔中隆起物性和地质结构[C]// 第七届中国国际地球电磁学术讨论会论文集.成都:中国地球物理学会,2005:298-305.

[101] 阮爱国,李家彪,冯占英,等.海底地震仪及其国内外发展现状[J].东海海洋,2004,22(2):19-27.

[102] 余造,白玉洪.东海钱塘凹陷富阳一井完井地质报告[R].上海:中国石化股份公司上海海洋油气分公司,2003.

[103] 张洪涛,张训华,温珍河,等.中国东部海区及邻域地质地球物理系列图[M].北京:海洋出版社,2010.

[104] 张景廉,卫平生,郭彦如,等.中国一些含油气盆地深部地壳结构特征与油气田关系的探讨[J].天然气地球科学,1998,9(5):28-36.

[105] 张丽莉,吴健生,王家林.图像处理在地球物理学中的应用[J].石油地球物理勘探,2003,38(3):317-323.

[106] 张明华,张家强.现代卫星测高重力异常分辨能力分析及在海洋资源调查中应用[J].物探与化探,2005,29(4):295-298.

[107] 张培琴,赵群友.低纬度区航磁异常变倾角磁化方向转换方法[J].物探化探计算技术,1996,18:

206-214.

[108] 张小路. 磁异常最小均方差滤波方法[J]. 物探与化探,1995,19:201-211.

[109] 赵百民,郝天珧. 反演磁性地质界面的意义与方法[J]. 地球物理学进展,2006,21(2):353-359.

[110] 赵金海,王舜杰,徐峰,等. 海洋深部地壳结构探测技术课题研制技术报告[R]. 中国新星石油公司,上海海洋石油局 820-01-03 课题组,2000.

[111] 支鹏遥. 主动源 OBS 探测及地壳结构成像研究——以渤海 2010 测线为例[D]. 青岛:中国海洋大学. 2012.

[112] 中国科学院海洋研究所海洋地质研究室. 渤海地质[M]. 北京:科学出版社,1985.

[113] 辽河油田石油地质志编辑委员会. 中国石油地质志:卷三[M]. 北京:石油工业出版社,1993.

[114] 大港油田石油地质志编辑委员会. 中国石油地质志:卷四[M]. 北京:石油工业出版社,1991.

[115] 华北油田石油地质志编写组. 中国石油地质志:卷五[M]. 北京:石油工业出版社,1988.

[116] 胜利油田石油地质志编写组. 中国石油地质志:卷六[M]. 北京:石油工业出版社,1993.

[117] 沿海大陆架及毗邻海域油气区地质志编写组. 中国石油地质志:卷十六[M]. 北京:石油工业出版社,1992.

[118] 《重力勘探资料解释手册》编写组. 重力勘探资料解释手册[M]. 北京:地质出版社,1983.

[119] 周立宏,李三忠,刘建忠,著. 渤海湾盆地区前第三系构造演化与潜山油气成藏模式[M]. 北京:中国科学技术出版社,2003.

[120] 朱介寿,蔡学林,曹家敏,等. 中国华南及东海地区岩石圈三维结构及演化[M]. 北京:地质出版社,2005:187-230.

[121] 朱介寿,曹家敏,蔡学林,等. 东亚及西太平洋边缘海高分辨率面波层析成像[J]. 地球物理学报,2002,45(5):646-664.

[122] 朱军. 二维地震模拟方法技术研究[D]. 西安:长安大学,2007.

[123] Baranov W. A new method for interpretation of aeromagnetic maps: pseudo-gravimetric anomalies [J]. Geophysics,1957, 22: 359-383.

[124] Bhattacharyya B K. Two-dimensional harmonic analysis as a tool for magnetic interpretation [J]. Geophysics, 1965,30: 829-857.

[125] Bott M H P, Ingles A. Matrix methods for joint interpretation of two-dimensional gravity and magnetic anomalies with application to the Iceland-Faeroe Ridge[J]. Geophysical Journal of the Royal Astronomical Society. 1972,30: 55-67.

[126] Briggs L C. Machine contouring using minimum curvature[J]. Geophysics, 1974,39(1): 39-48.

[127] Canny J. A computational approach to edge detection[J]. IEEE Transactions on Pattern Analysis and Machine Intelligence,1986, 8(6): 679-698.

[128] Cooper G R J, Cowan D R. Edge enhancement of potential field data using normalized statistics[J]. Geophysics, 2008, 73(3): H1-H4.

[129] Cordell L. Techniques, applications, and problems of analytical continuation of New Mexico aeromagnetic data between arbitrary surfaces of very high relief [R]. Institut de Geophysique, Universite de Lausanne, SwitZerland, Bulletin No.7,1985: 96-99.

[130] Dobroka M, Gyulai A, Ormos T E A. Joint inversion of seismic and geoelectric data recorded in an underground coal mine[J]. Geophysical Prospecting, 1991, 39(5): 643-665.

[131] Gallardo-Delgado L A, Perez-Flores A E G. A versatile algorithm for joint 3D inversion of gravity and magnetic data[J]. Geophysics, 2003, 68: 949-959.

[132] Grechka V, Theophanis S, Tsvankin I. Joint inversion of P- and PS-waves in orthorhombic media: Theory and a physical modeling study[J]. Geophysics, 1999, 64(1): 146-161.

[133] Haney M, Li Y. Total magnetization direction and dip from multi-scale edges[C]// 72nd Annual International Meeting, SEG, Expanded Abstracts[s. l.]: SEG, 2002:735-738.

[134] Hansen R O. Eduard de Ridder. Linear feature analyses for aeromagnetic data[J]. Geophysics, 2006, 71(6):61-67.

[135] Hansen R O, Pawlowski R S. Reduction to the pole at low latitudes by wiener filtering [J]. Geophysics,1989, 54: 1607-1613.

[136] Hood P, McClure D J. Gradient measurements in ground magnetic prospecting[J]. Geophysics, 1965, 30(3): 403-410.

[137] Jiang F, Wu J S, Wang J L. Joint inversion of gravity and magnetic data for a two-layer model[J]. Applied Geophysics,2006, 5(4): 331-339.

[138] Keating P, Zerbo L. An improved technique for reduction to the pole at low latitude[J]. Geophysics, 1996, 61: 131-137.

[139] Leao J W D, Silva J B C. Discrete linear transformation of potential field data [J]. Geophysics,1989, 54: 497-507.

[140] Li C F, Zhou Z, Hao H. Late Mesozoic tectonic structure and evolution along the present-day northeastern South China Sea continental margin[J]. Journal of Asian Earth Sciences, 2008, 31: 546-561.

[141] Li Y, Oldenburg D W. Joint inversion of surface and three-component borehole magnetic data [J]. Geophysics,2000,65(2):540-552.

[142] Talwani Manik, Sutton George H, Worzel J Lamar. A crustal section across the Puerto Rico trench [J]. Journal of Geophysical Research, 1959, 64(10): 1545-1555.

[143] Maurizio Fedi, Antonio Rapolla. 3-D inversion of gravity and magnetic data with depth resolution [J]. Geophysics,1999,64(2):452-460.

[144] Silva Medeiros W. Simultaneous estimation of total magnetization direction and 3 - D spatial orientation[J]. Geophysics, 1995(60): 1365-1377.

[145] Menichetti V, Guillen A. Simultaneous interactive magnetic and gravity inversion[J]. Geophysical Prospecting, 1983, 31: 929-944.

[146] Zhdanov Micheal S. Geophysical inverse theory and regularization problems [M]. New York, Elsevier Science Publishing Co. Inc: 2002.

[147] Miller H G, Singh V. Potential field tilt-A new concept for location of potential field source[J]. Journal of Applied Geophysics, 1994,32(2):213-217.

[148] Minty B R S. Simple micro—leveling for aeromagnetic data[J]. Exploration Geophysics, 1991, 22 (4): 591-592.

[149] Naudy H, Dreyer H. Essai de filtrage non-lineair e applique aux profiles aeromagnetiques [J]. Geophysical Prospecting, 1968, 16(2): 171-178.

[150] Nannemiller Neal, Li Yaoguo. A new method for determination of magnetization direction[J]. Geophysics, 2006(71):L69-L73.

[151] Paterson N, Reford S W, Kwan K C H. Continuation of magnetic data between arbitrary surfaces f Advances and applications[R]. Society of Exploration Geophysicists Expanded Abstracts, 1990: 666-669.

[152] Pilkington M. Joint inversion of gravity and magnetic data for two-layer models[J]. Geophysics, 2006, 71: 35-42.

[153] Rasmussen H J, Hohmann G W. Cooperative inversion of transient electromagnetic and gravity data

for depth determinations in a basin [C]// Annual Meeting Abstracts. [s. l.]: Society Of Exploration Geophysicists, 1991. 614-617.

[154] Roest W, Pilkington M. Identifying remanent magnetization effects in magnetic data[J]. Geophysics, 1993, 58: 653-659.

[155] Savino J M, Rodi W L,Masso J F. Simultaneous inversion of multiple geophysical data sets for earth structure[C]// 50th Ann. Internat. Mtg, Soc. Expi. Geophys. Exapanded abstracts, 1980: 438-439.

[156] Serpa L F, Cook K L. Simultaneous inversion modeling of gravity and aeromagnetic data applied to a geothermal study in Utah[J]. Geophysics, 1984, 49: 1327-1337.

[157] Silva J B C. Reduction to the pole as an inverse problem and its application to low latitude anomalies [J]. Geophysics,1986: 51: 369-382.

[158] Vasco D W, Peterson J E, Majer E L. A simultaneous inversion of seismic travel times and amplitudes for velocity and attenuation[J]. Geophysics, 1996, 61(6):1738-1757.

[159] Vozoff K, Jupp D L B. Joint inversion of geophysical data[J]. Geophysical Journal of the Royal Astronomical Society, 1975, 42: 977-991.

[160] Wijin C, Perez C, Kowalczyk P. Theta map: Edge detection in magnetic data[J]. Geophysics, 2005, 70(4):L39-L43.

[161] Zeyen H, Pous J. 3-D joint inversion of magnetic and gravity-metric data with a priori information[J]. Geophysical Journal International, 1976, 112(2): 244-256.

[162] Zietz I, Andreasen G E. Remanent magnetization and aeromagnetic interpretation [J]. Mining Geophysics, Tulsa SEG, 1967, 15(8): 569-590.